U0291650

广场：尺度 设计 空间

【德】苏菲·沃尔夫鲁姆 编
胡一可 李晶 杨柳 译
杨婷婷 校

江苏凤凰科学技术出版社
南 京

前　言

广场图集的编撰目的何在？本图集的汇编源于城市设计中反复出现的需求。无论是在建筑实践还是在学术研究中，通常都需要了解知名广场的精准信息来为城市设计提供方向，比如广场的形式、尺寸、材料以及设施等。广场的图集应能满足这一需要。慕尼黑工业大学（TUM）的城市设计研究课程已经涉及此类收集工作。[1]

在过去十年开展的研究中，数据的获取情况得到了根本改善。调研初始阶段，为了打好制图的基础，照片和图纸须现场采集和绘制，土地登记信息和地形图也须设法获得。我们的一些调查因为使用非官方部门发布的地图而失败。有了谷歌地球和谷歌地图，以前的问题就不再是问题了吗？虽然你会有“近乎”现场的既视感，可以获得直观的视觉印象，并且可以从航拍照片中获取主要信息，然而，这些信息往往被扭曲，仅仅是表面的客观而已。获取的信息也仅仅只是图片而已。我们在过去几年的工作中认识到：仔细的研究必不可少！每一个广场都要进行现场观察、拍照，并整理基本资料。每一份表达与描述（的手稿）都应该基于对现场的感知。

毋庸置疑，现存的广场文献已经非常翔实，但是大多仅针对建筑的历史，并且少有相应的图纸支持，同时，还缺乏一种符合比例的描述。[2]在本书中，我们如建筑师般对场地进行平面、剖面和轴测图的空间解读，并利用统一的比例和表达方式，让这本广场图集成为建筑设计的工具书，甚至可以与最近出版的建筑施工平面图集相媲美。

和航拍照片相比，图纸提供了另一种方式与视角来看待广场中的建筑。尽管图纸和航拍图都是抽象解读的方式，但是不同类型的图纸（平面图和线图）却提供了多样化的信息。同时，它引发人们独立思考。这不仅适用于设计制图——因为绘图本身就是对设计师最好的训练，而且读图也促进了建筑结构的有效重组。

苏菲 · 沃尔夫鲁姆（Sophie Wolfrum）
2014年10月

1 建筑系、城市设计及区域规划系教授 苏菲 · 沃尔夫鲁姆，重新绘制所有图纸的是弗朗西斯卡 · 福尔纳谢尔和海纳 · 施坦格尔。

2 我们发现了三个例外：艾瑞克 · 詹金斯：《比例：100个城市规划》，伦敦，2008年版；弗朗哥 · 曼库索、科瓦尔斯基：《欧洲的广场》，克拉科夫，2007年版；康拉德 · 拉西格、罗尔夫 · 林克、维尔纳 · 瑞道夫、格尔德 · 韦赛尔：《街道和广场：城市设计实例》，柏林，1968年版。第一部著作局限于1：2500比例的土地关系图。第二部著作重点在于照片和文字，另外，可以按比例进行对比的图纸仅限于附录中的场地平面。第三部著作包含场地平面图、剖面图和空间表现，但是未设定统一比例，而且草图无比例。

目录

导论

本书汇编的欧洲广场均是采用区位图和平面图来描绘的，是一本用来解读单体建筑和城市建筑空间关系的图集。图集中的城市空间，即广场，不是将建筑历史作为研究目的，而是为了解读其空间特征和建筑表现形式。本书对所列出的广场不进行全面的阐述，而是选择同类型中的代表作为典型案例进行解读。

简介

每个广场占4页篇幅，所包含的图纸有：总平面图（图底关系图）、地面平面图、剖面图和轴测图。每个广场均附简短的文字说明。在标准格式下呈现每一个广场，其尺度、设施和周边环境都具有较高的辨识度。同类型的广场相互比较效果更为明显，比如分别位于西班牙巴塞罗那、马德里及萨拉曼卡的大厅型广场（城市标志性广场），虽然它们很相似，但从尺度、比例以及整体形态上可以很容易发现它们的不同之处。

总平面图采取1：5000的比例表现每个广场与其周围环境的图底关系，即图上15 cm × 15 cm相当于实际场地中750 m × 750 m的范围。本书中的广场总平面图都使用相同的比例，使读者能够在各地图之间快速比较，在不同背景下了解各城市肌理的显著差异。

平面图和剖面图使用的是1：1250这一不常见的比例，即图上20 cm相当于实际长度250 m。这个比例是为了方便我们将广场及外围建筑都呈现在图书页面中。平面图和剖面图都采用相同的比例并且将两者布置在相对应的页面上，这样一来，便可轻易辨别广场的尺度。为方便读者阅读，书中还附有比例尺。

轴测图将建筑群和广场空间三维可视化，以此分析图形与地面之间的关系。同样使用1：1250的比例，本书中所使用的轴测图视角通常被称为军事观察视角：基于平面图，保留其角度，竖立垂直轴线并缩短三分之一，以便观察广场全貌。为增强对空间结构的感知，在某些案例中会使用一些不同类型的轴测图。平面图、剖面图和轴测图所呈现的信息，便于我们理解广场的立体形态及其空间品质。

文字部分仅限于对建筑元素和空间感知的简要说明：描述广场的形状、背景、动线结构以及设施材质。这一部分并不对广场作全面的解读，而是针对其中若干特征进行研究。文本中也附有建筑历史及施工细节的数据。

本书中的每个广场在欧洲城镇地图中均有明显标记。

列表中将所有的广场分为以下几种类别：起源时间，空间形态特征，基本形状和尺寸，功能和规划，承载的活动。

设计工具

设计师经常使用一些在他们职业生涯中着意收集起来的参考资料，并在设计中体现出其影响。如此一来，获得的参考文献可进行归档，当资料库以一种恰当的形式呈现时，它将成为有用的工具。建筑及其特征可以采用图纸和文字的方式来描述。本书的资料就是以这种方式展现的。

在设计中，设计师往往以个人经验或文献中的案例为参照，通常是分散且不精确的。只有达到一定精确度的案例，才能真正参考其中的设计手法。本图集的表达方式是设计师所熟悉的，主要通过总平面图、平面图、剖面图以及轴测图建立起简单明了的三维立体影像，因此可以用作研究具体的城市综合体或单个广场建筑的参考资料。

每个人都会记住宽敞、亲切宜人或壮观辉煌的广场，但是以何种方式创造具有空间延伸感的广场？多么紧凑的比例能产生亲切宜人的广场？什么样的建筑可以造就壮观辉煌的广场？又是什么样的具体措施、形式以及材质才能带给广场与众不同的空间感知？这些问题可以通过本图集提供的精确信息及相应描述来回答。

书中列表提供了基于尺寸、形状、功能及潜在行为的典型广场案例，并对其进行概述。在所列出的类别中，除了尺寸、起源时间和功能外，广场的形态特征和潜在行为对于设计也是至关重要的。

例如，从城市项目操作的角度来看，可从广场是否应该成为城市的入口，是否应该提供独特的视野，又或者是否必须设计成封闭性的城市空间等方面来考虑对它的设计要求。在列表中提到的空间形态特征中，“城市入口”“观景空间”或“城市内部空间”等类别可以提供恰当的案例。

另外，广场的潜在行为方面是根据“观景”类别中提到的案例，用来研究如何提升广场的景观品质以及如何增加看与被看的可能性；“集合”类别中的案例，可以通过广场建筑的政治意义以及可进行的社会活动进行剖析。

列表中的类别：

起源时间

古代 现存形式是古罗马时期建造的。

中世纪 如今仍然占主导地位的空间形态，可追溯到中世纪欧洲城市建立的时代。

近代 从16世纪开始的近代项目，清晰地呈现出完整的设计风格，或者是起源于16世纪前，但已经依据近代设计风格进行改建的广场。

19世纪 此类广场属于工业时代城市改建的一部分。

20世纪至今 现代建造的，或者在城市复兴过程中经历了重大调整的广场。

空间形态特征

其中涉及广场与其建筑群，其他空间生成元素及城市环境所形成的空间形态。

入口 作为进入城镇或市区的入口广场。

建筑前广场 位于主体建筑的前面，并且在建筑空间影响的范围内作为其前广场。

宽度空间（卡米洛·西特）——宽度型广场 广场位于该空间的较长边，支配广场的主体建筑也位于此。

深度空间（卡米洛·西特）——深度型广场 广场定位于纵向空间中，朝向位于空间深处末端的主体建筑。

枢纽 几条路线在广场中相交，作为行人或车辆交通流的集散场地。

组合 广场或其核心部分同时属于两个或多个空间系统，即广场上具有多种空间结构或方向的连续空间。

界面 城市结构中两种相邻的空间形态系统，占据周边空间位置并标示为界面的广场。

城市内部空间 建筑内部空间的外部轮廓，即便是不规则的，其围合出的广场也往往是封闭的。这一特点一般只适用于广场或广场体系的一部分。

中庭 由于大部分建筑前面围合的空间均呈矩形，其形状和屋檐高度整齐划一，增强了广场空间的围合感和比例上的紧凑感。

庭园 开放空间之前作为建筑综合体的庭院，现被用作公共广场。

领域 正如在游戏板上随意布置的对象创建出彼此之间的关系一样，自由分布的建筑物界定出它们之间的广场。

观赏性空间（装饰性广场） 以陈设和种植的形式构成广场的观赏性特征。

花园 广场的特性基本上由植被来塑造。

观景空间 由于较好的通透性及普遍较高的地势，广场提供重要的经过精心设计的俯瞰视角和观景点。

延展性空间 关于广阔的建筑底层区域，围合广场的建筑高度较低或可忽略不计时，被视为广场领域的延伸。

基本形状

长方形 规则的长方形或正方形广场。

梯形 对称梯形广场。

漏斗形 广场两端分别扩大和缩小，形成类似顶端开口的漏斗形状。

圆形 广场的轮廓由曲线组成，呈圆形或椭圆形。

星形 广场为对称图形，是交通流线交会的中心点（或接近中心点）。

轨迹形 广场形式来源于直线轨迹。

规模

小型　小于5000 m²

中型　5000 m² 到15 000 m²

大型　15 000 m² 到25 000 m²

超大型　大于25 000 m²

功能和规划

这里涉及广场及其建筑的使用方式。

商业用地　周围建筑的属性决定了广场是市场、商业街或者美食街。

交通用地　广场的性质受道路交通影响显著。

住宅用地　广场上绝大部分建筑物为住宅，例如邻里广场。

地标　广场本身或广场中的主体建筑物久负盛名。

公共活动用地　广场上建筑的公共功能往往具有文化属性，会影响广场的使用方式及特性。

承载的活动

这里涉及广场中常规的空间交流，以及广场建筑所能支持的活动与行为。

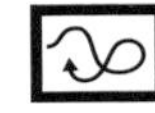

散步　不需要明确目标，人们可以漫步于广场上。

跑步　广场的形状可为慢跑提供场所。

观景　广场布局由建筑确定，作为观景点或景观点。

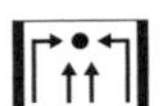

仪式　广场的形状和装饰可以体现仪式程序。

休闲　广场自由自在的舒适氛围吸引游客逗留其中。

私密空间　与建筑中的房间相同，要在广场中给人一种在建筑内部的感觉，出入口的设置至关重要。

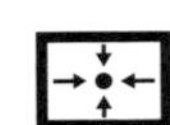

交流　与熟人相约或偶遇，在广场闲逛片刻，人们进进出出，络绎不绝。

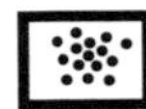

集会　广场是举行有意义的政治及社会活动的场所，如示威、集会、抗议等。

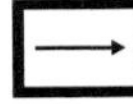

虚空　主要是指穿过广场且不引发特殊行为或具体活动的空间。

表格

页数	城市	广场	古代	中世纪	近代	19世纪	20世纪至今	入口	建筑前广场	宽度型广场	深度型广场	枢纽	组合	界面	城市内部空间	中庭	庭园	领域	观赏性空间	花园	观景空间	延展性空间
16	阿利坎特	西班牙滨海艺术中心				●	●							●						●	●	
22	安特卫普	安特卫普大广场		●	●	●			●			●			●							
26	班贝格	大教堂广场		●	●	●		●	●												●	
30	巴塞罗那	皇家广场				●	●									●						
34	巴斯	皇家新月楼			●				●					●						●	●	●
38	柏林	御林广场			●	●	●								●			●				
42	柏林	巴黎广场			●	●	●	●	●					●		●			●			
46	柏林	波茨坦广场					●	●				●		●								
50	柏林	沃尔特-本杰明广场					●								●							
54	博洛尼亚	马焦雷广场		●					●						●							
58	布雷西亚	德拉长廊广场			●				●		●				●							
62	布达佩斯	柯达伊环形广场				●						●							●			
66	布达佩斯	自由广场				●	●												●	●		
70	科尔多瓦	橘子中庭		●		●											●			●		
74	克拉科夫	中央广场		●	●	●									●			●				●
78	佛罗伦萨	圣母领报广场			●				●						●							
82	佛罗伦萨	市政广场		●	●				●			●	●		●							
86	汉堡	市政厅广场				●	●		●	●			●									
90	伦敦	贝德福德广场			●										●					●		
94	伦敦	考文特花园市场			●				●						●							
98	卢卡	露天剧院广场	●	●		●									●							
102	里昂	沃土广场			●		●		●	●	●					●						
106	马德里	马约尔广场			●	●	●									●						
110	曼托瓦	索尔德洛广场		●					●		●											●
114	米兰	大教堂广场				●			●													
118	慕尼黑	加特纳广场				●						●							●			
122	慕尼黑	卡尔广场（施塔胡斯广场）			●			●				●		●								
126	慕尼黑	国王广场				●		●	●					●								●
130	慕尼黑	皇家马厩广场				●	●		●	●				●								
134	慕尼黑	马克斯-约瑟夫广场				●			●			●			●							
138	慕尼黑	音乐厅广场、圣特埃蒂娜广场				●		●	●				●									
142	慕尼黑	圣雅各布广场					●		●				●					●				
146	慕尼黑	维特尔斯巴赫广场				●										●						
150	南锡	斯坦尼斯拉斯广场等			●		●		●				●		●							
156	纽伦堡	纽伦堡博物馆广场					●		●						●							

起源时间（古代—20世纪至今）

空间形态特征（入口—延展性空间）

基本形状						规模				功能和规划					承载的活动								
长方形	梯形	漏斗形	圆形	星形	轨迹形	小型（m²）	中型（m²）	大型（m²）	超大型（m²）	商业用地	交通用地	住宅用地	地标	公共活动用地	散步	跑步	观景	仪式	休闲	私密空间	交流	集会	虚空
					●			22 000			●			●		●			●		●		
		●					9 700			●				●				●		●	●		
							9 400						●	●			●	●				●	
●						4 800				●		●			●				●	●	●		
			●				12 000					●			●								
●									43 000	●				●	●			●			●		
●								16 150						●			●	●			●	●	
								24 000			●										●		
					●	3 600						●								●			
							9 800						●	●	●		●				●	●	
●						4 600							●	●	●					●	●	●	
			●	●			13 000				●	●									●		
									41 000				●	●	●				●		●		
●							7 500							●				●	●	●			
●		●							34 500	●				●	●				●		●		
●						4 800							●	●			●		●	●			
							8 600						●	●	●					●	●		
								18 900						●	●			●	●		●	●	
●								18 550				●							●				
●							7 900			●											●		
			●			3 100				●		●								●	●		
●							9 400			●			●	●	●					●	●		
●							10 300			●			●	●	●		●	●		●	●	●	
●							8 700							●	●								●
●									38 000				●	●	●						●	●	
			●	●			6 000			●	●	●		●					●		●		
		●					14 500			●	●				●						●		
●									26 000		●			●					●		●		
							8 150							●	●								●
●							12 200				●		●	●			●		●		●		
								18 400			●		●	●		●	●	●			●	●	
							8 000							●					●		●		
●							5 800						●							●			
●			●		●				30 000				●	●	●	●		●		●	●	●	
						2 200							●	●					●	●			

表格

			起源时间					空间形态特征														
页数	城市	广场	古代	中世纪	近代	19世纪	20世纪至今	入口	建筑前广场	宽度型广场	深度型广场	枢纽	组合	界面	城市内部空间	中庭	庭园	领域	观赏性空间	花园	观景空间	延展性空间
160	奥维耶多	阿方索二世广场		●			●		●		●											
164	巴黎	太子广场			●			●							●						●	
168	巴黎	蓬皮杜广场					●		●	●												
172	巴黎	旺多姆广场			●											●						
176	皮恩扎	庇护二世广场		●					●						●						●	
180	布拉格	老城广场		●	●							●			●							
184	拉芬斯堡	玛利亚广场		●		●	●							●								
190	雷根斯堡	海德广场		●											●							
194	罗马	卡比多广场			●				●												●	
198	罗马	法尔内塞广场			●				●						●							
202	罗马	纳沃纳广场	●		●				●	●					●							
206	罗马	罗马人民广场			●	●		●	●			●		●								●
210	罗马	罗通达广场	●	●					●													
214	罗马	圣彼得广场			●				●													●
218	罗马	西班牙广场			●								●								●	
222	罗森海姆	马克斯-约瑟夫斯广场		●	●	●	●								●							
226	萨拉曼卡	马约尔广场			●											●						
230	萨尔茨堡	主教宫广场、大教堂广场、卡比第广场			●			●	●						●		●					●
234	锡耶纳	田野广场		●					●				●		●							
238	斯图加特	王宫广场			●				●													●
242	图卢兹	卡比托勒广场			●	●	●		●							●						
246	的里雅斯特	统一广场				●	●	●	●		●										●	●
250	乌迪内	自由广场		●	●				●			●	●								●	
254	威尼斯	至美圣玛丽亚广场		●					●			●			●							
258	威尼斯	圣马可广场		●	●			●	●		●		●		●	●					●	
262	维罗纳	香草广场		●											●							
266	维琴察	绅士（领主）广场	●	●			●		●													
270	维也纳	玛丽亚·特雷西亚广场				●			●			●	●		●				●			
274	维也纳	米歇尔广场				●	●	●	●			●	●		●							
278	维也纳	博物馆区广场			●		●								●		●	●				
282	维也纳	新市广场		●	●						●	●			●							
286	华沙	城堡广场		●			●	●	●			●	●								●	
290	乌兹堡	上集市广场和下集市广场		●	●	●	●		●						●							
294	乌兹堡	主教宫广场			●	●	●		●					●								●
298	苏黎世	市政厅桥，葡萄酒广场		●	●		●		●				●								●	

长方形	梯形	漏斗形	圆形	星形	轨迹形	小型（m²）	中型（m²）	大型（m²）	超大型（m²）	商业用地	交通用地	住宅用地	地标	公共活动用地	散步	跑步	观景	仪式	休闲	私密空间	交流	集会	虚空
						4 200							●	●				●			●		
		●					9 600			●		●		●					●				
●							13 300						●	●	●		●		●		●		
●								18 500		●	●		●	●	●					●	●		
	●					730							●	●	●		●	●		●	●		
								22 800		●	●	●	●	●	●						●	●	
					●		15 000			●				●		●					●		
		●				3 500				●		●		●						●	●		
	●					4 200							●	●			●	●			●		
●						3 900							●	●					●	●			
					●		12 000			●			●	●		●			●		●	●	
			●					17 000					●	●	●						●	●	
						4 400				●		●	●		●					●	●		
	●		●						38 500				●	●	●		●	●				●	
								17 300			●		●		●		●		●		●		
					●	4 700				●						●				●	●		
●							6 400						●	●	●				●	●	●	●	
●								21 300					●	●				●		●	●	●	
			●				11 400			●			●	●	●		●	●	●	●	●		
									51 000	●			●	●	●		●		●		●		
●							12 200			●			●	●	●					●	●		
●								16 700		●			●	●	●						●	●	
						3 800							●	●			●				●		
						5 000				●		●		●	●				●				
								19 500		●			●	●	●		●	●	●	●	●	●	
					●		5 800			●		●		●	●					●	●		
●							7 800			●			●		●						●		
●									27 400				●	●					●				●
			●	●		4 000				●			●	●							●		
							13 800							●					●	●	●		
					●		6 200			●	●								●	●	●		
							12 000						●	●	●				●		●	●	
		●					9 000			●				●	●					●	●		
									26 500				●										●
						3 500				●				●							●		
基本形状						规模				功能和规划					承载的活动								

城市广场的建筑

苏菲·沃尔夫鲁姆，阿尔班·詹森

城镇场所

城镇的场所和城市空间往往与公共空间的概念混淆，在日常用语中，特别是对于广场而言，上述术语甚至被混为一谈。我们需谨慎对待这一现象。公共空间形态并非固定，而是在与私密空间的相互关系中形成的。这种关系并非是固定的，它会随着历史的变迁、根据当地条件的变化而变化。城市空间虽是城市内部空间，但也具有特殊性，其性质包括：城市性、包容性、陌生性、异质性、差异性。在如今活跃的学术争论中，这些元素总是被不断提起并讨论。城市的建筑空间提供了这样的学科交叉和讨论的平台，即使此类空间与城市空间并不相同。

目前，城市空间重组出现了自相矛盾的趋势：一方面是城市公共空间的政治化；另一方面则是私密空间和公共空间之间出现了新的渗透迹象，即公共空间私有化，相对应的是部分私密空间公有化。当我们从城市设计和建筑的角度讨论这些现象时，我们会发现所有的社会过程均与城市中的实体建筑相关。建筑在被这些现象影响的同时也在对社会过程施加影响。然而，对这种将建筑空间与公共空间混为一谈的观点，我们必须谨慎对待。

城市建筑

为什么广场仍是一个有价值的研究对象？当然有人会反对这个观点。他们认为广场是城市设计中一个过时的话题，它与当代城市毫无关系。“严谨的专业术语几乎无法描述城市、房屋、建筑的现状。例如，什么是广场？”[1] 然而笔者的关注点是基于“不变的人性”这一个假设来消除保守的态度。[2] 广场的主要功能是满足游客的期望，而不再与当代城市复杂的现实有所关联。

另一方面，近些年在著名广场中不断滋生着政治性抗议运动。“城市广场经常因为在此发生的抗议和暴乱而成名，这种现象自古以来一直存在。”[3]纽约的祖科蒂公园、的黎波里的绿色广场、开罗的塔里尔广场、基辅的独立广场、伊斯坦布尔的塔克西姆广场等，这样的案例不胜枚举，都是与全球性政治事件相关的场所。这些广场的名字已经成为相应大事件的代名词。为什么那些积极分子要占据或驻扎在广场一天甚至是一周呢？这是因为当代政治活动依附于广场，同时广场记载了相关活动的历史、事件、记忆以及借鉴意义，它们会成为更广泛历史进程中的一部分。也就是说，广场是代表权力的场所，故其仍然是抗议示威运动的首选地点。

尽管艺术活动（如表演艺术项目）自认为不同于其他活动，但它们仍会选择这些经过验证效果良好的场所。在这些广场中进行表演可以吸引注意力，使项目得以推广。[4] 这些项目和它们的表演地，与具体的城市空间关系密切。总而言之，广场不仅不会过时，而且还是具有重要意义的场所。活动一般位于特定的广场中，即在那些具有历史意义且容易辨识的著名广场，也是城市生活汇集的空间。

建筑都市主义涉及城镇的实际建筑，与城市使用者生产空间过程中所产生的社会问题不同。城市空间可以从多个方面来剖析：在政治方面，涉及空间的历史或政治的铭文和事迹；从建筑历史的角度分析，涉及日常生活中城市空间的实际运用，或是建筑本体及其所承载的空间行为。本书对以上两个方面均有涉及。因此，建筑都市主义在这具体的物质世界中，在对理论研究复兴的背景下出现了。物体的力量被铭刻在行为过程中，不能自行分开来描述。“建筑环境是具体的……然而，建筑架构不仅受到外部因素的影响，还创造了新的现实以及对其的依赖性。简而言之就是，其影响超越了物质空间。”[5] 然而，只有参照具体案例时，才能发现这种建筑内部行为在某种程度上会通过其潜在影响产生新的城市行为。每个广场在其独特的日常环境影响下都是不同的。然而本图集还是介绍了一些确定类型的广场，以支撑其作为城市设计工具的目标。

我们认为城市建筑仍然具有根本性意义，在重要的场所中不能忽略其重要性。相反，我们对广场感兴趣，是因为它可以为不断变化的社会及城市需求提供一个开放性场景。两者都是同时具有确定性和随机性的场所。这里的确定性是指：连续的空间，私密的氛围，美学、形式和材质的糅合及广场中的建筑风格是明确的。随机性是指：开放性，功能转换，意图变化，经济影响，视野范围，行为类型。恰恰当广场中的建筑简约素美时，才为整体空间营造留有更大余地。我们将这种辩证关系定义为建筑的潜能。[6]

建筑

建筑被概念化为“表达空间的艺术”。[7]准确来说指的是建筑的表达能力。但是建筑的表达并不仅仅是指单纯的表达或叙述，而是指在历史中积累大量的空间表达技巧，以及在特殊环境的影响下组织社会空间关系。建筑拥有一系列的资源和技巧来应对复杂的空间问题——结合主观经验——例如：屏蔽与连接，包容与开放，融合与排斥，统一与对峙，彰显与内敛，分散与集中。这一系列的技巧仍可继续拓展。这些技巧中没有一项是只与具体尺寸相关的。空间尺度会在某些项目中或者面对具体的挑战时发挥作用，可能是一扇门或房间中的壁龛，或是整栋建筑、开放性空间、城镇的一部分甚至是更大尺度的空间环境。

建筑学有一套专门处理空间问题的方法。这个体系中的元素不需要重新创造（虽然有时是必要的），但是它们必须被重新诠释，或相互联系或给予新的动力。虽然每个新项目和新任务均有不同，但也具有相

---

1 马克·尼古拉斯：“离开！”，2012年8月26日发表于周日报纸法兰克福汇报第23页，引用于克里斯托弗·戴尔的《城市》，柏林，2014年，第10页。

2 同上，第10页。

3 多伊廷格·西奥、佩德罗·雷伊安东：“广场”，*Mark* 第48章，2014年，第44—45页。

4 2013年由Elmgreen & Dragset策划的慕尼黑市政艺术活动:“以公共空间为名: 民众之希望”被明确看作对公共空间思辨的贡献。这个活动几乎所有的作品和表演都位于市中心著名的广场上。参见: 海因茨·舒兹（编），“城市表现Ⅰ——范例”，*Kunstforum* 第223期（2013年）;“城市表现Ⅱ——对话”，*Kunstforum* 第224期（2013年）。

5 罗伯特·伯克哈特：新现实主义，摘自*Arch+* 第217期，2014年，第114页。罗伯特使用1970年布鲁诺·赖希林和马丁·斯坦曼著名的主题理论该理论的论述文章——《现实主义建筑》刊登于《档案》杂志，由布鲁诺·赖希林、马丁·斯坦曼撰写；关于建筑内部的现实问题，摘自*Archithese*第19期，1976年，第3—11页。

6 阿尔班·詹森、苏菲·沃尔夫鲁姆：“Kapazität：Spielraumund Prägnanz”，摘自*Der Architekt* 第5–6期，2006年，第 50—54页。

7 翁贝托·埃科：*La struttura assente*，米兰，1968年；“功能和符号：建筑学中的符号语言”，马克·戈特德纳编：《城市与标志：城市符号学导论》，纽约，1986年，第183页。

似性，我们可以从案例中学习到相应的知识。各种空间特性构成了建筑学的基础要素。这里只是列出一些分类中的例子：

空间密度和空隙度，联系性和开放性，紧密性和延展性的相互作用。
空间与实体互补性：图底关系，空间与实体的相互连接关系。
空间与实体连续性：连续空间，在内部或外部的空间有近乎相同的空间体验，实与空作为拓展相同空间的手段。
材料和物质性：材质的特性对空间的影响。
表面的对比：硬质或柔性，空间相容的、可渗透的、易接近的、渐变的、透明的、薄的或厚的、可触摸的等。

兼顾规模效应和具体对象，空间环境所应涵盖的尺度范围约300 m × 350 m。本图集研究广场中的建筑、城市中的空间集合、具有公共属性的空间、连接不同城市空间等这些空间构成要素。空间的性质取决于人们具体的行为和使用方式。其差异性和关联性，是通过关联空间的流动以及易于定位的离散空间的分离和连接进行再现的，这仅仅是一个方面。正如乔治（Georg）和多萝西·弗兰克（Dorothea Franck）所描述的，交通空间和目的空间的角色仅仅是由于人类的活动演变而来的。“建筑空间是一个分层级接近和阻隔广泛分布的系统。”[1]可以将其解释为一个交通空间与目的空间的无穷循环链。每个空间在这个从未完全固定的关系中起着双重作用。这一想法可以扩展为服务空间和被服务空间的概念，即路易斯·康（Louis Kahn）所强调的关系。[2]广场的界面具有可渗透性时，相邻的空间便会渗入广场之中。本图集中的所有广场均以不同的方式呈现上述特点，同时也始终起着双重作用。广场服务于建筑物，与建筑相融合，或是作为建筑的广场或是框架而存在。广场被周围城市布局或相邻街道及城镇区域界定。那么广场的尽头在哪里？本哈德·赫斯里（Bernhard Hoesli）主张广场边界是透明的。[3]循环链系统的概念渗入广场，模糊了空间的边界。

城市舞台

建筑学与其他大多数应用艺术学科的区别在于它戏剧般的表演性品质，建筑学不仅与整个社会发生关联，同时在生活中也很实用。人们体验建筑与身临其境的感知相关。这是因为建筑常常作为公共或私人生活的舞台，人们通常将其视为类似于表演艺术的形式去接纳。

然而，只是将建筑比喻为舞台，作为我们所能感知的建筑魅力，还是太过于局限。“将城市当作舞台”或“将城市作为一场戏剧”（培根、巴尔特、芒福德、西贝、森尼特等）的想法是普遍存在的。但到目前为止，这种观点主要局限于城市与戏剧并行（同时存在）的隐喻表现中。[4]如今，戏剧是对城市的一种诠释，其中脚本和戏剧之间的关系非常有利于其表演方式及表演潜力的挖掘。这可以直接适用于城市空间，并且只有在城市环境中才具有意义，空旷的舞台是无趣的。需要综合考虑的不只是日常的城市生活，还有城市的潜力与矛盾。城市的舞台不只局限于享乐主义中城市休闲文化的娱乐空间。若一个广场只有景观石和植物，仅仅关注风格与色彩，那它依旧只是城市雕塑。只有当它被人们使用，才会变成城市生活的舞台，只有让演员与观众一起参与到事件当中，广场中的建筑才能获取相应的意义。

场景体验

“通过建筑与戏剧和场景的对比，可知建筑景观不是像在观众面前表演这样的普通行为；相反，我们体验建筑景观时的主要身份是演员，同时也作为我们自身行为的观众。”[5]这种可能性是存在的，因为我们能够通过一些距离的测量来感知自身在所处空间中的定位。“他不仅是生活和体验，他也经历了自己的体验。”[6]赫尔穆特·普莱斯纳（Helmuth Plessner）用这几句话去描绘这世界上一种被称为人类体验的特殊形式，同时也赋予了其偏见。“如果说动物的生活存在中心，那么人类的生活便没有打破这个中心，同时从这里产生了某种偏见。”[7]因为我们的身体总是在空间中占据位置，具有自己的控制范围和边界，并且由于我们与世界的关系总是在空间中形成，所以我们这种偏执的自我认识的特殊性也是在特定空间形式的经历中产生的。形成自我意识，去观察自己，就意味着要在空间中意识到自己，在空间情境中看待自己。从根本上讲，人类的体验往往是场景的体验。基于我们偏执的自我认知，我们可以将自身所处的任何地方作为我们进入的舞台，首先是我们自己，并非他人。对于人类个体来说，空间——在特殊设计的空间中——起到设置场景体验的基本作用。人类经验的偏见中已经包含了审美的内容：这种审美态度也是建立在特定情境中距离感的基础之上；它将上述情况作为一种风景形象，从纯粹的功能性现实中分离出来。建筑学通过场景框架的日常情况来支撑这种美学观点。

但它既不是剧院建筑也不是戏剧建筑的问题，更不是场景的准备和设置问题。相反，未经设计的空间都可能传达给我们一种印象，而这种印象为我们形成一个风景框架，将我们的行动转化为自身所关注的对象。事实上，所有生活过程都可以被建筑主题化，在某种程度上它们可以被表达为空间形式。与其相反的是，人工主题环境会将游客带入一个取代真实世界的幻想世界，从而让人遗忘了日常生活的常态，建筑的基础是感觉和行为，并且处在我们与空间的日常互动的基本过程中。

1 乔治·弗兰克、多萝西·弗兰克：《建筑品质》，慕尼黑，2008年，第43页。

2 服务空间和被服务空间的关系已经被路易斯·康研究出来了。科林·罗和罗伯特·斯卢茨基用“透明度“一词扩展了这一概念。

3《透明组织的形成》（1982年），柯林·罗和罗伯特·斯卢茨基合编，《透明组织》（1968年），苏黎世，1997年，第91页。

4 埃德蒙·培根：《城市设计》（1967年版本），伦敦，1992年，第19页。巴尔特、汉斯·保罗：《现代城市：城市建设的社会学思考》，汉堡，1961年，第39页；刘易斯·芒福德：《城市发展史——起源、演变和前景》（1961年）圣迭戈、纽约、伦敦，1989年，第114—118页；西巴尔德·W.G：《迷魂记》，纽约，2000年，第52页；理查德·森内特：《公众人物的堕落》（1974年），剑桥，伦敦、墨尔本，1977年，第38—41页。

5 阿尔班·詹森、佛罗莱恩·梯格斯：《建筑的基本概念：空间情境的词汇》，巴塞尔，2014年，第272页。这段话是从引理“场景”中引申出来的。

6 赫尔穆特·普莱斯纳：《组织与道德的死亡》（1928年），柏林、纽约，1975年，第292页。

7 同上。

建筑情境

“我们以情境的形式体验建筑。”[1]拉丁语系中已经建立了建筑与场地的关系（拉丁语：地点，即“建构”“位于”“提供居住或住宅”，地点也可以表达为“地理位置”“地区”）。情境包含人和物，建筑情境一词主要指占据者及其周围的环境和空间。这种结构形式是由情境和背景关系所形成的，它们之间的联系是由其各自的“情境性”所决定的。

当建筑被描述为一种情境时，干预因素和因素的多样性决定了他们的表现特征，这些特征在过程和性质中均有体现。一般来说，情境不是纯粹的静止状态，而是动态的、积极地参与过程。只有掌握其使用的相关建筑元素，与它们进行多方面交流，同时考虑到它们之间的关系和立场，以及情境如何产生时，其描述才是合理的。

表演性

本文将城市主义中关系空间的概念——理解由社会产生的城市空间[2]与诠释在情境中展现的建筑联系起来。广场的建筑空间只能在建筑物实际被使用的期间展现，通常人们指责建筑强迫使用者进入逼仄的境地，但这种指责可能最终会被归咎于建筑的使用功能。但即使是工厂大楼也可以成为博物馆，豪宅也可以用作牙医诊所，广场也是需要不断被重新诠释的对象，从而为人的行为提供新的选择。然而，建筑的周边环境空间铭记着这些行为：建筑物、公寓、广场不仅是中立的背景，也是空间营造的情境要素。此外，城市空间是由建筑引发的，是在情境中体验建筑时产生的。没有什么是预先设定的，但城市空间（城市现状）是“在行为过程中被创造的”。[3]建筑材料（建筑内部现状）与使用和行为（城市现状）之间存在着辩证的相互作用。因此，建筑情境可以被解释为表演意义上的表现，它在过去的十年中持续被讨论。[4]

爱瑞珂·费舍尔·里希特（Erika Fischer-Lichte）通过4个构成特征来定义与空间相关的行为属性，分别是“不可预测性、矛盾心理、表演过程的感知、表演者的变革力量”。[5]

不可预测性——即使建筑框架设置相当精确，情境也总是开放的、不可预测的：一扇门可以被“砰”的一声关上，一个人可以掉下楼梯，或者可以在公园的长椅上坠入爱河。建筑容易被指责以功能主义规划的态度为有限的目的服务。但在城市广场中所出现的情况显而易见的是，原初的设定很少，但如果它曾经存在，那么现在依然是有效的。建筑的包容性如此强大，以至于原来的集市广场及军事广场都已成为当代城市社会的交汇点，那么它们在下一个三十年里会变成什么样呢？这便是它的不可预测性。

矛盾心理——矛盾：没有哪种空间情境是可以完全被建筑所掌控的，建筑总是存在着这种矛盾——它的功能是局限的，但实际使用却很开放。特殊的情境只有在使用中展现，空间条件总是要经过新的探讨。空间是特定群体的领域吗？对于和谐的公共空间的渴望，或者让陌生人举止优雅地相见，这一点能否实现呢？在不同背景的影响下，例如昼夜交替时的使用方式是否会突然改变？某些广场可能在晚间对女性来说存在危险，但在日间，却是女士们的聚会之地。广场的阴凉地，一年中大部分时间都无人问津，但在炎热的夏天却成为最受欢迎的场所。四季变换、天气变化、权力关系、行为习惯——这些条件都可能在短时间内令一种情境转换为另外一种情境。有人挡住通道时，行人便绕道而行，人们相遇时驻足交谈，也会寻找广场中安静的角落等。

表演过程的感知——具体的对于环境的主观感受起到了决定性作用。使用者从塔顶俯瞰，或是正在骑行，或是为了到达某处而沿斜坡行走，又或者刚刚走过一座桥——不同情况会影响对某个广场的看法和总体印象。体验慕尼黑的剧院广场，在天主教游行期间，在一场政治示威中，又或是在一个车队里，在骑着自行车去上班的路上，会产生不同感受。每一次的经历中，广场均以不同的方式呈现。

表演者的变革力量——变革力量：“自从奥斯汀对表演的‘发现’以来，其固有的变革力量已经成为其特征之一：洗礼、祝福、诅咒、祈祷等言语行为，不仅表示一个特定的过程，也是真实的行为……世界发生了改变，就像是一场魔法。”[6]一场比赛结束后，参与者不是赢家就是输家；经过审判后，被审人不是被判刑就是被赦免；一艘船已被命名并扬帆起航，这些都是经常被引用的例子。建筑情境也有这种可以直接影响建筑本质的变革力量。一方面，建筑会根据用途而改变。慕尼黑的国王广场是否有音乐会或露天电影这样的活动？是否有些人只是经过，而有些人则在雕塑展览馆前广场的台阶上沐浴阳光，凝望周围人的活动？或者这里可以成为阅兵场？又或是路德维希一世的神圣丛林？广场自身在城市语境中改变了其表达方式、意义，以及其对城市环境的影响和权重。同样，在不同的境况下，使用者会受到不同的影响。一群年轻人在砾石地面上玩耍，在夜间畅饮，然后满怀欢欣地离开这里，回到家中。另一方面广场将提供新的经验，但这种经验不是侵入性的——正如沃尔特·本杰明（Walter Benjamin）用讨论建筑和习惯来提醒我们：要注意这些偶然性的经验。[7]

设计

越来越多的设计行为被认为是第三方认知的过程，一方面是理性科学，另一方面是艺术实践。它被视为一种探索和获取知识的手段，这些知识与科学和艺术并列。设计不是将问题分解成若干可控制的子问题，而是应该具备协调矛盾和综合不完整信息和价值的能力。如今，设计的方法越来越被认为是获得新见解的有效方式。它可以解决抵抗诱导或演绎推理的问题，即所谓的“棘手的问题”，也就是霍斯特·锐

---

1 阿尔班·詹森、佛罗莱恩·梯格斯：《建筑的基本概念：空间情境的词汇》，巴塞尔，2014年，第285页。这段话是从引理“情境”引申而来的。

2 亨利·列斐伏尔：《空间的生产》，牛津，1992年。

3 克劳斯·亨普尔、乔·沃尔伯斯（合编）：《表演理论：语言与实践的要素》，比勒费尔德，2011年，第44页。

4 表演性是奥斯丁和塞尔在语言哲学中提出的言语行为理论。除了描述事实的恒定性言语行为，还有执行事实的恒定性言语行为。奥斯丁、约翰：《怎样处理事实言语》（1955年版），剑桥，1962年。

5 费舍尔·利希特、埃里卡：《表现性与空间》；苏菲·沃尔夫鲁姆、尼库莱·冯·布拉迪斯（编）：《行为都市主义》，柏林，2014年，第31—38页。参见：费舍尔·利希特、埃里卡：《表演美学》，法兰克福，2004年；费舍尔·利希特、埃里卡，《表演概论》，比勒费尔德，2012年。

6 费舍尔·利希特、埃里卡：《表现性与空间》；苏菲·沃尔夫鲁姆、尼古拉·冯·约克编《行为都市主义》，柏林，2014年，第35页。

7 “……建筑的接受，它自发地采取无意注意的形式，而不是有意的观察。”沃尔特·本杰明：《技术可再现性时代的艺术作品》（1936年），摘自沃尔特·本杰明《精选作品》第三卷，1935—1938年，剑桥，2006年，第120页。

特尔（Horst Rittel）在设计方法推进的过程中描述的那些问题。设计过程作为一个迭代的结构化过程，可以解决复杂的问题，但并不能找出或立即想到其中的正确答案。目前，设计作为一种“难以预测的实践”［迪尔克·贝克尔（Dirk Baecker）］已经成为人们相当感兴趣的主题，而不仅仅是一个传统的设计学科。

“设计作为难以预测的实践，与多领域形成关联并具有可读性，技术、身体、精神和交流之间的交集将占据主导地位：这些‘领域’中的每一项内容，其本身都是通过或多或少精确的知识进行描述的，彼此相互对立，当这种知识逐渐消失并且为实验开辟空间，便是设计实践……目前再没有什么是不言而喻的了，但是我们却能发现解散和重组的潜力无处不在，并形成了设计的实践场所，最终延伸到教育学、治疗学和医学……”[1]

建筑学可以被认为是一个以实践推理为特征的学科（阿希姆·哈恩），因此它与法律、医学、教育学和经济学等其他学科优势互补。这些学科也抵制了绝对的理论定义，“从一般理论中并不能得出应对具体情境的概念。”[2]实际的方法可以解决现实生活中的基本问题，形成特定情境应对策略。这也就解释了为什么设计的方法可以应用于其他学科。建筑内在的探究和反思的过程，一方面涉及设计的主题——哪些当代空间问题必须由建筑设计来解决，另一方面是涉及方法本身——设计的灵活性如何体现。

广场设计

要设计一个特殊的广场需要考虑特定的场地条件、建设项目特殊的地形地貌、整体的综合环境，这些并不具有普遍原则性。因此，本欧洲广场图集作为设计工具只能做出一部分贡献。前文列表中提供了将某些不同类别的广场组合在一起的案例。广场的形态特征可以轻易被尺寸、形式、形状的属性或比例所定义，可以很明确地呈现在图纸中。类型可以被定义并且可以与某些方面形成新的组合，建筑师需要这样一个样本储备——广场可以被深刻于脑海，也可以被用作参考，可以被讨论和比较，也可以作为尺度、视觉参考和解说素材。

被指定为表现潜力的那些属性是更加复杂的、更具争议的，并且只被理解为参考或建议。散步、跑步、观景、仪式、休闲、私密空间、交流、集会、虚空，这些是情境的关键字。由于本书不依赖于民族志研究或更长时间的现场观测，所以这些属性必须在广场的建筑中才能被辨识。然而，我们尝试进行一些初步评估。这些属性转瞬即逝，因为它们是完全依存于社会习俗和不断变化的城市习惯而存在的。如今，人们可以躺在广场上，而在两代人之前这里是讲究正式礼仪的场所。这是本书对建筑基本理解的概述。对于每一个广场而言，它的特殊潜能适合于特定的城市情境。因此，本图集可以被理解为是对建筑、城市设计和城市主义之间的争论所做出的贡献。

1 德克·贝克尔：《系统之神的形式》，索齐亚雷斯特姆出版社，第6 .H.2 卷，第213 —236页。引自沃尔夫冈·乔纳斯：《当心空隙!论设计中的知与不知》，不来梅，2004年。

2 阿希姆·哈恩：《建筑理论》，维也纳，2008年，第178—206页。

西班牙滨海艺术中心

西班牙，阿利坎特

虽然这个海滨长廊并非典型意义上的广场，但却是颇具吸引力的公共开放空间。与广场相比，它的形状不是由建筑立面或其他框架要素标记的闭合轮廓所形成的。在这里，广场的界面是至关重要的。本案展现了广场的界面可能会具有更多空间创造能力。在这条路上行走的人获得了独特的空间感受，在东部的大喷泉和西部的纪念碑之间游弋，行人因色彩斑斓的瓷砖镶嵌成的波浪图案而感到愉悦。当然，棕榈树是第三维度中环绕这一空间的元素。树梢创造了屋顶的感觉，同时过滤阳光。为强化滨海意向，棕榈树为这条长廊增添了特殊的气氛。大部分建筑的正立面只是这个广场的背景，但其中某些建筑外墙和高耸的酒店塔楼形成了壮丽辉煌的景观效果。

位置：阿利坎特，市中心

时间：1867年建造；1959年铺设棋盘格状道路

建筑师：何塞·瓜迪奥拉皮科

规模：22 000 m^2，长约530 m，宽约40 m，建筑物高度为16～45 m

主要建筑：卡萨卡博公寓，1925年，由胡安·维达尔·拉莫斯设计；提普格兰索尔酒店，1971年，由米格尔·洛佩斯·冈萨雷斯设计

地面铺装与设施：镶嵌瓷砖（650万个，长4 cm×宽4 cm）、4排棕榈树、花坛、可移动的折叠椅、路灯、露天舞台、摊位；何塞·卡纳莱亚斯·门德斯的纪念碑，1914年，由文森特·巴努斯设计；喷泉，1960年，由卡洛斯·布伊加斯设计

1：5000

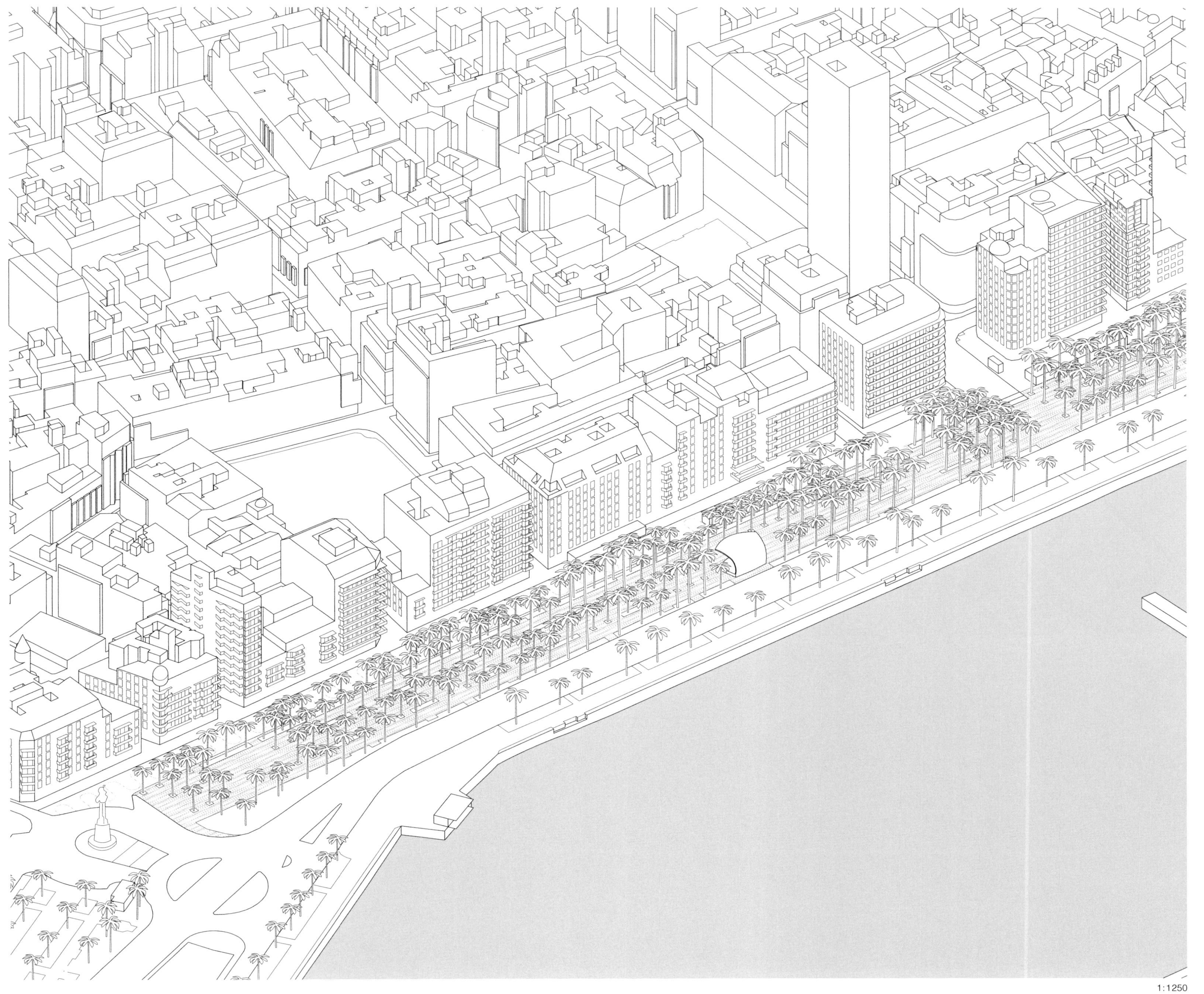

1:1250

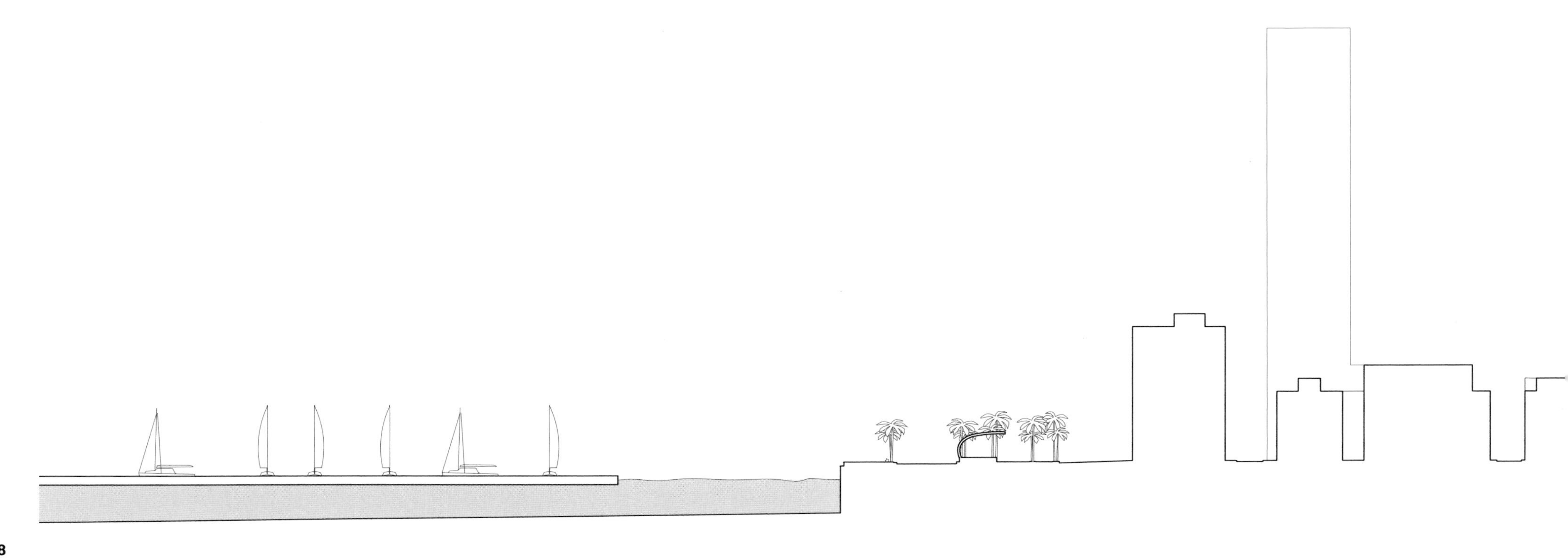

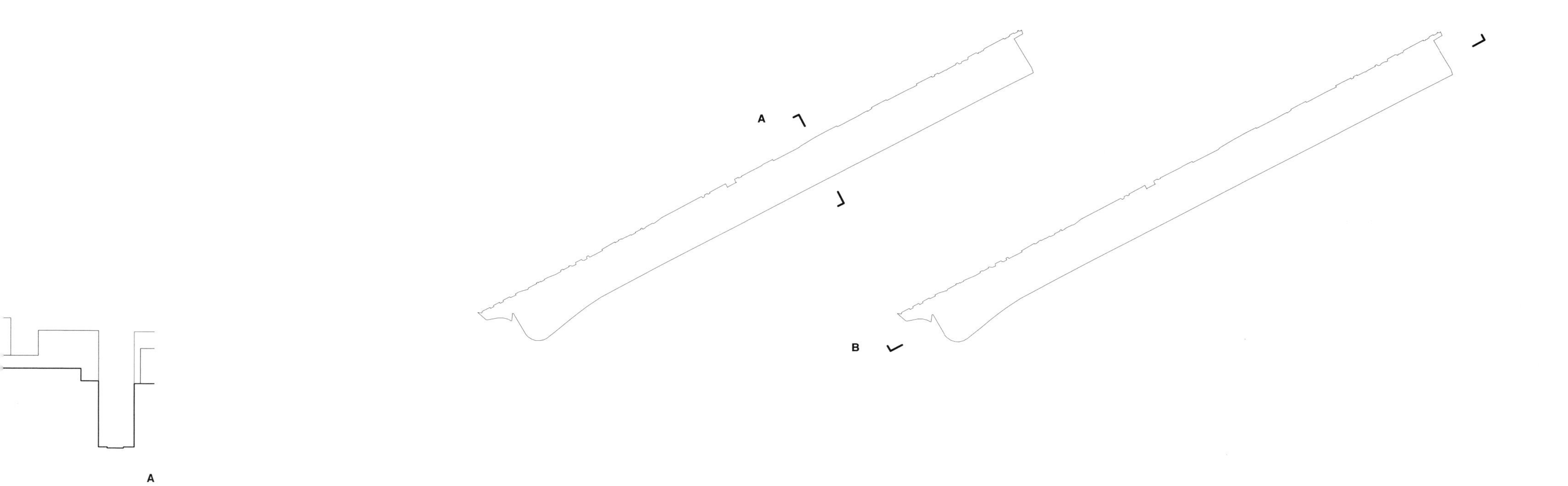
A
B
A

B
1:1250

1 : 1250

安特卫普大广场

比利时，安特卫普

作为一个大型又颇具代表性的广场，安特卫普大广场是城市传统中心的标志。其建筑并不能简单地理解成为广场而进行的整体设计，而是在历次重建的各个阶段中逐步形成的，并对广场的形状及边界产生了影响。进入广场时，可以体验到渐进式的变化：道路从不同的切向进入，而后不断扩大成为广场。除了北边的入口，街道逐渐向广场过渡。当从河流和大教堂的方向进入广场时，街道一侧的尽头视野变得开阔，给广场留出了空间。同时，建筑外立面是连续的，成为安特卫普大广场的一部分。市政厅大楼并不突兀，恰当地控制着整体的空间节奏。虽然大教堂位于相邻的广场上，但它一直以其高耸挺拔的塔身作为标志。

位置：安特卫普，历史区域中心

时间：首次建设记载可追溯至726年，现存为16—17世纪建筑群

建筑师：见主要建筑部分

规模：9 700 m²，长约175 m，宽约90 m，建筑屋檐高度为14 ~ 25 m，山墙高度为21 ~ 35 m，市政厅塔楼高度约为50 m

主要建筑：圣母大教堂，建造于1352年，于1521年作为教堂使用，由扬 · 阿佩尔曼斯及其子彼得 · 阿佩尔曼斯设计；市政大楼，1561—1565年，由科内利斯 · 弗洛里斯 · 达维瑞特设计

地面铺装与设施：鹅卵石路面，少量名木古树；布拉博喷泉，1887年，由杰夫 · 兰博设计

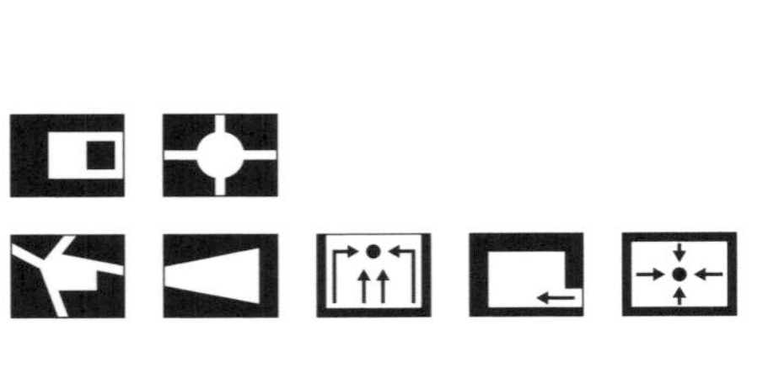

1 : 5000

1 : 1250

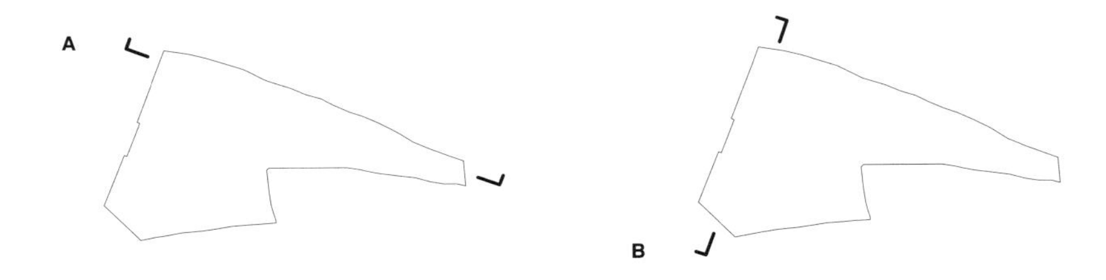

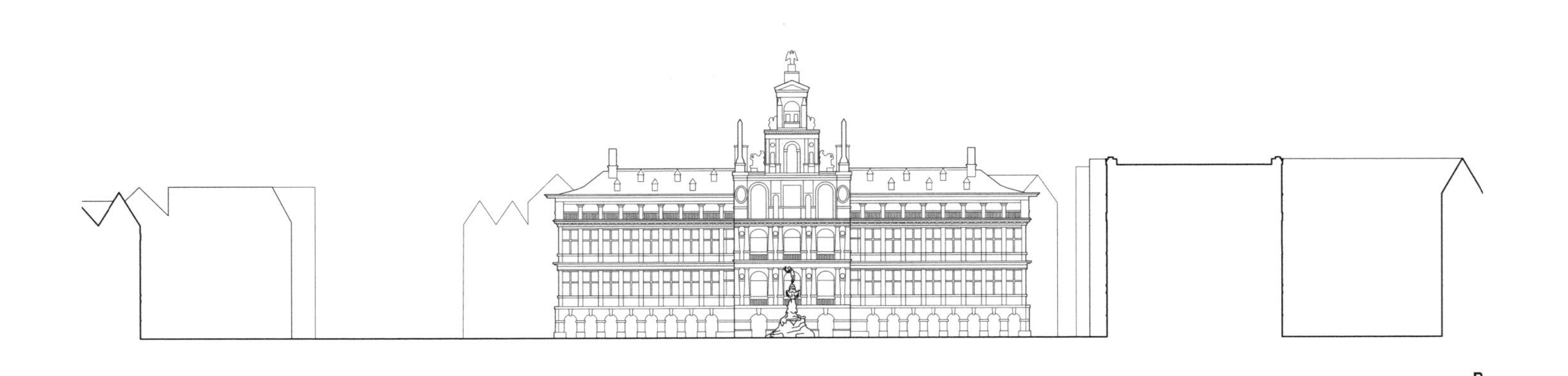

1 : 1250

1 : 1250

大教堂广场

德国，班贝格

陡峭倾斜的广场坐落在大教堂（班贝格主教座堂）东部唱经楼周围，被分成两个区域。北部包括由旧皇宫和新皇宫围合而成的一大片鹅卵石铺装区域。相比之下，南部一小部分空间更具私密性。大教堂的后殿主要位于两者之间。通过对比，大教堂广场上宽敞的楼梯和集成的露台凸显出来，像是从广场表面被折叠了起来，作为通向大教堂的日常通道。这一平台为广场的两个区域提供空间联系。广场本身就像一个倾斜的平面，被紧紧地束缚在旧皇宫和新皇宫之间。广场东侧的建筑界面有一处宽阔的缺口可以欣赏城市的美景，引入城市景观，并加强了大教堂在城市全景中的存在感。广场作为城市窗口和大门的同时，提供了通往广场对角线大教堂山的入口。广场的倾斜给城市增添了一种开门纳客的空间氛围。此外，广场可以轻易地容纳众多观众，这为参加礼拜仪式提供了良好的条件。

位置：班贝格大教堂山（东贝里）

时间：建于11世纪，现存建造于1794年

建筑师：见主要建筑部分

规模：9 400 m²，最长边约175 m，主要区域长约80 m，宽约60～75 m，屋檐高度为14～25 m，东部塔高76 m

主要建筑：大教堂，始建于1004年，1012年投入使用，12世纪毁于火灾后于1185年重建，1237年重新使用；主教堂，17世纪末期由巴尔塔扎 · 诺伊曼设计；旧皇宫，1568年下半年，由伊拉斯谟 · 布劳恩、卡斯帕 · 维舍设计，18世纪末期部分拆除；新皇宫，1601—1613年，由雅各布 · 沃福德 · 阿尔特雷设计；南北两翼，1700年，由莱昂哈德 · 丁岑霍费尔设计

地面铺装与设施：鹅卵石路面、结构砂岩

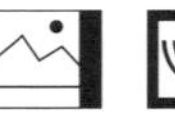

1：5000

1 : 1250

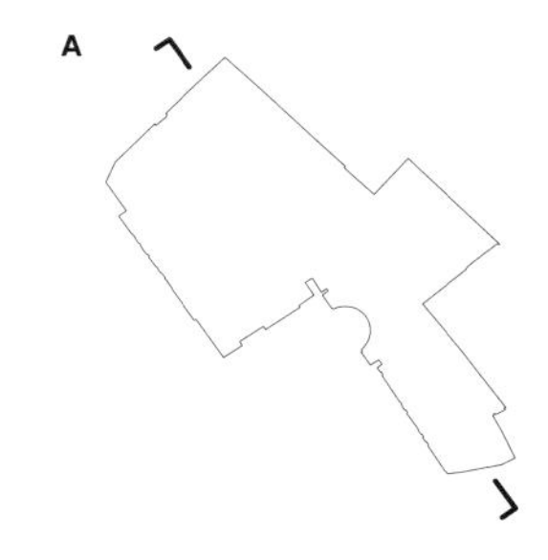

28

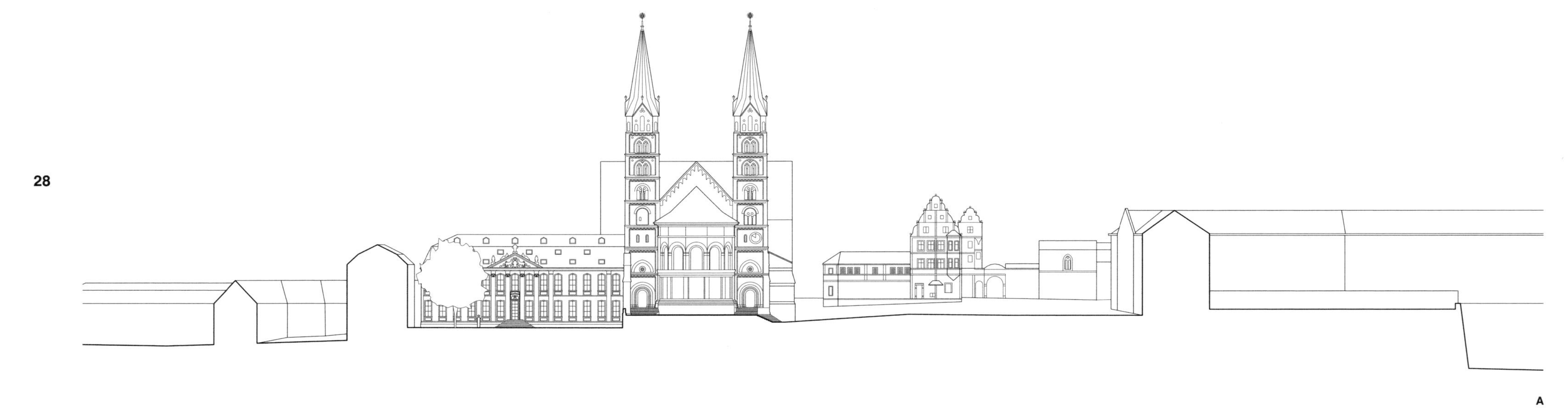

1 : 1250

1 : 1250

皇家广场

西班牙，巴塞罗那

皇家广场的入口与众不同，隐藏在巴塞罗那的密集老城区中，所有的入口最初都融合在完全包围广场的拱廊之中。这些拱廊从内到外延伸到主入口处的兰布拉大街，这在广场平滑的外立面轮廓中清晰可见。从这一侧进入广场，你会瞥见拱廊灰空间中的白色桌布和一小群食客，然后面前的景象又会被巨大的拱廊石柱遮蔽。对面，桌子沿拱廊延伸到广场上，有高大的棕榈树为其遮阴。广场提供了连续贯通的通风口，这在旧城高密度的空间布局中十分必要。在三层楼以上，拱廊清晰地分隔开来，将空间紧紧地包围，与棕榈树摇曳的树冠融为一体。拱廊并没有开敞其内部空间，而是作为整体退后，就好像其唯一目的就是为下面所发生的活动提供背景。

位置： 巴塞罗那，哥特区

时间： 建造于1848—1859年期间，自1980年起进行城市更新

建筑师： 弗兰塞斯克 · 丹尼尔 · 莫丽娜；市区重建，1980年起由费德里克 · 德 · 科莱阿和阿隆索 · 米拉负责

规模： 4 800 m²（包含卡勒德科隆街），长83 m，宽54 m，建筑高度约为20 m

地面铺装与设施： 成排的花岗岩板、铁喷泉、大烛台、头盔灯（1879年，由安东尼 · 高迪设计）、棕榈树

1 : 5000

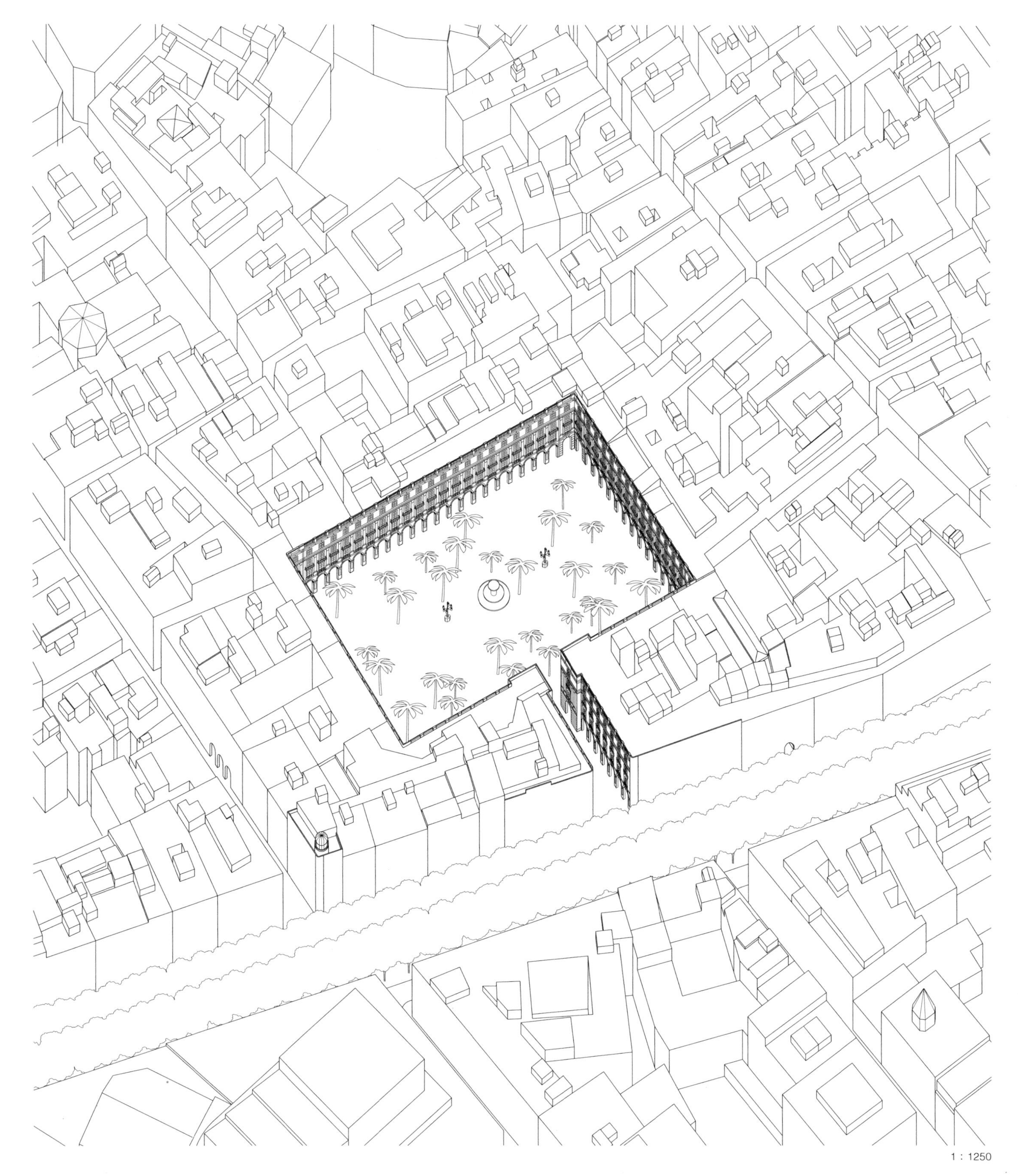

1 : 1250

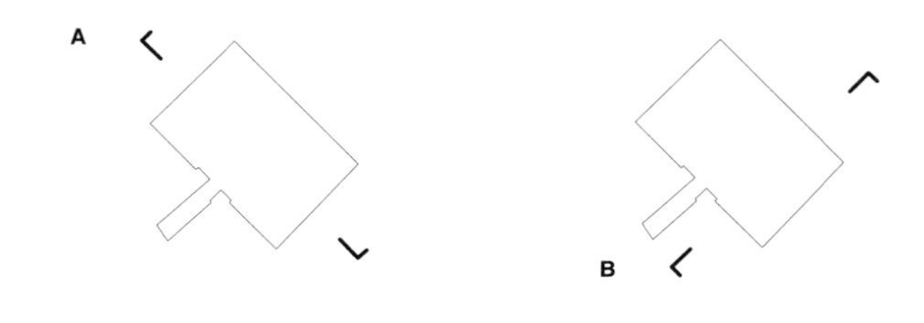

32

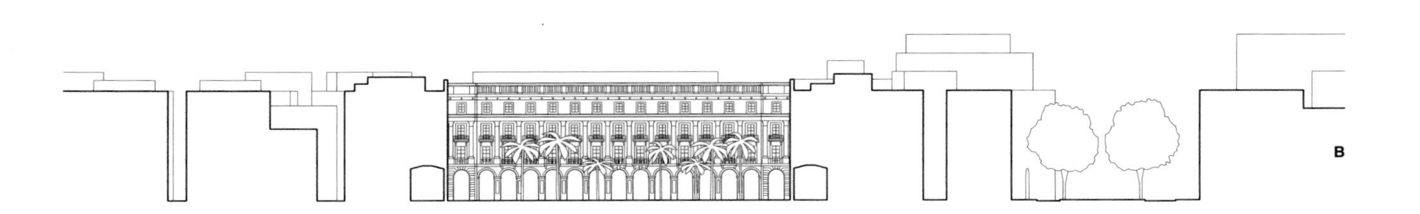

1 : 1250

1 : 1250

皇家新月楼

英国，巴斯

皇家新月楼的名称是因其半圆形联排房屋得来的，房屋在公园草坪上方形成王冠形状，并将公园北端包围。严格来讲，它不能被称为广场，然而，房屋排列所形成的封闭空间显得如此清晰，尽管它代表着城市空间结构中的一种独立形式，但值得与其他城市广场相提并论。半圆形平面布局的房屋围绕草坪，并面向下方的公园区。然而，各自空间属性相对独立并保持一定距离。房子包围着的草坪被金属格栅围栏与其前面的街道分开，在另一侧，它被限制在一道哈哈墙内。然而，从建筑处开始，草坪以凹陷的形式向下倾斜，并随着距离的增加而变得陡峭，从而呈现广阔的视野。因此，这一空间形式并不适合用城市广场定义，而是把视线转向广阔的景观空间，并凸显半圆形的房屋本身。

位置： 巴斯

时间： 1767—1774年

建筑师： 小约翰 · 伍德

规模： 12 000 m²，长约165 m，宽约83 m，建筑屋檐的平均高度为15 m

主要建筑： 皇家新月楼，联排住宅

地面铺装与设施： 鹅卵石铺装、草坪、哈哈墙、金属格子篱笆

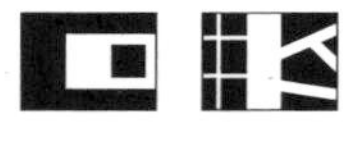

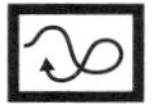

1:5000

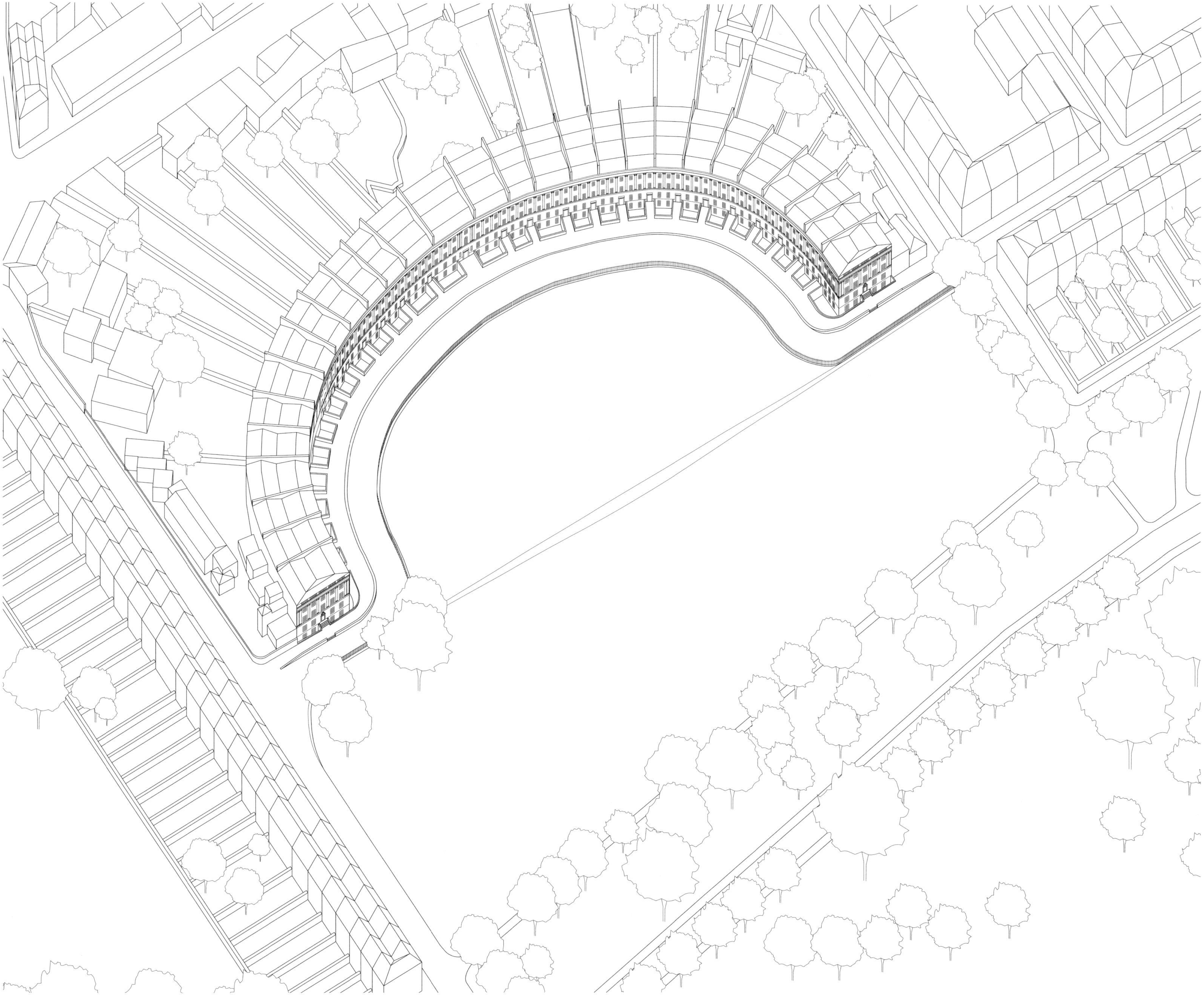

1 : 1250

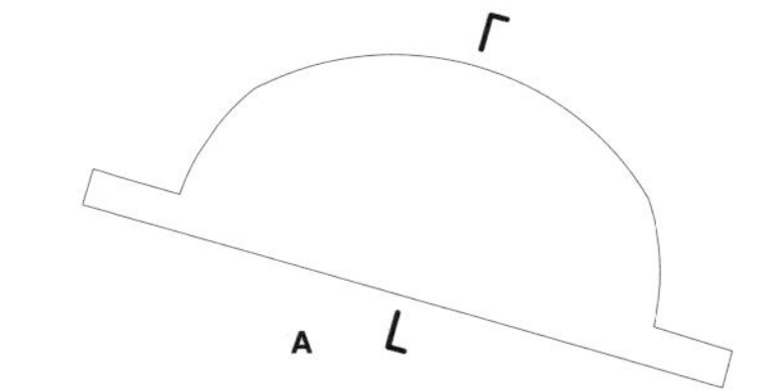

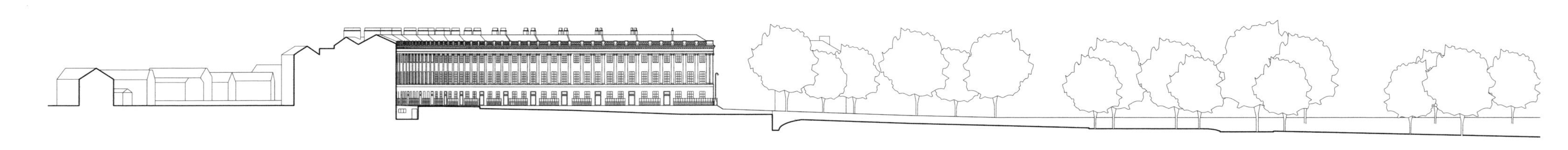

A

1 : 1250

1 : 1250

御林广场

德国，柏林

柏林的弗里德里希施塔特区依然延续着巴洛克式风格，其网格内的3个区域充当了3座纪念性建筑的舞台。纵向的卡利街作为柏林的街区，被高度各异的建筑包围，就像一面陈列了许多奇珍异宝的墙壁。两个大教堂和申克尔剧院统领整个广场，为主要的空间意象，整体空间布局次之。图底关系形成微妙的平衡，显眼的矩形空间让广场被视为城市肌理中的一部分。同时，当你通过8个入口之一进入广场时，会立刻被大教堂的气氛所吸引。大部分广场空间被两个大教堂的阴影遮蔽。教堂内部空间复杂，教堂功能和博物馆功能相对隐蔽，可对陌生人形成阻隔。申克尔剧院（现在是一个音乐厅）已经成为一座标志性的纪念建筑，与其周边的元素一起形成一个迷人的、散发着魅力的整体。这种魅力产生了强化广场空间的力量，而且广场长期以来一直承载着日常的市场和庆祝活动。

位置： 柏林，弗里德里希施塔特区

时间： 1688年，网格内3个区域的巴洛克城扩建；自1773年以来边界统一，并在20世纪内进行了连续改制

建筑师： 1688年，由约翰·阿诺德·内灵设计；在1889年，由赫尔曼·马基重新设计；1976年，由休伯特·马西斯重新设计

规模： 43 000 m²，长329 m，宽153 m，周围建筑平均屋檐高度为22 m，教堂塔高约70 m

主要建筑： 法国路德社区的教堂，1701年，由让·路易·卡亚特、亚伯拉罕·奎斯奈、马丁·格林伯格设计；法国大教堂和德国大教堂，教堂前面的圆顶，1785年，由卡尔·冯·贡塔德设计；申克尔剧院，1821年，由卡尔·弗里德里希·申克尔设计

地面铺装与设施： 1936年，方形花岗岩饰面板图案，1977年，以树为要素形成新景观设计；席勒纪念碑，1871年，由莱因霍尔德·贝加斯设计

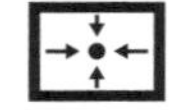

1:5000

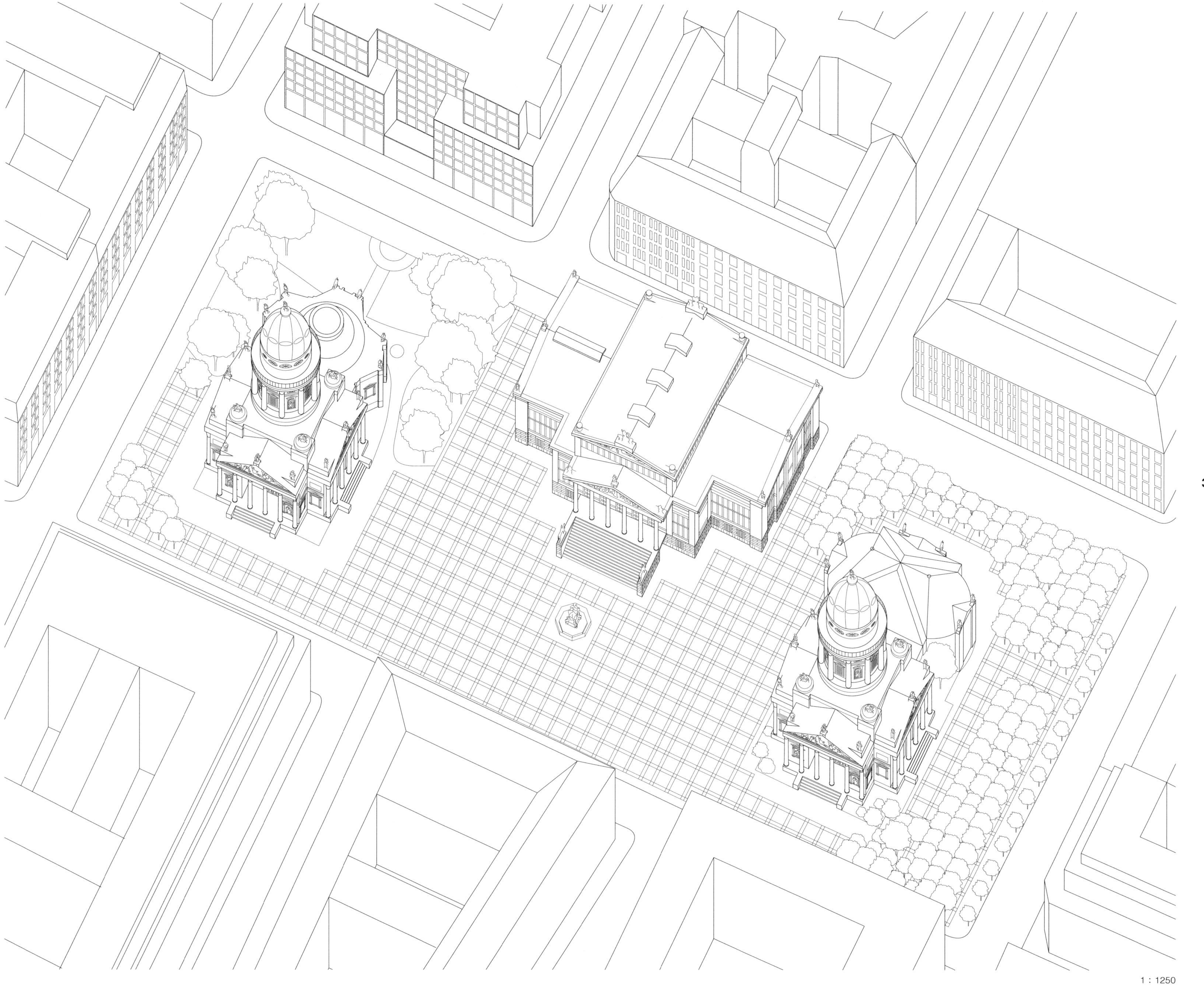
1 : 1250

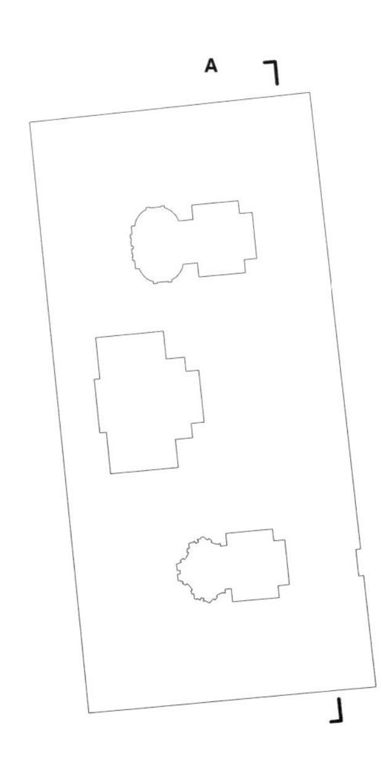

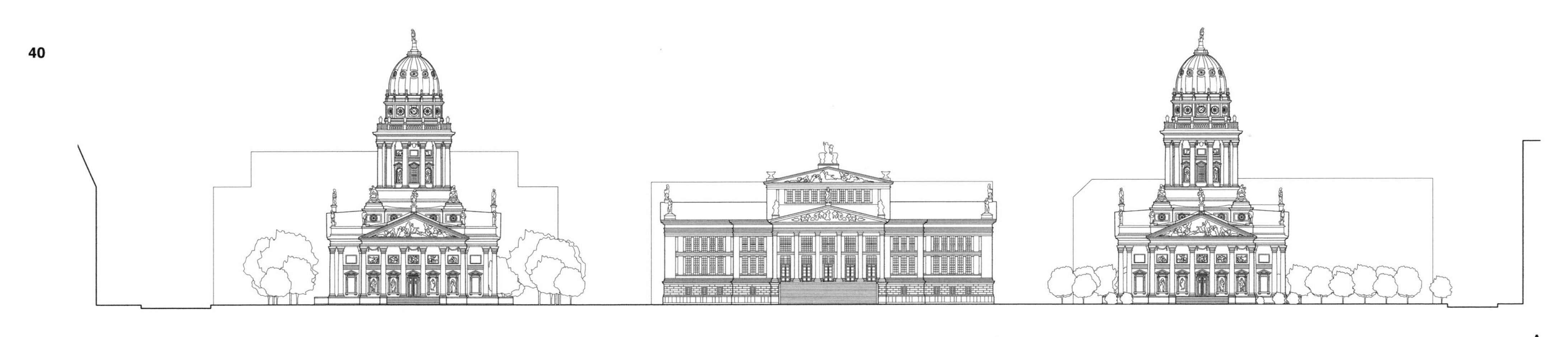

1 : 1250

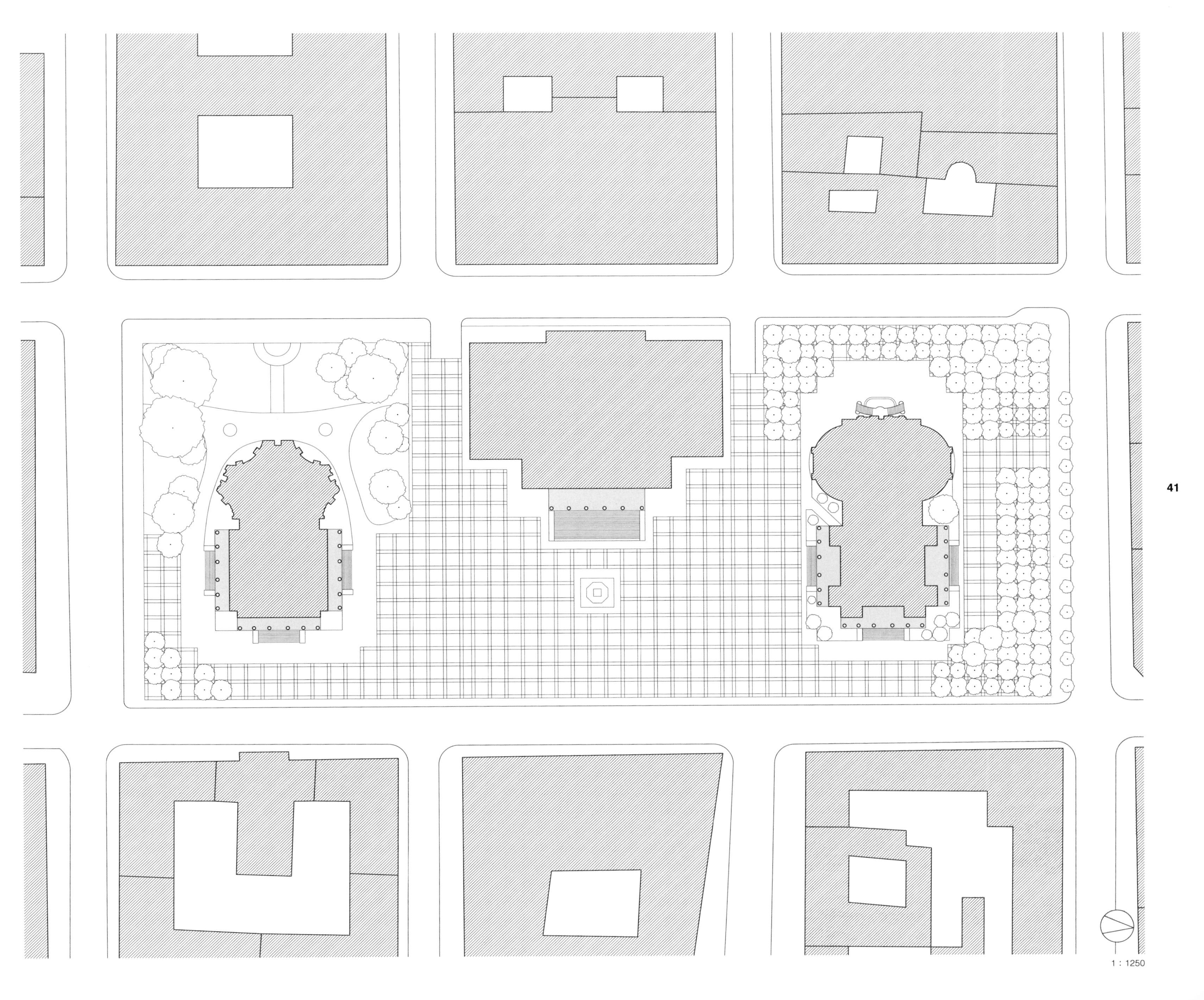
1 : 1250

巴黎广场

德国，柏林

柏林“城市客厅”的政治和历史意义超越了一切，该广场用语义学层面的描述更为贴切。勃兰登堡门的设立和政治示威的活动使广场与德国的国家发展紧密相连。虽然在冷战期间柏林墙的出现使其黯然失色，但是如今却是德国首都的象征性图腾。关于重新定义巴黎广场的建筑特征，一直是人们激烈争论的焦点。尽管其周围建筑物有多种用途，但该广场依然是从阿德隆酒店大堂延伸到菩提树下大街，集中于勃兰登堡门周边完整区域的独立广场。如今，这个封闭的城市四边形广场，有着珍贵的启蒙运动时期的建筑遗迹，沿其东西轴线分布。它既可作为通道又可作为目的地，一方面街接蒂尔加滕公园和菩提树下大街，另一方面从城市结构中剥离出来，作为具有交往、聚会功能的柏林市休闲场所。

位置：柏林，多罗廷区

时间：1734年，建造勃兰登堡石门；1961—1990年，修建东西部之间的废墟地带；自1993年起重建；2002年进行新景观设计

建筑师：1734年，菲利普·格洛克；1993年，布鲁诺·佛利尔、沃尔特·罗尔夫斯；景观设计：1880年，赫尔曼·马彻特格，2002年，约瑟夫·保罗·克雷赫斯，斯帕思和内格尔，巴帕特和文策尔

规模：16 150 m²，长120 m，宽127 m，建筑屋檐高18～22 m

主要建筑：勃兰登堡门，1791年，由卡尔·戈特哈德·朗汉斯设计；李伯曼大楼、桑摩大楼，1998年，由约瑟夫·保罗·克雷赫斯设计；柏林艺术学院，2005年，由甘特·班尼奇、曼弗雷德·扎巴特克、沃纳·杜尔特设计

地面铺装与设施：花岗岩铺路、两个带喷泉的观赏性花坛

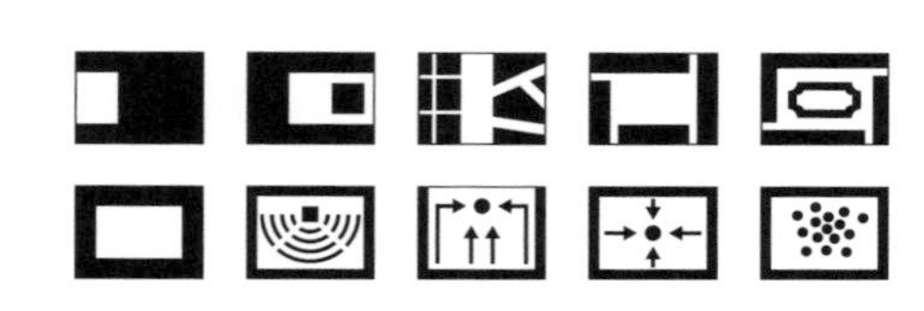

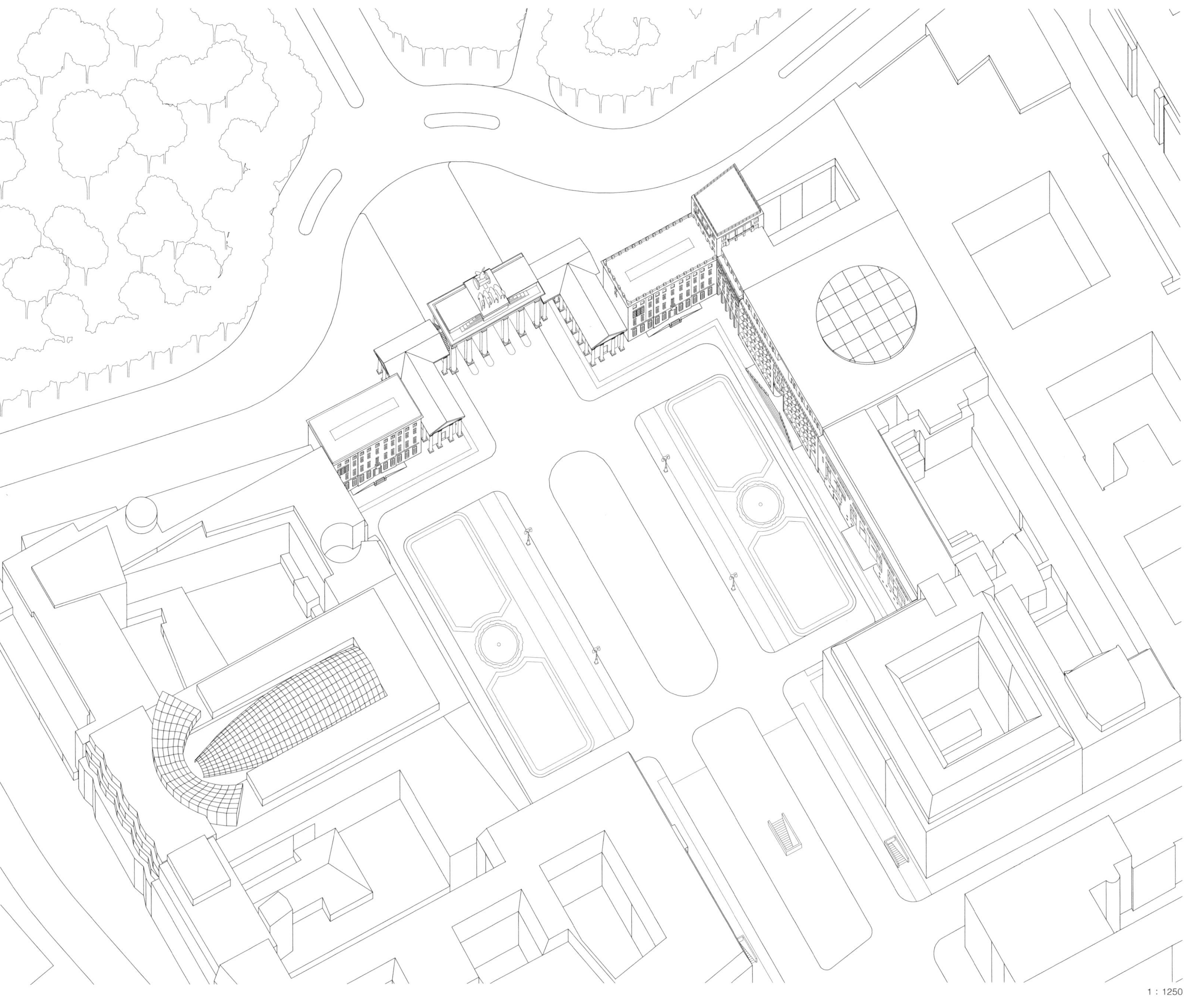
1 : 1250

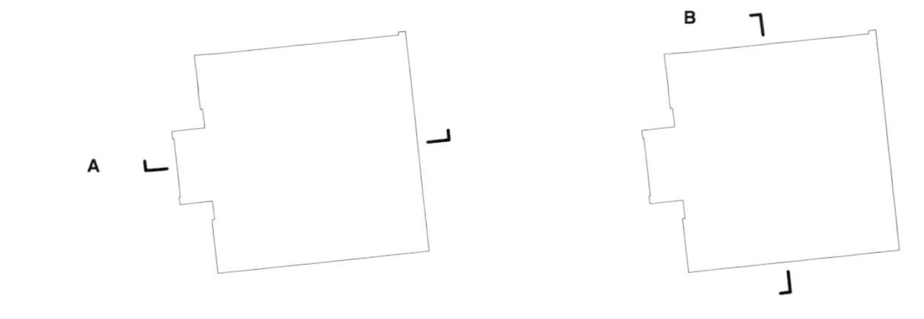

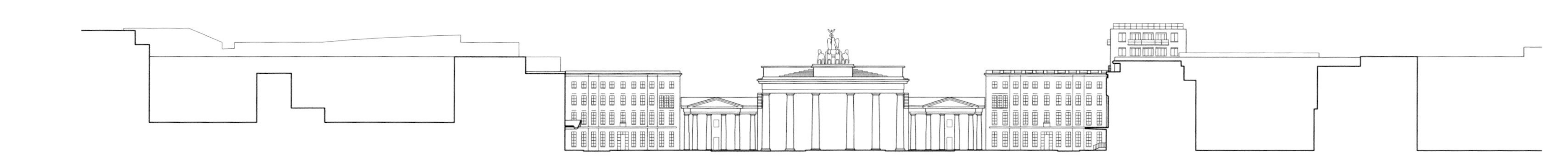

1 : 1250

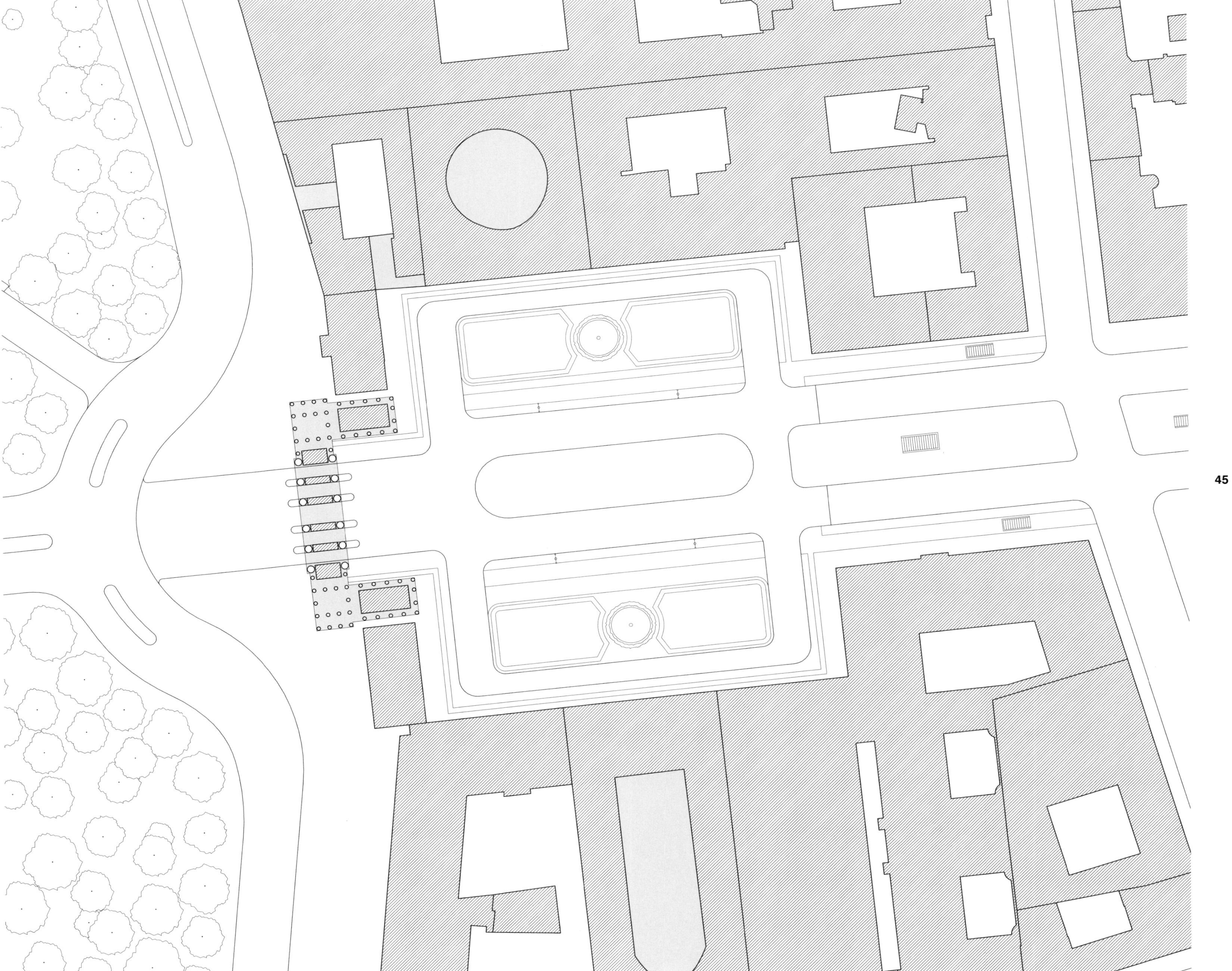
1 : 1250

波茨坦广场

德国，柏林

波茨坦广场为交通枢纽，数条街道交汇于此形成星形图案。广场的公共空间已经减少到只剩街道之间的交通岛和人行道，而整个区域，包括波茨坦广场与其东部相邻的八边形莱比锡广场，也通过很短的通道紧密相连。作为周边区域具有代表性的交通枢纽，波茨坦广场超出了广场的常规定义。该广场的特征在于其功能是连接城市的不同部分（尤其是东部和西部），其布局使周边城市空间紧密衔接，从而形成邻里关系。波茨坦广场是由一系列同期建设的高层建筑围合而成的，空间逐渐收缩，指向广场中心，与莱比锡广场形成鲜明对比。广场的显赫地位部分来自于周边这些超过了柏林控高标准的建筑。与城市广场的常规概念相反，这里的空间似乎向各个方向消失。这与波茨坦广场作为高密度的活动场所和城市活动中心的特征有关，这一空间布局可进一步强调其特性：广场更多的是通过而非停留空间。

位置：柏林，米特区

时间：1994—2000年

建筑师：希尔默和萨特勒

规模：24 000 m²，长（南—北）约230 m，宽（东—西）约150 m，东侧建筑高度约为35 m，高层建筑高度约为100 m

主要建筑：科尔霍夫塔，1999年，由汉斯 · 科尔霍夫、海格尔 · 蒂默曼设计；中庭塔（即德比斯大楼），1999年，由伦佐 · 皮亚诺设计；索尼中心、铁路大厦，2000年，由赫尔穆特 · 雅恩设计；柱廊公园，2002 年，由乔治 · 格拉希设计

地面铺装与设施：混凝土板、柏油碎石地面、两个地铁入口的檐篷，2001年，由希尔默和萨特勒负责修建

1 : 5000

1 : 1250

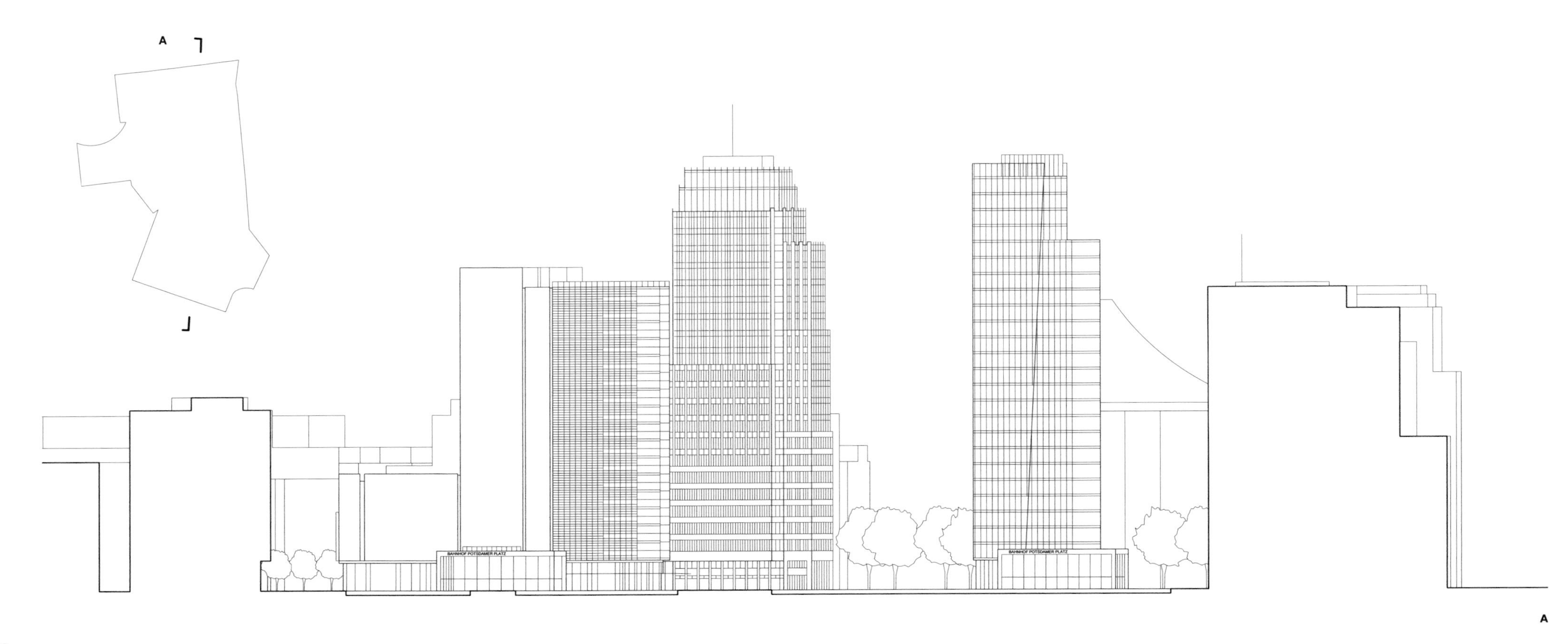

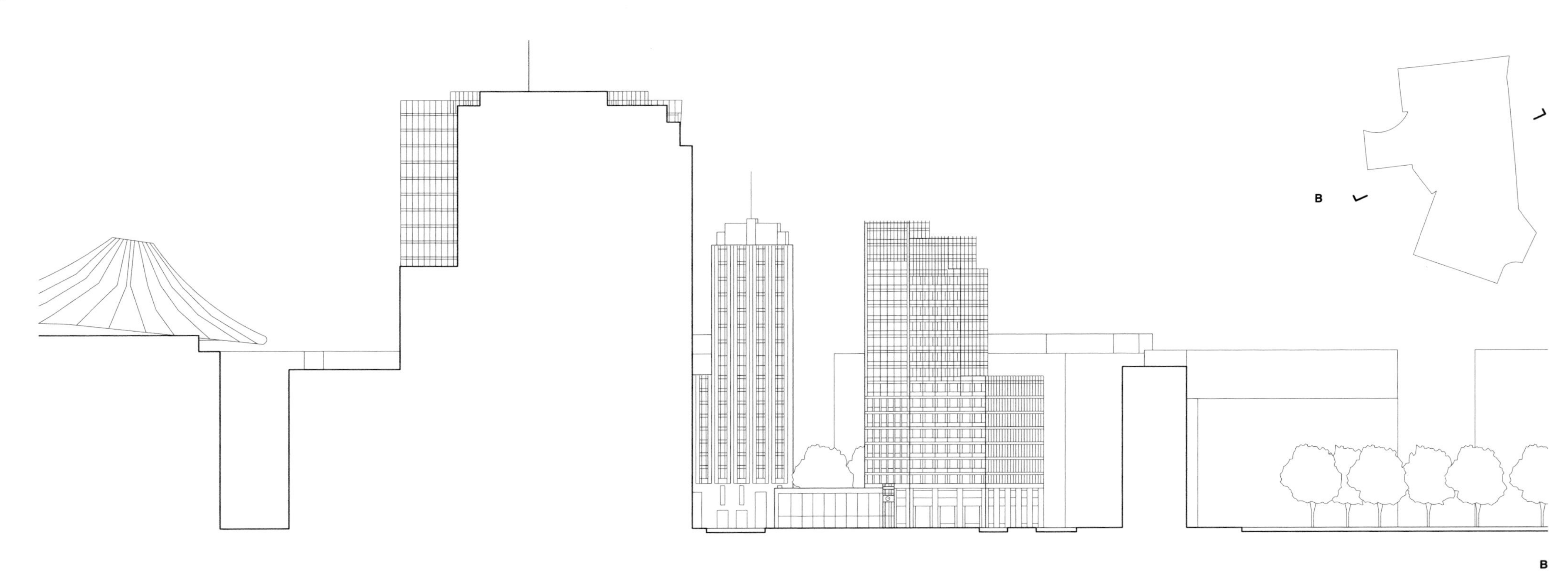

1 : 1250

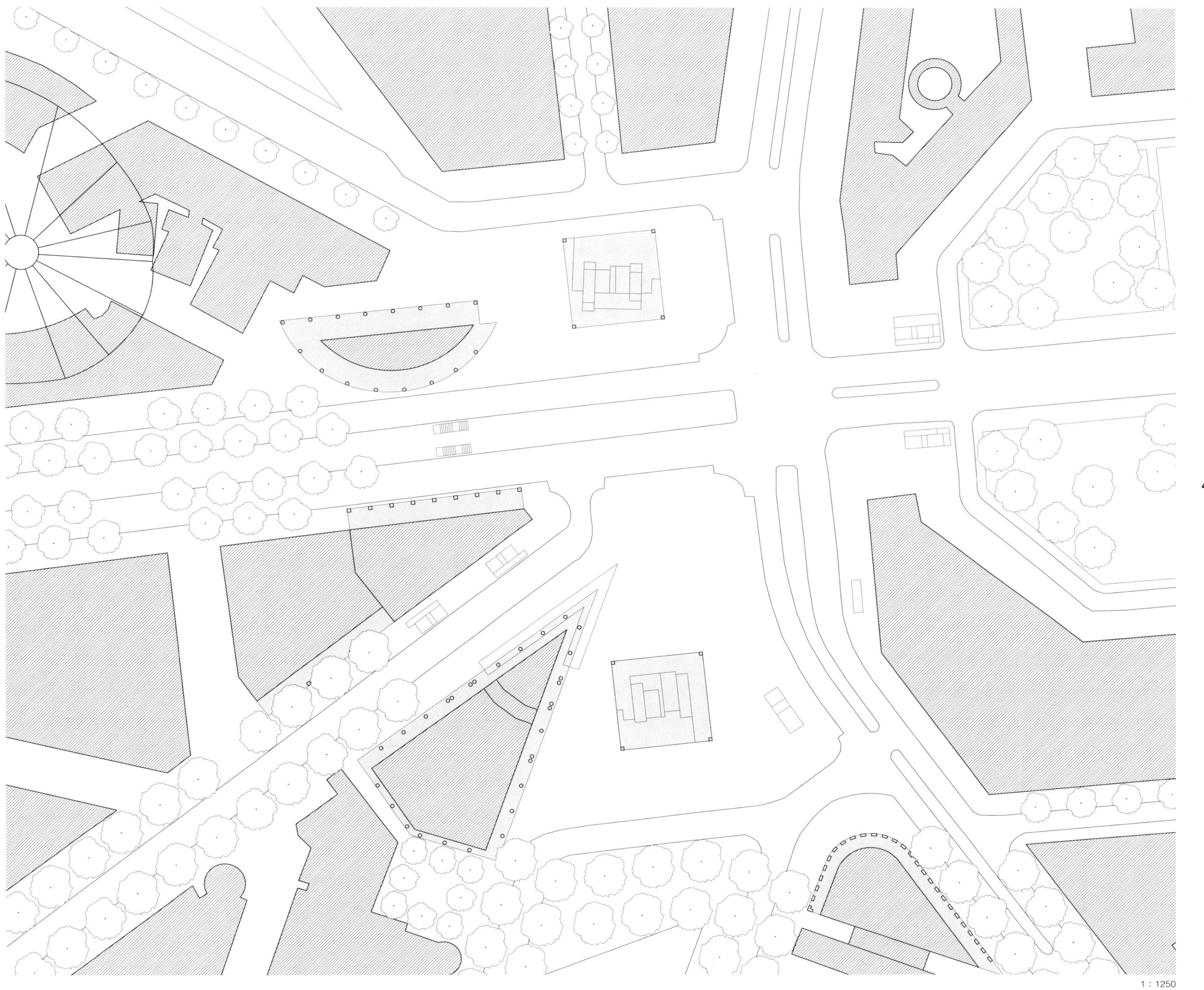
1 : 1250

沃尔特-本杰明广场

德国，柏林

连接两条平行街道的沃尔特-本杰明广场过于狭窄，几乎不能称之为广场，但宽度又远超一般街道。空间的长方形比例和开放的两端将其与相邻的街道连接起来。广场作为通过性空间被两侧的柱廊进一步强调。均匀的廊柱与间柱形成节奏，强调了行人的移动。除了采用相同的立面材质和花岗岩铺装路面，还结合廊柱的排列为广场增添了统一性和古典主义的空间感。柱廊下部的空间提供了独立的广场边界保护区域，从而形成广场和大部分建筑物之间的连接空间。

位置：柏林，夏洛腾堡区

时间：1997—2000年

建筑师：汉斯 · 科尔霍夫，海格尔 · 蒂默曼

规模：3 600 m²，长110 m，宽32 m，建筑屋檐高度为25 m

地面铺装与设施：花岗岩砖、喷泉

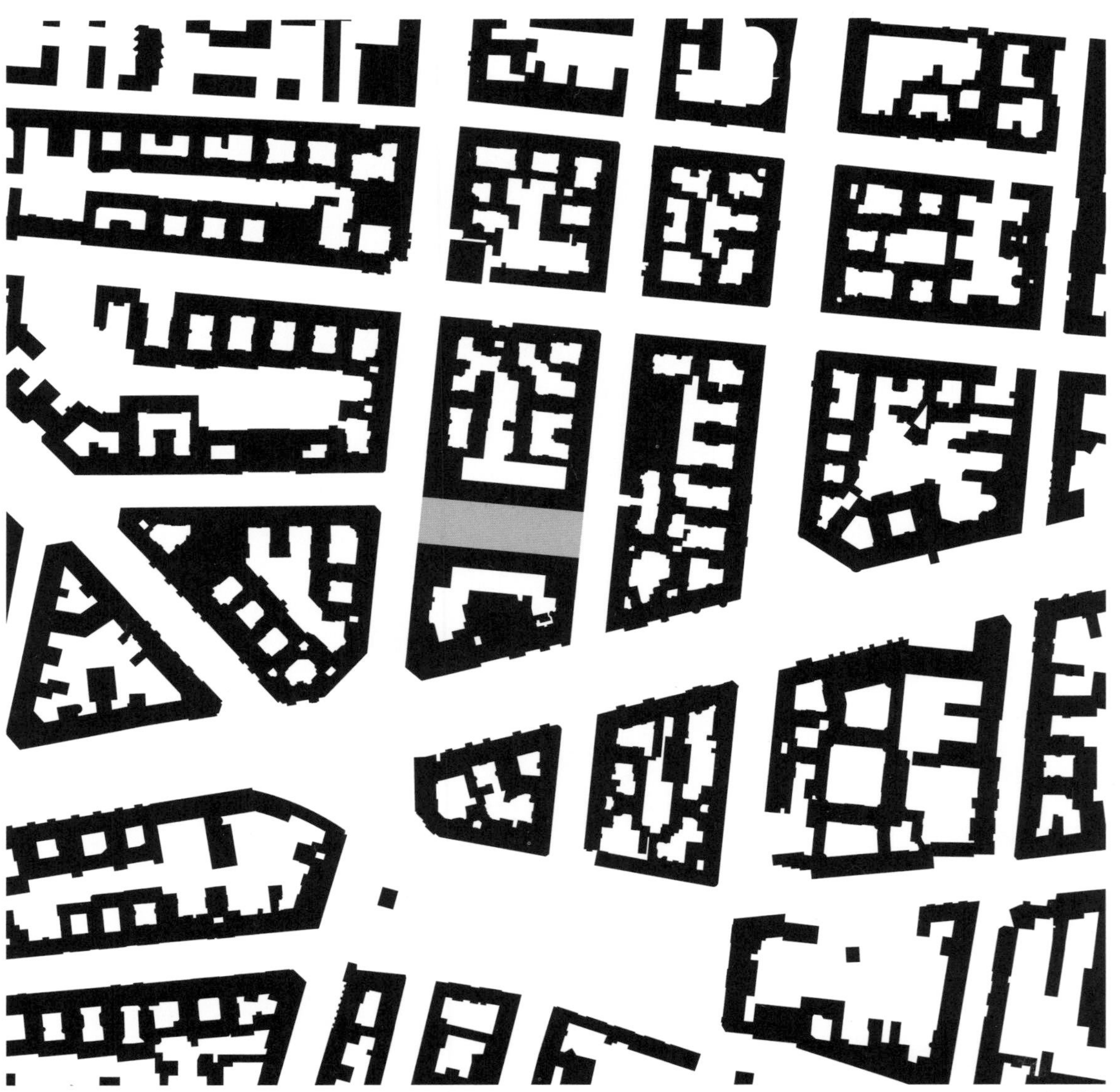

1 : 5000

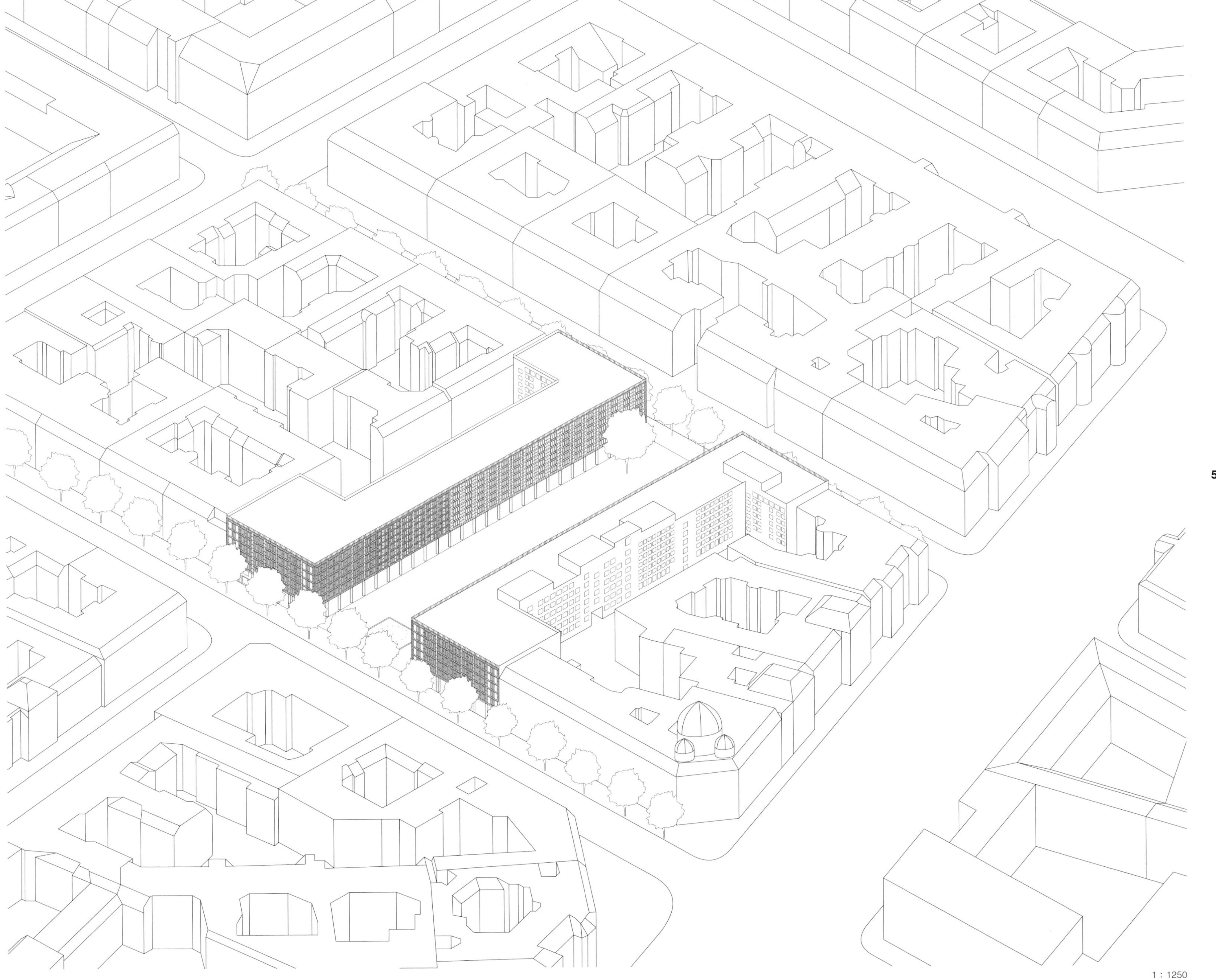
1 : 1250

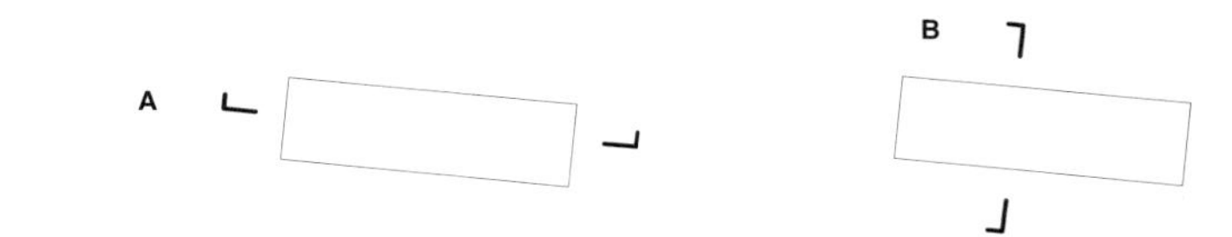

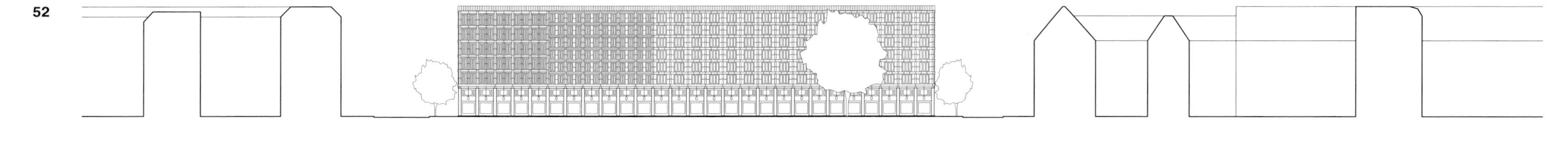

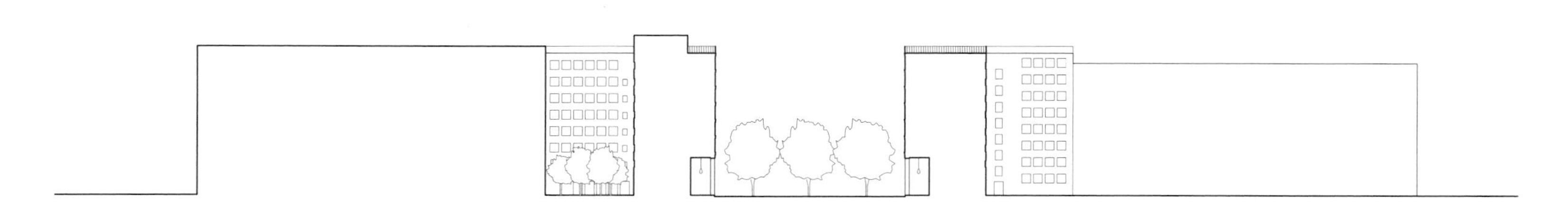

B

1 : 1250

1 : 1250

马焦雷广场

意大利，博洛尼亚

位于城市中心的马焦雷广场是城市生活核心空间的代表。从车站到广场的通道主要是购物街，首先进入拥有海神喷泉的海神广场，该广场由于其西部边缘的扩展以及道路铺装网格图案的变化可被视作独立的广场。平缓的坡度使其呈现出通往主要广场的入口形象，周围有许多具有历史意义的建筑，其中波德斯塔宫尤为突出。宫殿一侧与广场的另外3个界面差异巨大，形成背景。宫殿在高度上提升了3级台阶，具有舞台效果，这使得游客在露天咖啡馆中能够获得贯穿广场的视野，颇具吸引力。对面的圣白托略大殿前方一大段台阶也朝向广场中心，装饰地板就像放置在广场上活动场所的地毯一样。通过拱廊和通道，可从城市进入广场，使广场的边缘具有吸附性。

位置：博洛尼亚，历史区域中心

时间：13—16世纪

建筑师：见主要建筑部分

规模：9 800 m²，主要广场长110 m，宽70 m；海神广场长62 m，宽45 m，建筑屋檐平均高度为25 m，大教堂的高度约为48 m

主要建筑：公证人宫，建造于1384年和1422年；市政厅阿库尔西奥宫，建造于1290年和1425年；波德斯塔宫，建造于1209年和1484年，由亚里士多德 · 菲奥拉万蒂设计；国王恩佐宫，建造于1568年，由贾科莫 · 巴洛齐达 · 维尼奥拉设计；圣白托略大殿，建造于1390—1659年，由安东尼 · 迪 · 文森佐设计

地面铺装与设施：花岗岩、玫瑰白大理石；海神喷泉，建造于1563—1566年，由乔瓦尼 · 迪 · 博洛尼亚设计

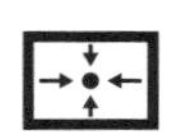
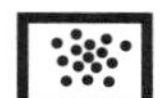

1：5000

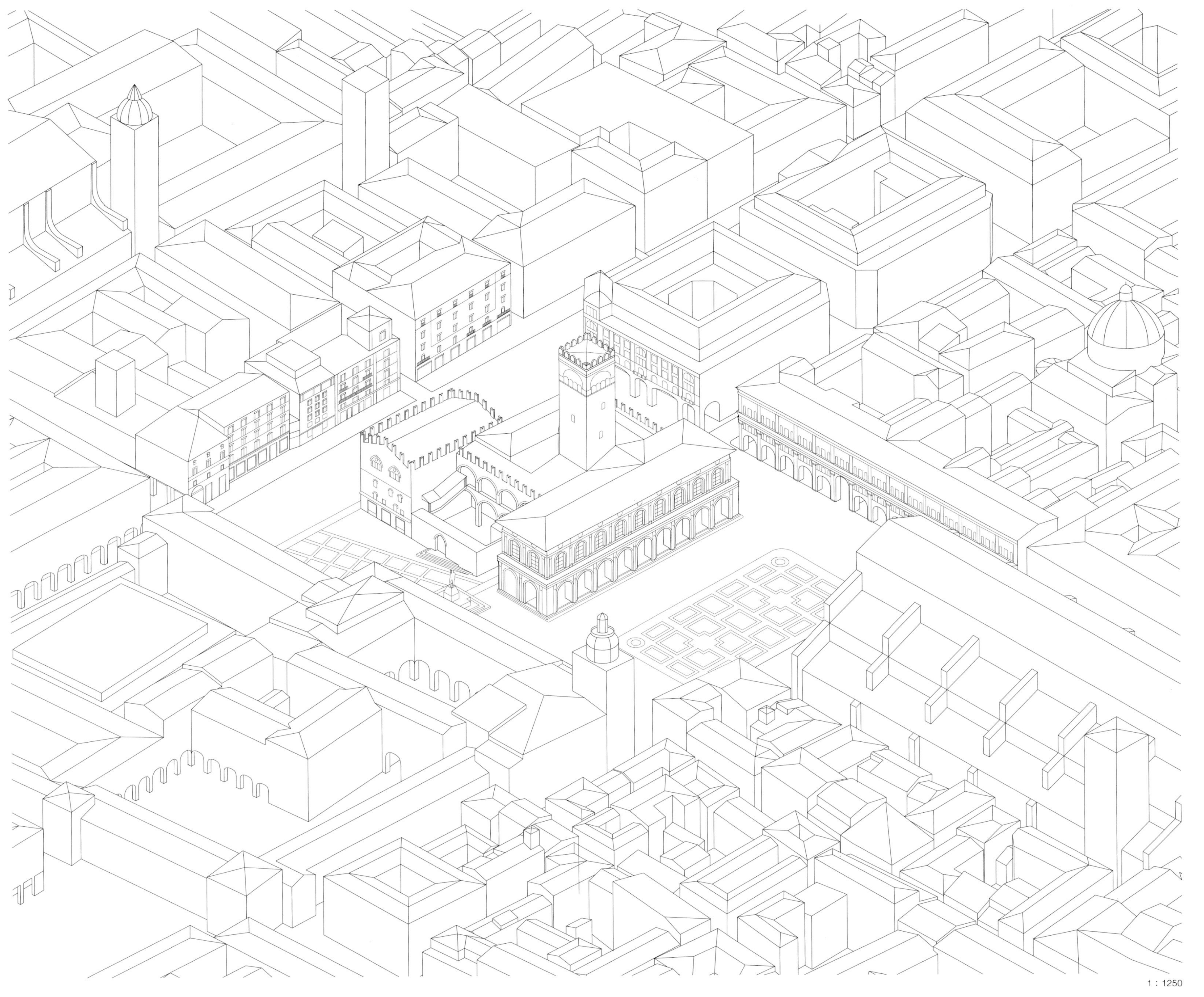
1 : 1250

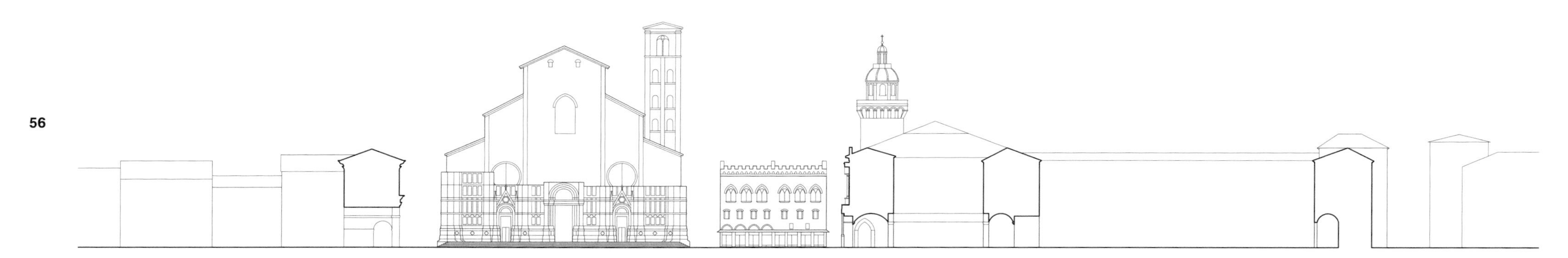

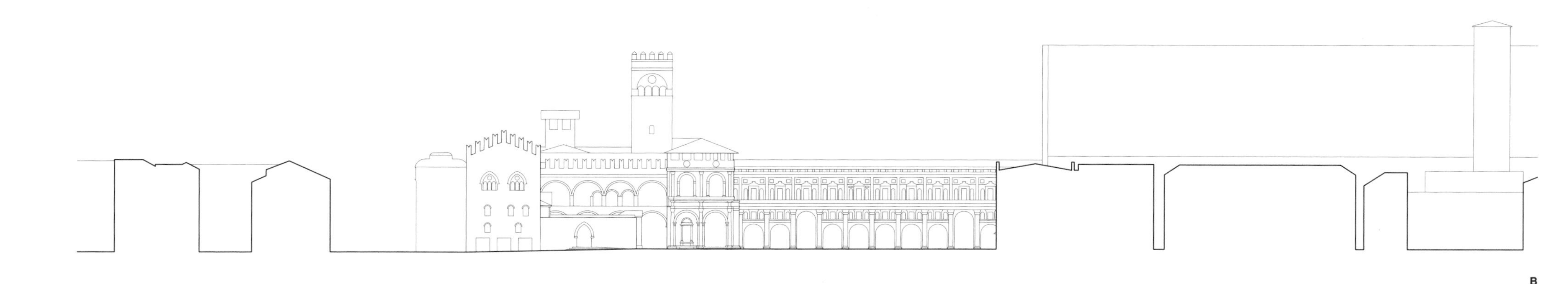

1 : 1250

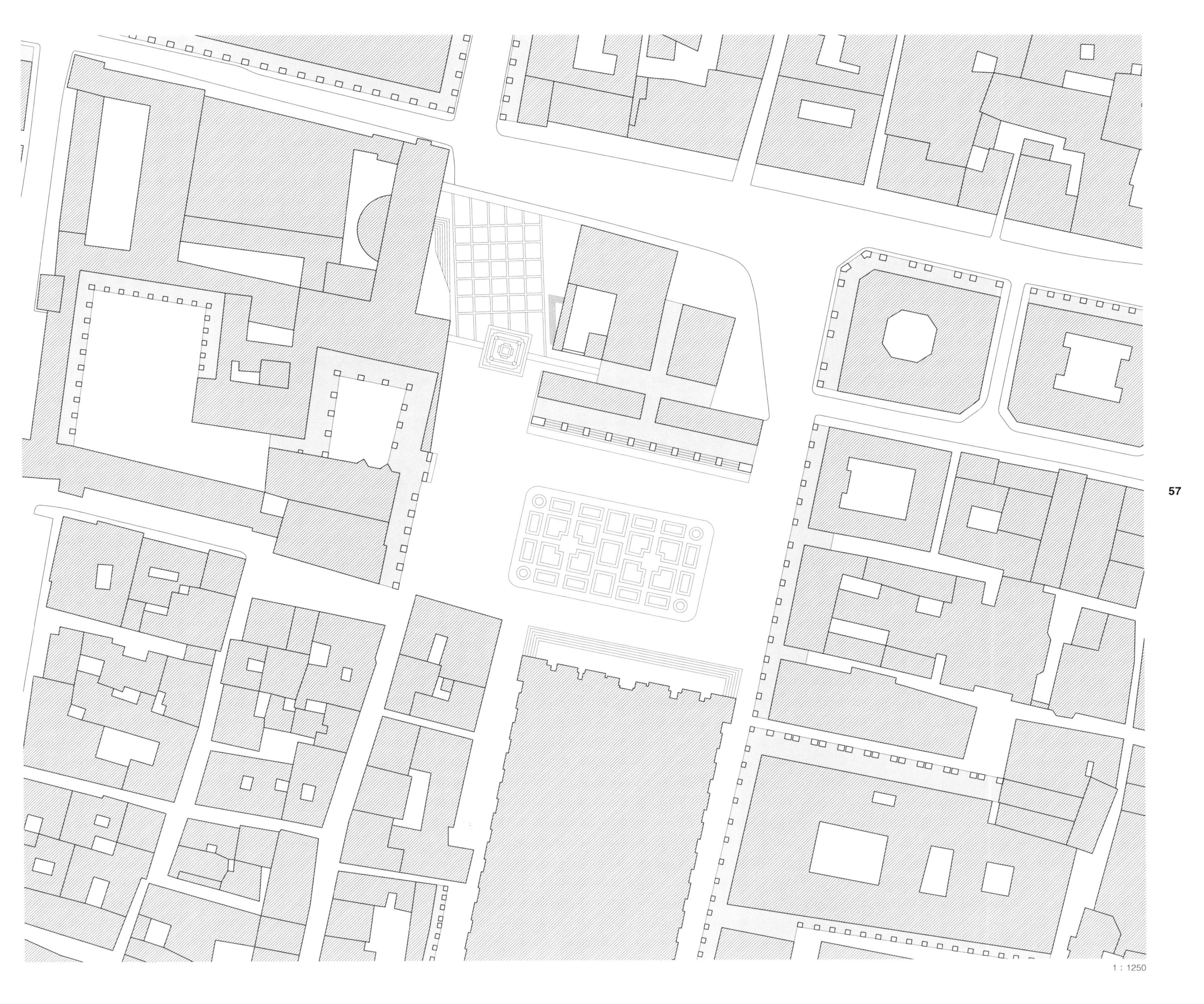
1 : 1250

德拉长廊广场

意大利，布雷西亚

德拉长廊广场可以被认为是著名的凉廊市政厅的前院，或是作为广场结构的组成部分，与凉廊共同成为广场的核心要素。凉廊不仅因为其高度而统领周边环境，一层的圆柱形穹顶大厅 —— 整个建筑名称来自于该凉廊，几乎吸收了它附近的一切。它紧靠西侧并且被北侧的一个侧楼遮挡，赋予其指向广场的导向性。相比之下，广场的所有其他墙壁似乎都消隐了。南部一个双中殿拱形通道的上部与两个相邻的建筑相连，建筑物之间的另一个通道被拱门封闭。两个通道都被巨大的墙壁遮挡。东部的连续拱廊将另外的通道整合到一起，将较小的广场连接到德拉长廊广场。初来乍到的行人被远处即可看到的钟楼引导至此，但仍然会忽略这些街道后的通道。所有这些不同的拱廊都用于呼应文艺复兴时期伟大凉廊的拱廊主题。

位置：布雷西亚，历史区域中心

时间：1484—1570年

规模：4 600 m²，主广场长约92 m，宽约42 m，建筑屋檐高为16～23 m，小广场长27 m，宽26 m，建筑屋檐高为14～16 m

主要建筑：凉廊；凉廊一层，1487年，由托马索 · 弗门坦设计，1492—1508年，与菲利波 · 德 · 格拉索一起设计；凉廊二层，1549—1560 年，由罗多维科 · 贝雷塔设计

地面铺装与设施：主广场：花岗岩板；小广场：河砾石；纪念1974年5月28日被暗杀而死的人的石碑，由卡罗 · 斯卡帕负责修建，纪念碑位于两个广场之间的连接处

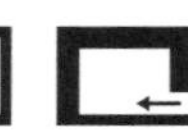

1 : 5000

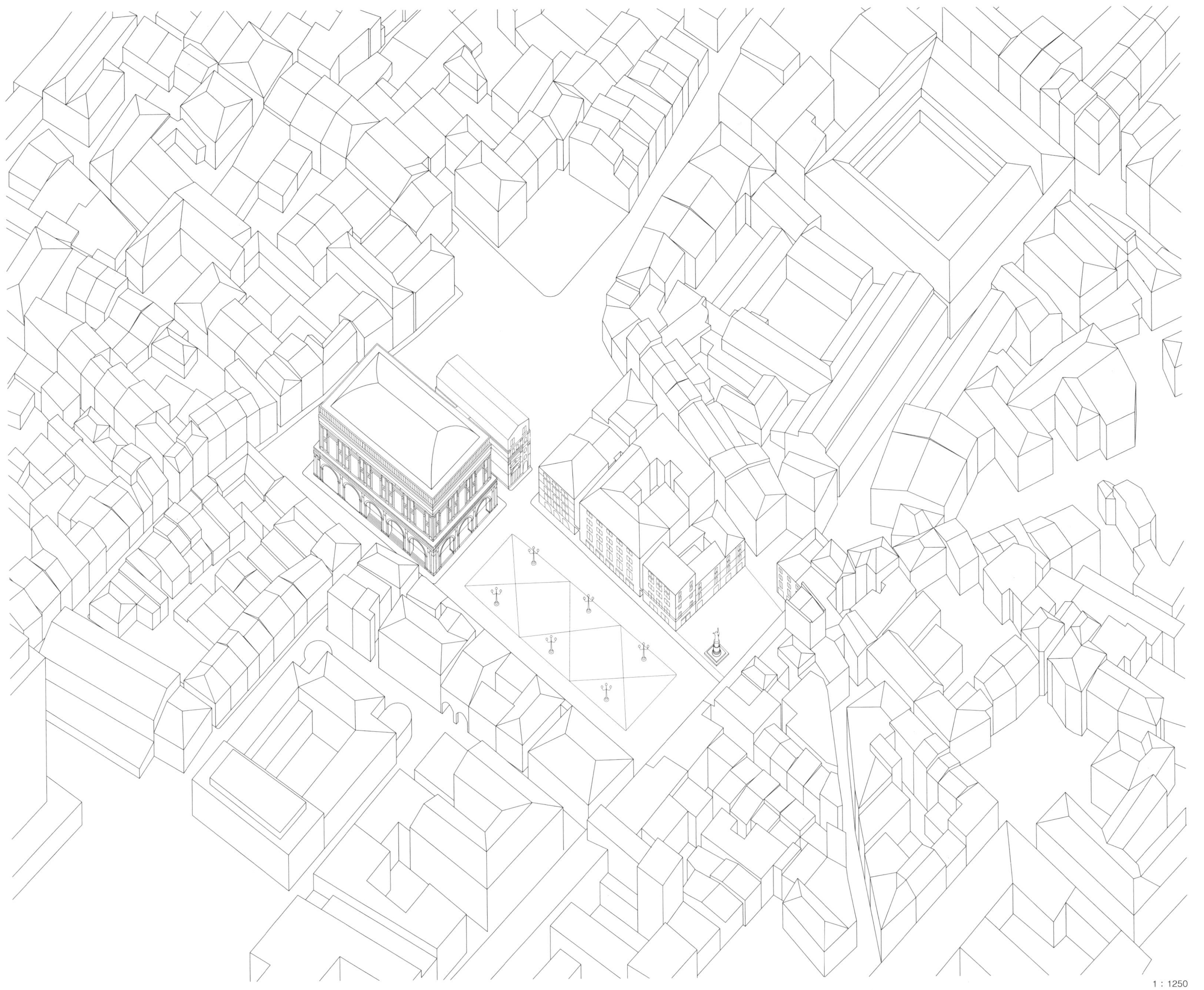

1 : 1250

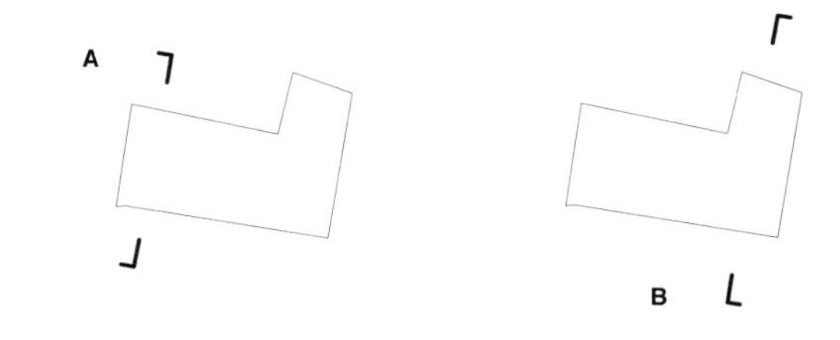

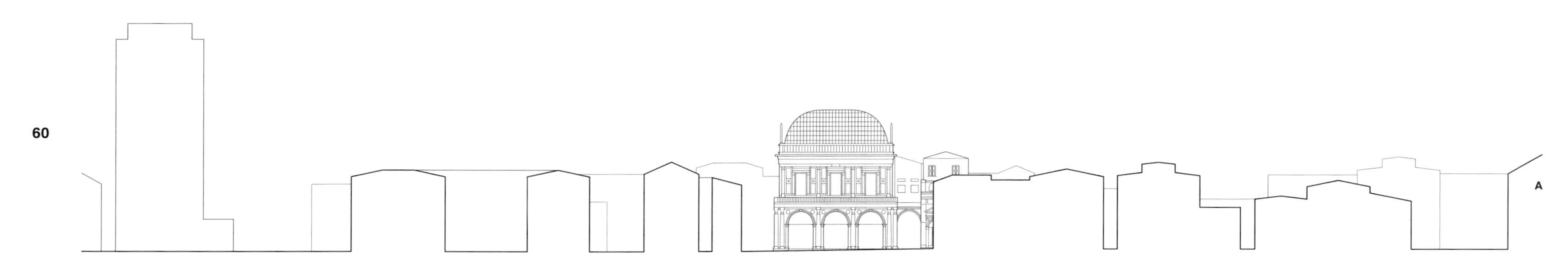

1 : 1250

1 : 1250

柯达伊环形广场

匈牙利，布达佩斯

柯达伊环形广场是安德拉什大街的一部分，安德拉什大街作为一条绿树成荫的大道与宽阔的人行道，从城市中心延伸至此。该圆形广场，作为交通枢纽构成了城郊部分放射性道路的起点。街道从这里开始再次扩展，其一侧的街区为狭窄的前花园提供了空间，然后让位于公园内的大型城市别墅。圆形广场虽然也存在交通堵塞的现象，但其依然具备公园的特性。在街道之间的四个角落中，有草坪、花坛和一些提供阴凉的大树，这些区域是当地居民的游憩场所。在周围的住宅楼前，人们还发现了被铁艺围栏保护的绿色植物。四栋建筑均沿正面中心向后退让，以提供更多的广场空间，方便进入周边的住宅和商业建筑。这样做的结果就是人们在到达建筑主入口前还会经过一个精心设计的大门以及一个绿荫匝地的庭院。

（译者注：广场的原名只是“Körönd”，意为“马戏团”，1971年为了纪念匈牙利著名的民族音乐家柯达伊·佐尔丹而更名。）

位置：布达佩斯，第六区（特里萨镇）

时间：建造于1872—1873年

建筑师：安塔尔·斯考尔尼茨基

规模：13 000 m²，直径约 130 m，建筑屋檐高14～15 m

主要建筑：铁路职工住宅楼，1883—1885年，由约瑟夫·考瑟设计；安德拉什法院，1883—1885年，由久洛·布科维奇设计；公寓大楼，1880—1881年，由古斯塔夫·皮彻设计；大法院，1883—1884年，由久洛·布科维奇设计

地面铺装与设施：鹅卵石路面、沥青路面、草坪和花坛；4座雕像：巴林特·巴拉西、乔治·桑迪、米克洛斯·兹林尼、瓦克·巴提安

1 : 5000

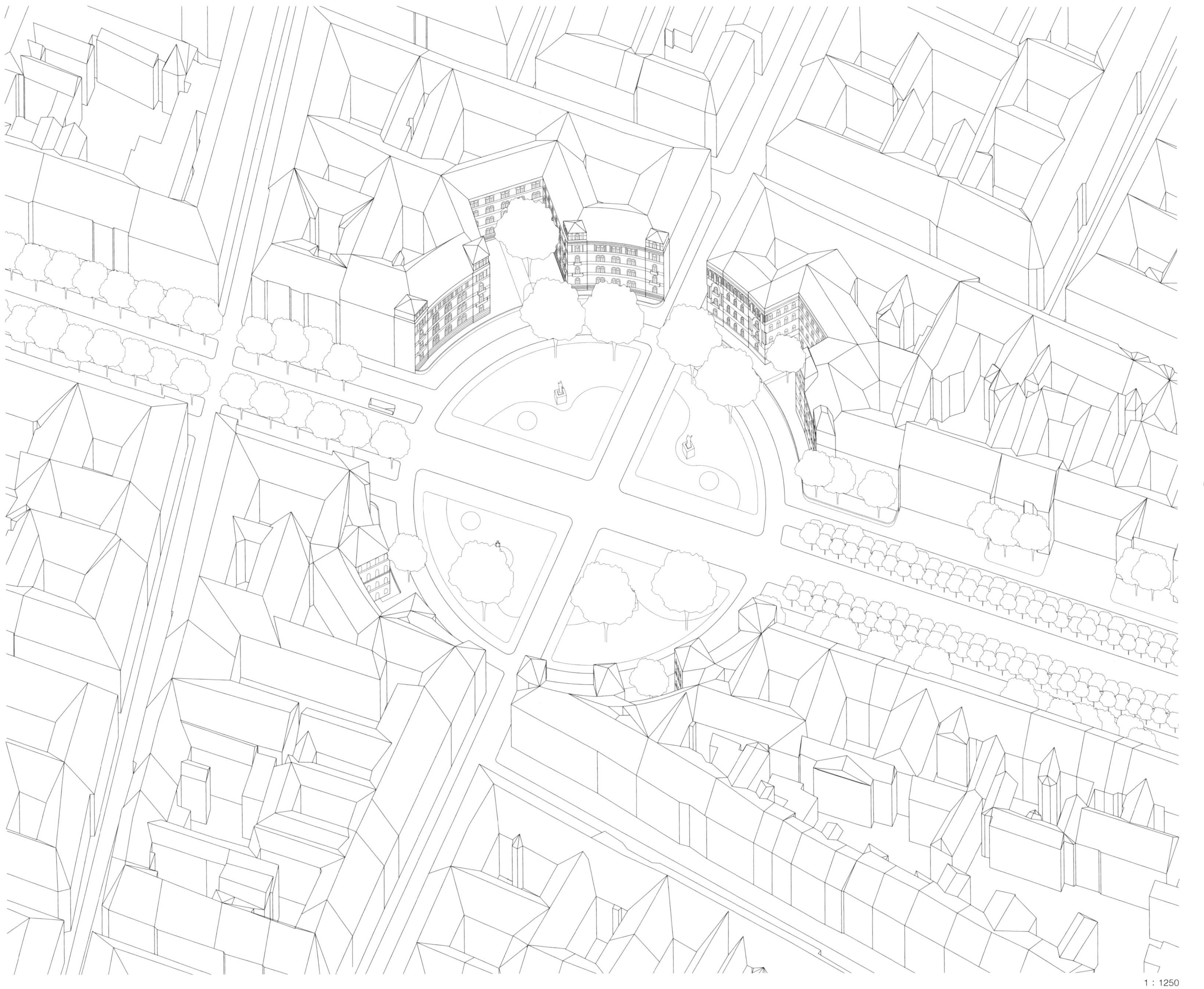
1 : 1250

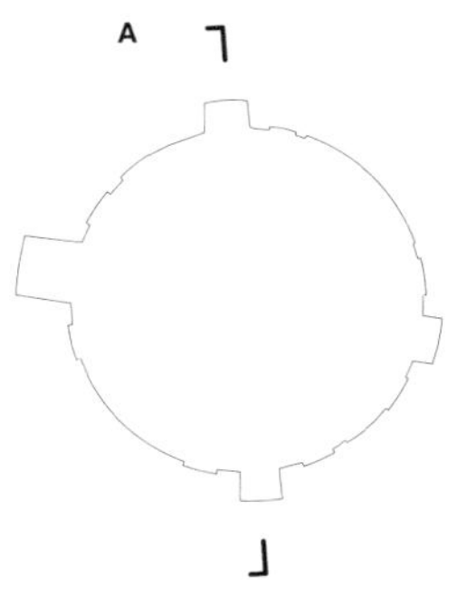

1 : 1250

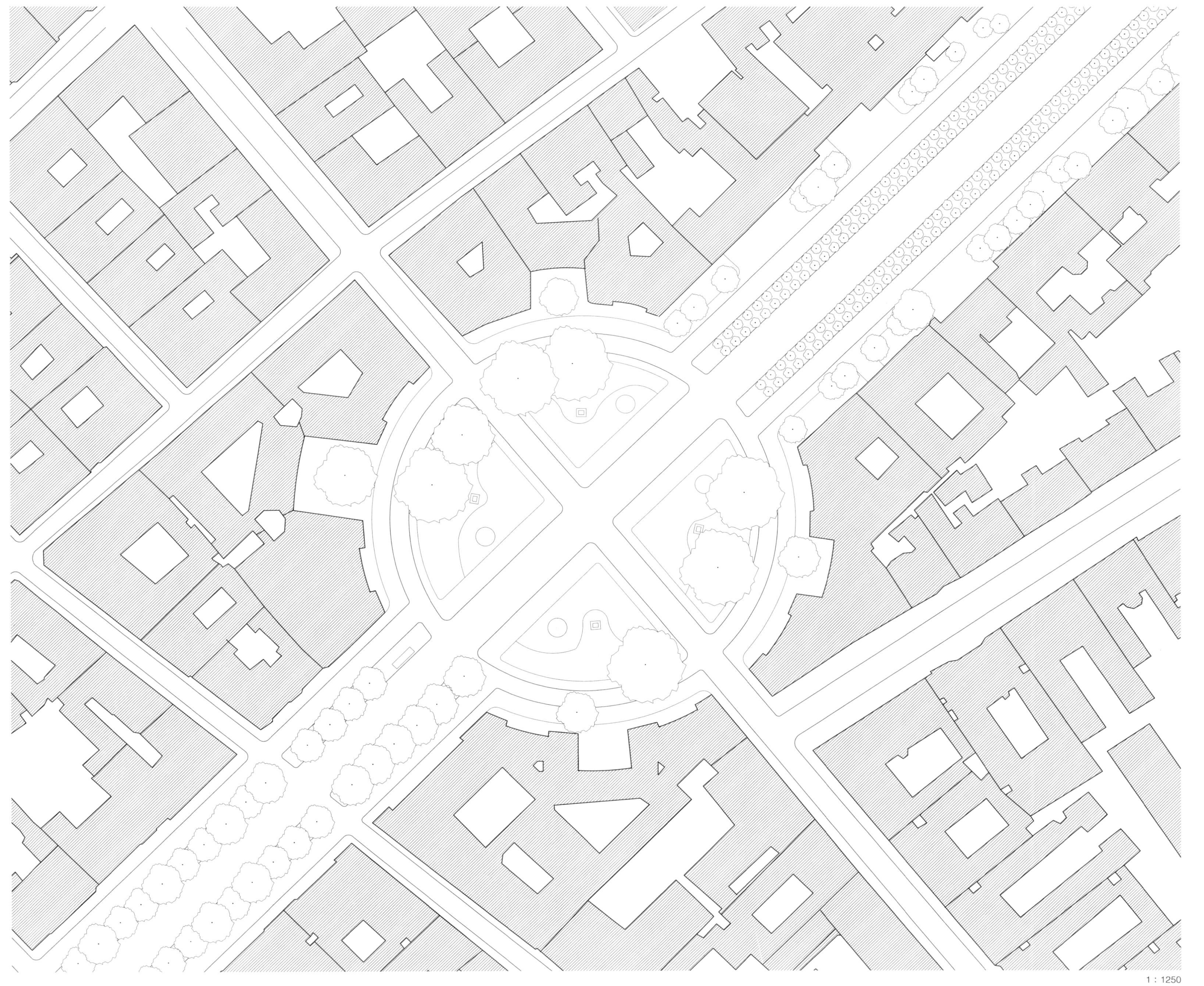

1 : 1250

自由广场

匈牙利，布达佩斯

该广场位于前军事监狱所在地，是1848—1849年的革命中自由战士被处决的地方。广场以及北边的放射状区域是前监狱建筑角落的翻版。国家的一些相关机构都位于该广场中，因此安防等级比较高，多数情况下是不对市民开放的。围合广场的建筑体积巨大，建筑高度统一，并且往往隐藏在广场上乔木的树冠之后。虽然广场上的建筑看上去略显呆板，但却创造了一种独特的氛围，修剪整齐的绿化和广场中心的公园也很相符。在整齐对称的轴线中，二战匈牙利的苏维埃解放纪念碑成为公园北段所有道路的纽带。广场中心的咖啡厅及操场、长椅和草坪，吸引着漫步和逗留于此的当地居民和参观各种古迹的游客们。

位置：布达佩斯，利奥波德镇

时间：1846年，建造塞切尼长廊，毗邻现在的广场南部；1900年建立广场

建筑师：见主要建筑部分

规模：41 000 m²，长270 m，宽140 m，塞切尼长廊长260 m，宽45 m，建筑屋檐的平均高度为21 m

主要建筑：匈牙利国家银行，1905年，由伊格内修斯·何派设计；美国大使馆，前工商会，1901年，由阿拉达尔·卡尔曼、久洛·乌尔曼设计

地面铺装与设施：草坪、中国花岗岩、匈牙利石灰石、沥青；苏维埃纪念碑，1946年；自由战士纪念馆；哈利·希尔·班德霍尔茨纪念馆，1936年，由米克洛什·利盖蒂设计；罗纳德·里根纪念馆，2011年，由伊斯特万·梅特设计

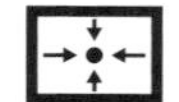

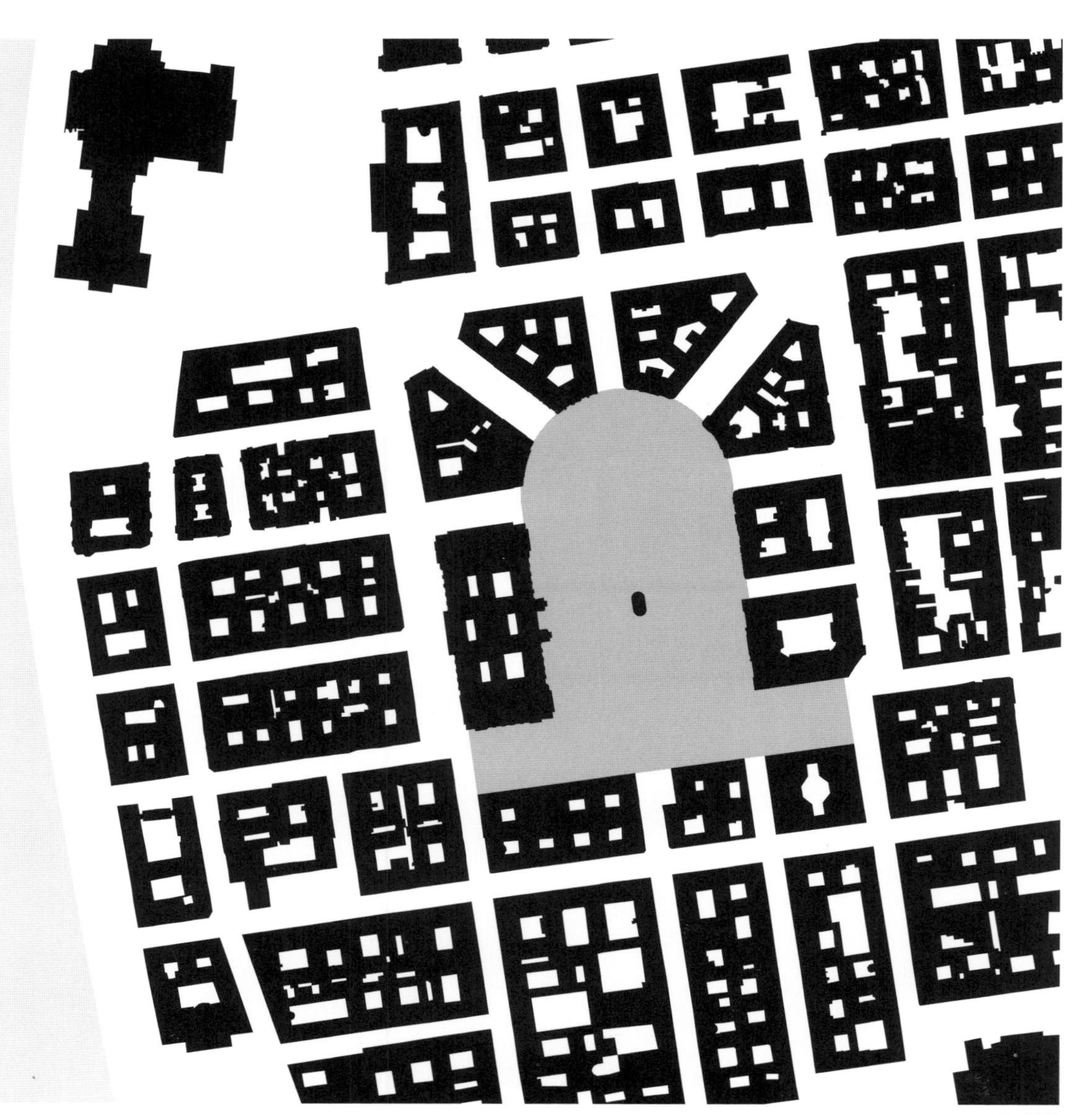

1 : 5000

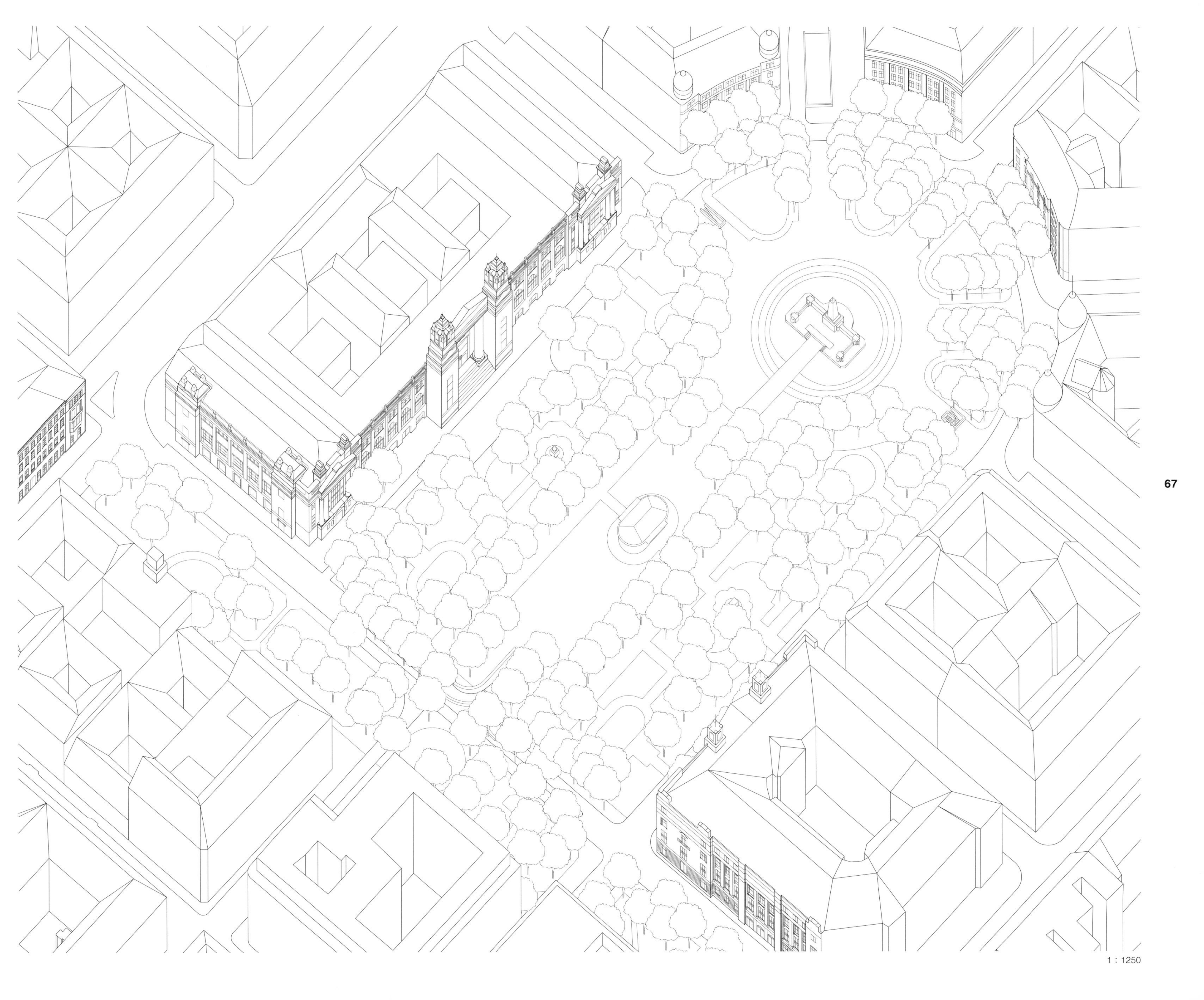
1 : 1250

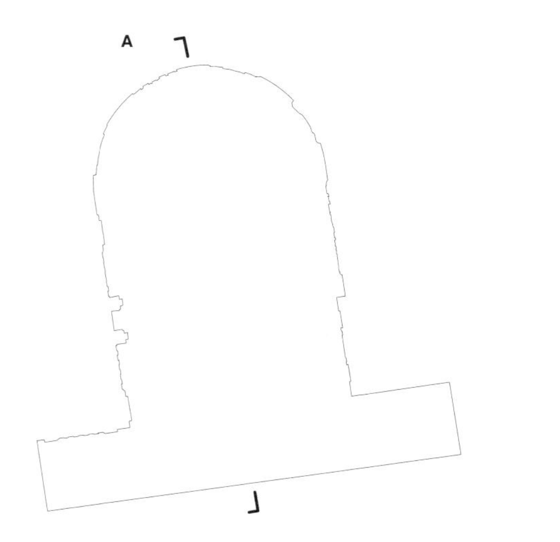

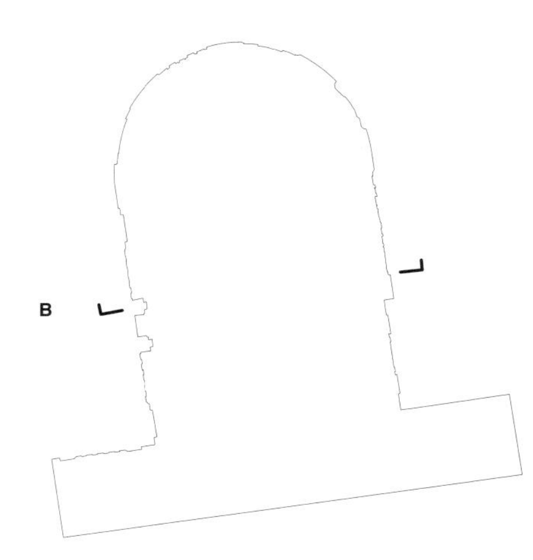

68

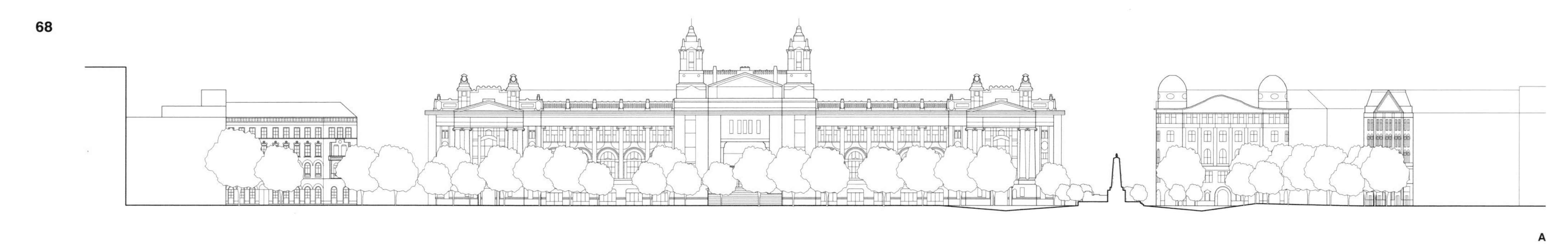

1 : 1250

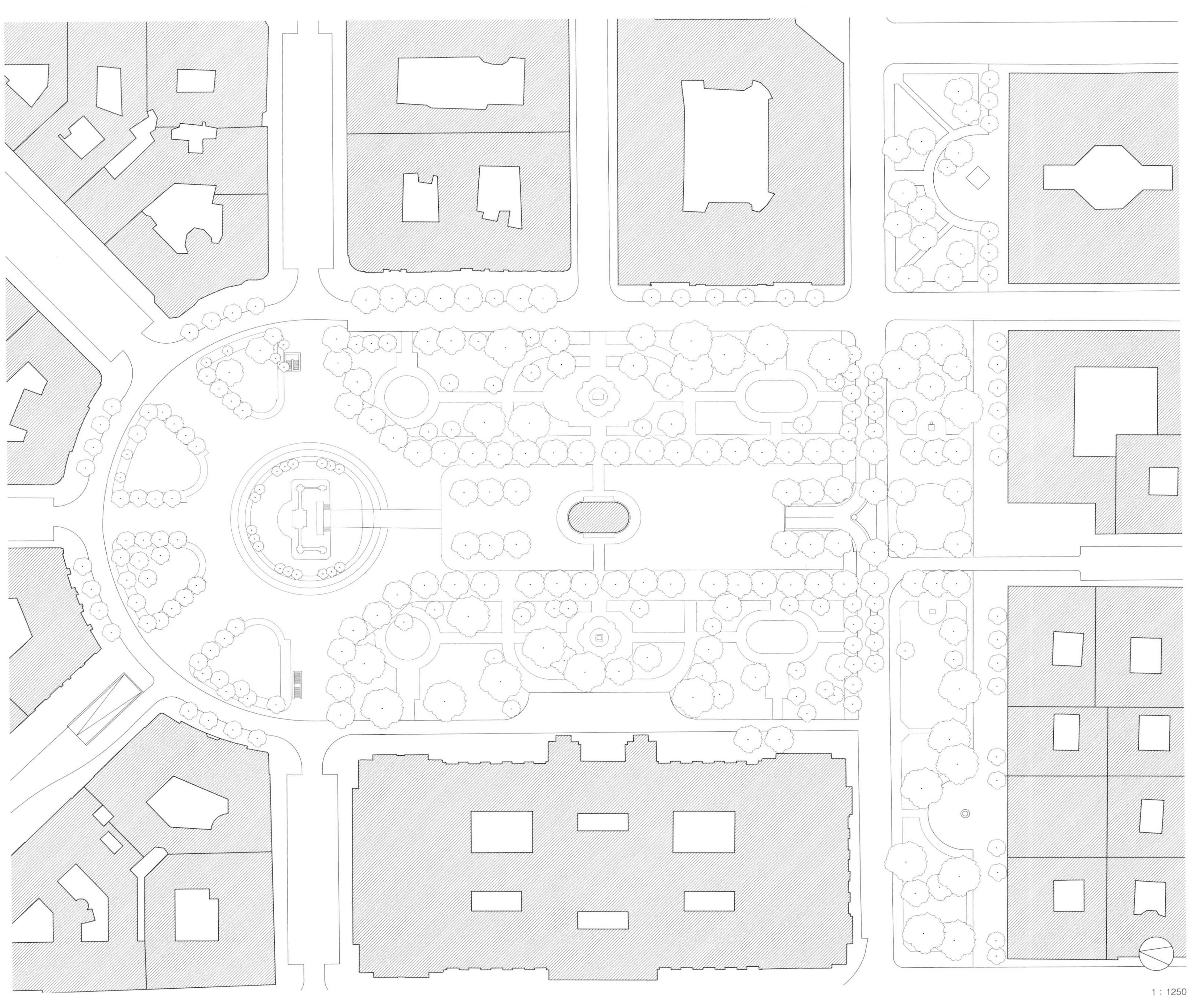
1 : 1250

橘子中庭

西班牙，科尔多瓦

橘子中庭是科尔多瓦清真寺的前院，与清真寺主体建筑被相同的防护墙围合。这里有5个门引导人们进入充满橘树香味的庭院。庭院的三面被可供遮阴的拱廊围绕。自从清真寺合并以来，第四面一直被墙壁包围着，从这里可以看到巨大的清真寺的19个拱门。如今，进入清真寺内部柱林的入口恰好位于钟楼旁天井主入口的对面，强调了以直线为主体的设计。另外4个入口通向拱廊，那里有多个入口进入庭院。地面铺满鹅卵石，树木生长在通过水槽互相连接的圆形树池（灌溉系统）中。一片成荫的橘子树和一些高大的棕榈树及柏树矗立其中，青苔在路面的间隙闪着绿色微光，平静而芬芳，喷泉和水槽里的水十分清凉，这一切创造了轩敞的花园气氛，营造了与城市的喧嚣截然相反的宁静世界。

位置： 科尔瓦多，大清真寺

时间： 786—988年

规模： 7500 m²，长125 m，宽60 m，建筑屋檐高度为9 m，钟楼高度为62 m

主要建筑： 大清真寺，786—988年，分4个建设阶段；大主教教堂，1521—1600年，在埃尔南·鲁伊斯一世时期、埃尔南·鲁伊斯二世时期、埃尔南·鲁伊斯三世时期修建；钟楼，1593—1664年

地面铺装与设施： 鹅卵石路面、水槽、蓄水池、巴洛克式喷泉、橘树、棕榈树、柏树

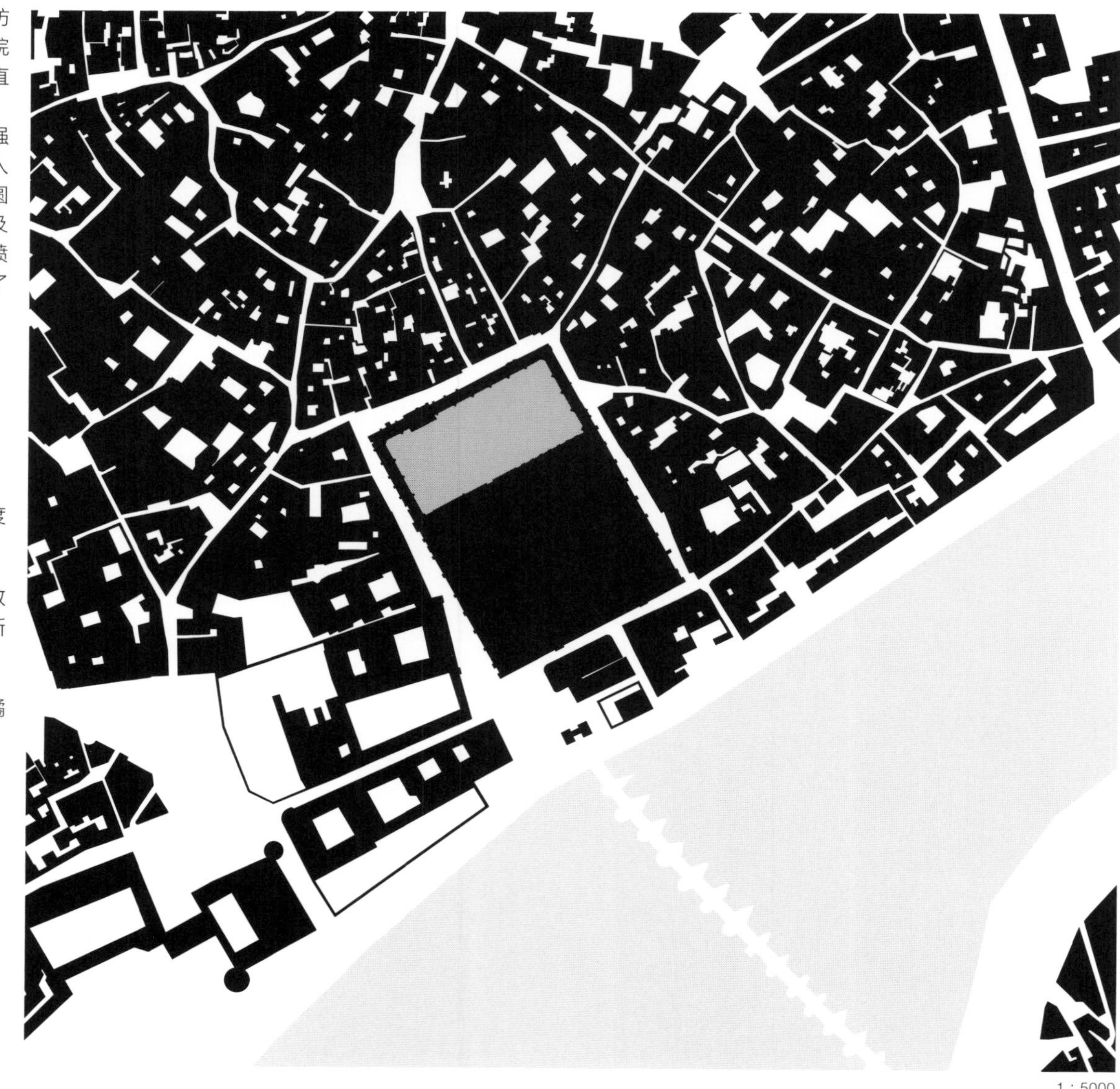

1：5000

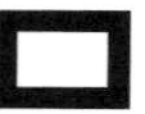

1 : 1250

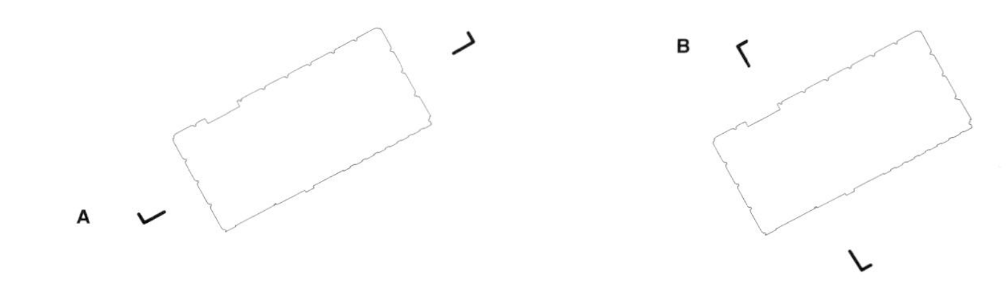

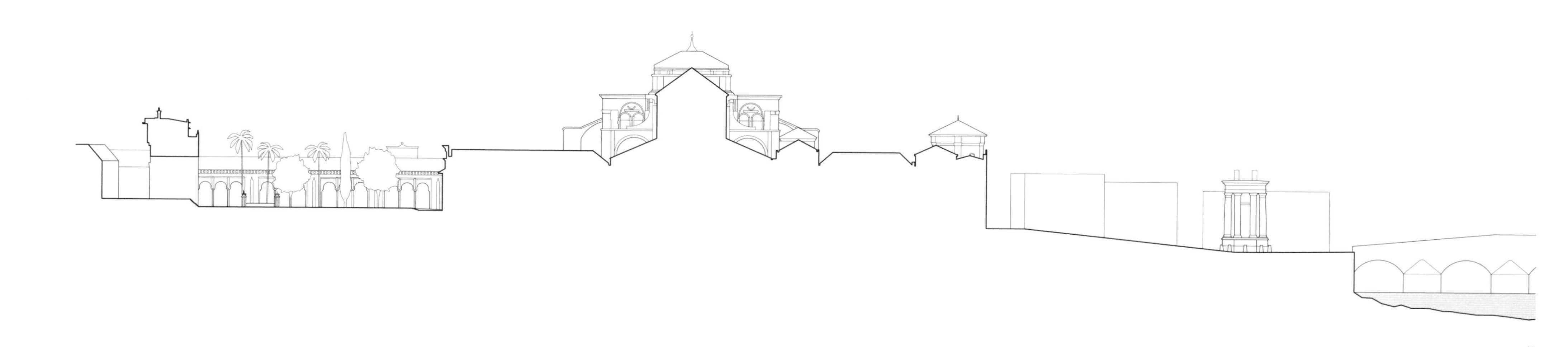

1 : 1250

1 : 1250

中央广场

波兰，克拉科夫

宽阔的中央广场是欧洲历史上最重要的集市广场之一。它占据了克拉科夫这个波兰中世纪贸易城市规划网格中的4个区块，周边环绕着许多联排别墅。地面规划的核心是一条宽漏斗形的街道，通往瓦维尔城堡山。山上的小圣沃伊切教堂界定了街道和广场之间的两个独立空间。圣玛丽亚教堂的正立面不是方形，并且扭曲倾斜到广场之外。教堂后殿背后有另一个小广场，这里是去往老集市广场的通道。广场中心的克拉科夫纺织会馆将广场一分为二，其中的市场摊位吸引了很多人。纺织会馆、圣沃伊切教堂和前市政厅的塔楼共同构成了广场的核心部分，同时每座建筑都有自己独特的风采。在古代，集市广场上布满了商铺和摊位；如今，广场边界处的建筑变成了密集的餐馆。其非凡的尺度成功地将所有功能都融合起来，又能保持广场的形状和丰富性。

位置： 克拉科夫，老城区

时间： 1257年，根据马格德堡法进行城市建设时修建

规模： 34 500 m²，长约200 m，宽约200 m，建筑屋檐平均高度为15～22 m，纺织会馆的屋檐高约13 m，市政厅塔高70 m，圣玛丽亚教堂的塔楼高度为89 m和69 m

主要建筑： 纺织会馆，中世纪，新建筑始建于1555年，由乔凡尼·玛丽亚·莫斯卡设计，重建于1875—1878年，由托马斯·普林斯基设计；市政厅塔楼，后哥特式（1832年市政厅塔楼被拆毁）；圣玛丽亚教堂，1287—1400 年；圣沃伊切教堂，罗马式和巴洛克式

地面铺装与设施： 石砌路面、各类乔木；亚当·密茨凯维奇纪念碑，1898年，由特奥多尔·瑞尔设计；四通八达的地下通道

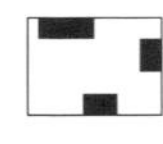
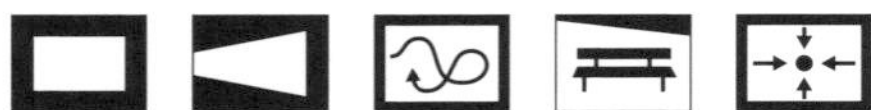

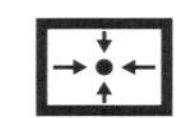

1：5000

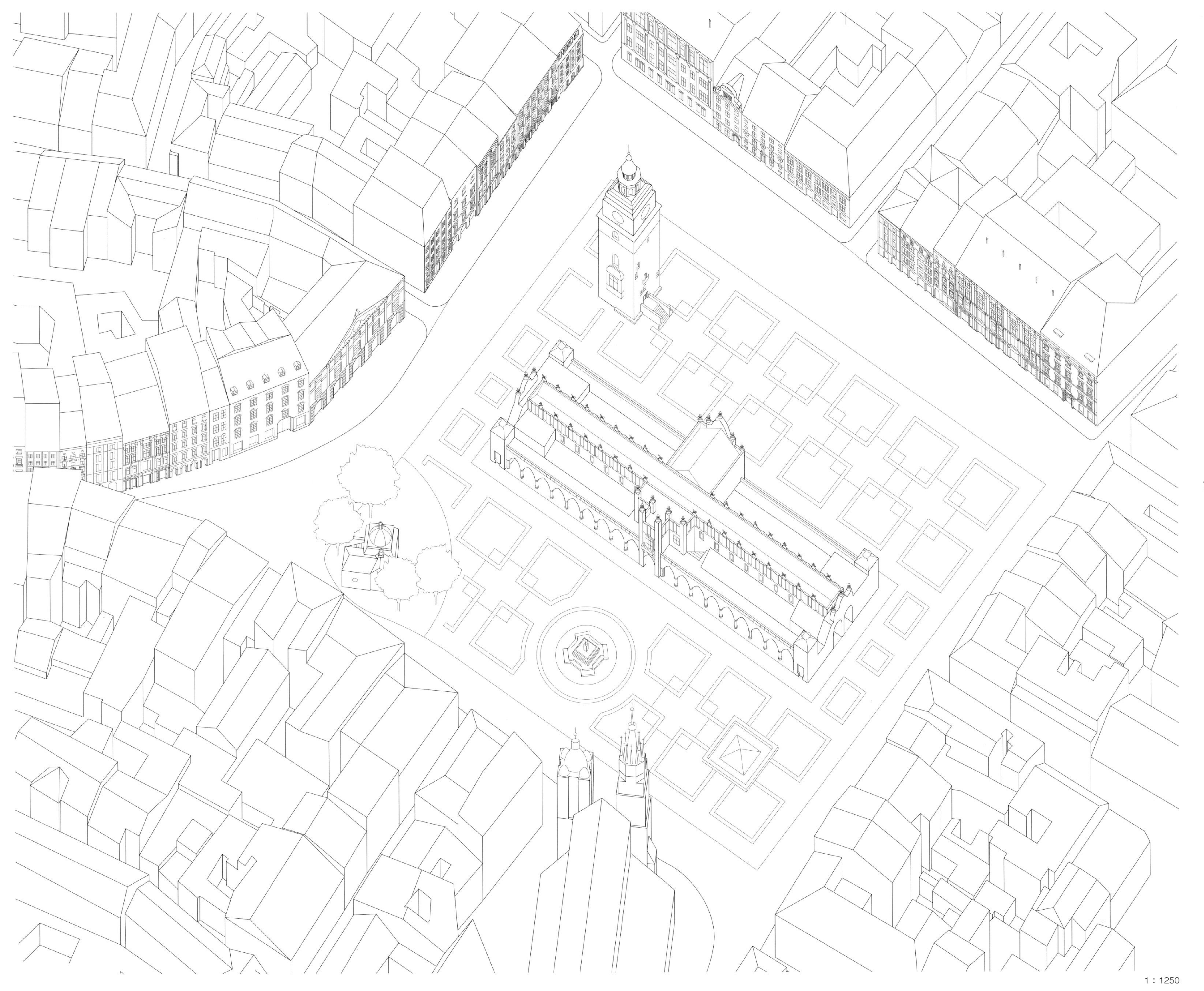

1 : 1250

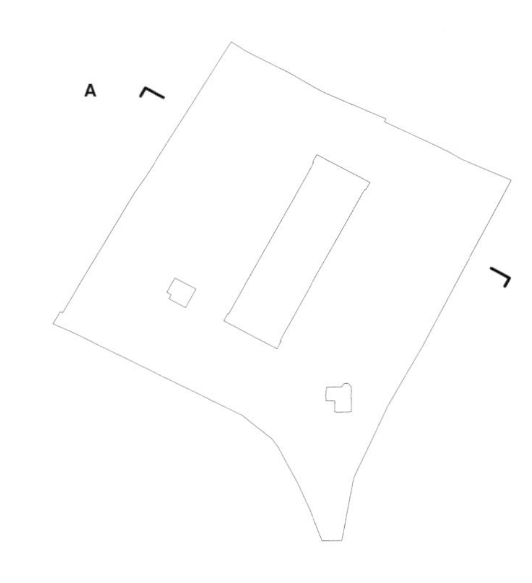

1 : 1250

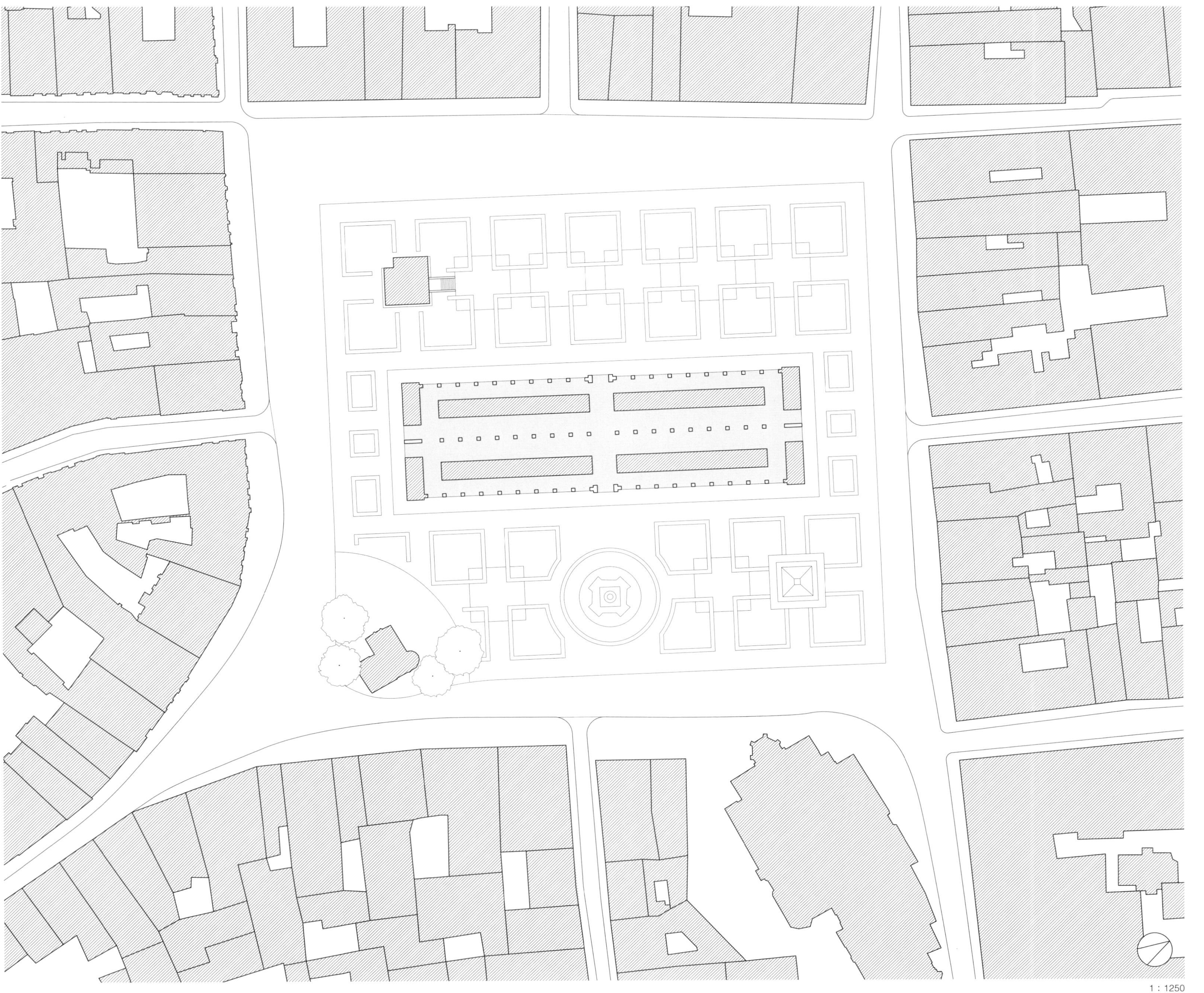
1 : 1250

圣母领报广场

意大利，佛罗伦萨

广场的三面都被具有连续拱门的拱廊围绕。虽然拱廊只有较低的两层，甚至只有单层（如教堂的门廊），但却成为整个外立面的主体部分。尽管建于不同时代，但围合广场的建筑却形成了连续稳定的节奏环绕在广场四周。建筑物的布局与广场空间的比例相符合，广场在水平方向的延伸也和建筑的高度相关。南部边界的两栋稍高的长方体建筑物形成进入广场的主要入口。大教堂的穹顶在远处清晰可见，视觉上缩小了这两栋建筑之间的缝隙，并提示了从轴线的端点沿瑟维街通过广场中心的骑马雕塑并继续前行，可直接到达教堂的正门。和拱廊前的楼梯一样，两座喷泉沿中心轴线镜像布局，拱廊的楼梯每上升9级台阶，就出现一个面向中心的看台；从被拱廊保护的空间中，人们可以从高处俯瞰广场活动。

位置： 佛罗伦萨，历史区域中心

时间： 15—16世纪

建筑师： 见主要建筑部分

规模： 4800 m²，长约78 m，宽58～63 m，建筑屋檐高度为13.5～22 m

主要建筑： 圣母领报大殿，1444—1477年，由米开罗佐设计，立面门廊，1601—1604年，由乔瓦尼 · 巴蒂斯塔 · 卡奇尼设计；育婴堂，1422—1449年，由菲利波·布鲁内列斯基设计；凉廊，1516—1525年，由安东尼奥 · 达 · 罗桑加罗设计；格里福尼宫，1557—1575年，由巴托洛米奥 · 阿马纳迪设计

地面铺装与设施： 石板路、两座喷泉，1629年，由彼得罗 · 塔卡设计；费迪南多一世骑马雕像，1608年，由乔瓦尼 · 达 · 博洛尼亚、彼得罗 · 塔卡设计

1：5000

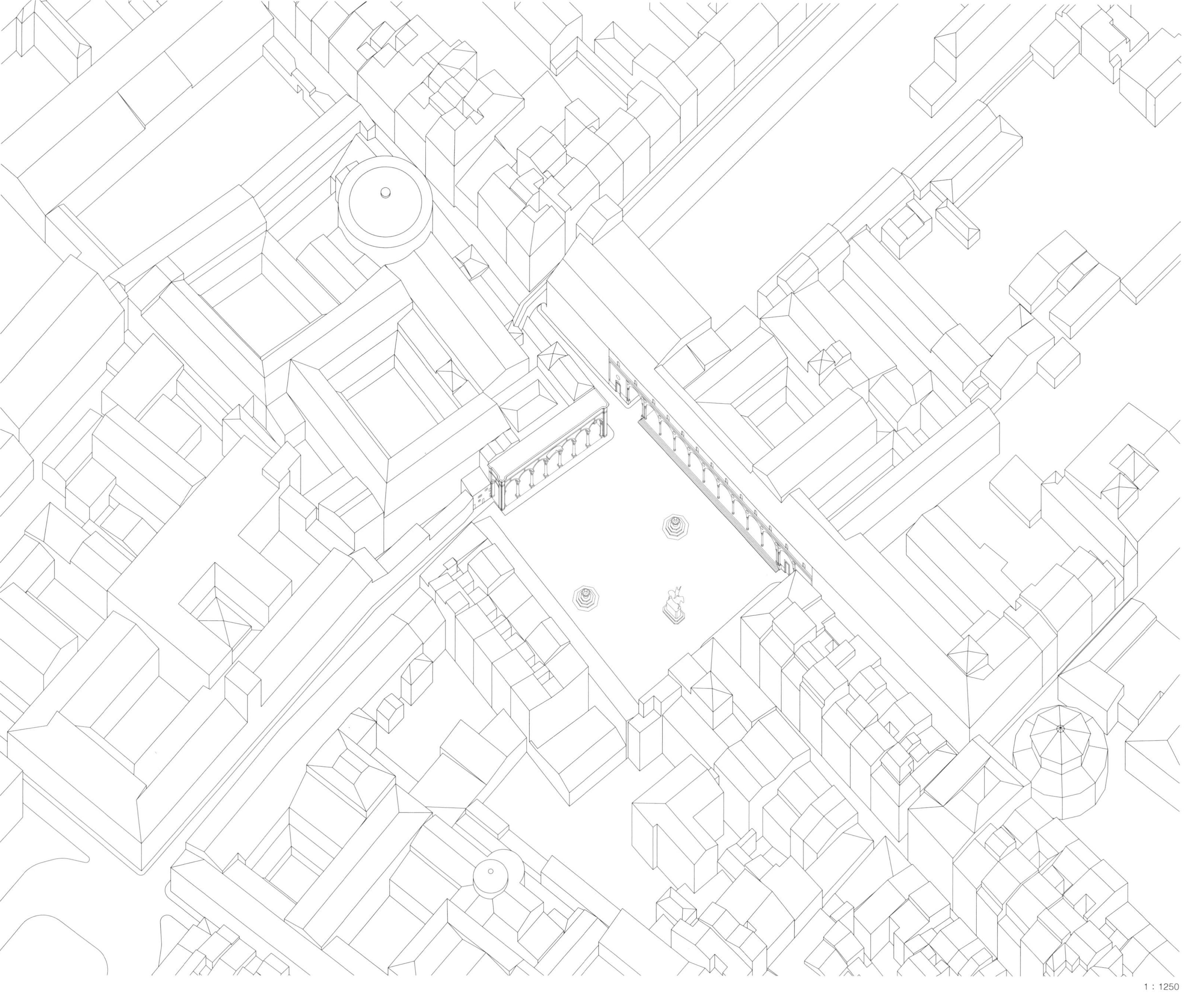
1 : 1250

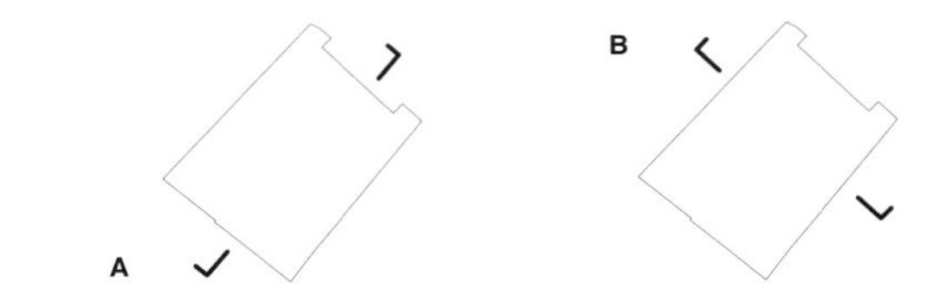

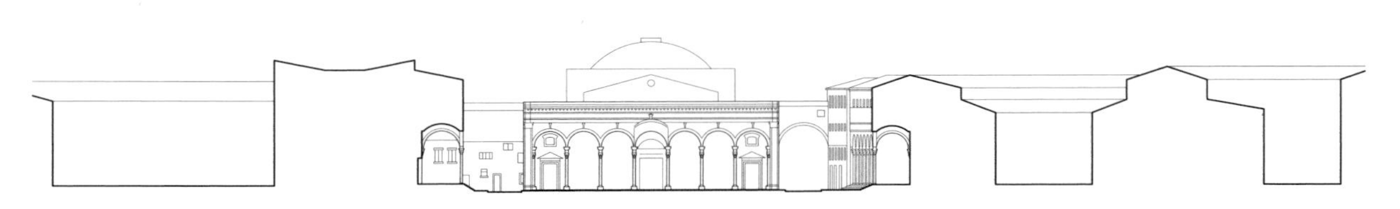

1 : 1250

1 : 1250

市政广场

意大利，佛罗伦萨

前身为行政中心的旧宫（维奇奥宫）嵌入广场，创造出L形空间。由于其特殊的位置，再加上坚固的建筑和高耸的塔楼，维奇奥宫成了广场的结构中心。与此同时，佣兵凉廊在架构上与其对应的位置定义了广场。与其他封闭的立面相反，凉廊轻盈而开放，并允许空间连通及引导进入围绕在角落的乌菲齐门廊。广场入口位于广场角落，直接连接市中心的重要场所：北部的大教堂、东部的圣十字教堂和南部的老桥。此外，道路交叉口并不影响广场正方形的轮廓。同时，凉廊和门廊分散了建筑的体量，空间从乌菲齐的露天拱廊一直延伸到尽头的拱门，此处可远眺河上景色。

位置： 佛罗伦萨，历史区域中心

时间： 1268—1385年

建筑师： 见主要建筑部分

规模： 8600 m²，长70～130 m，宽46～90 m，建筑高度达26 m，阿诺尔福塔高达94 m

主要建筑： 旧宫，1299—1314年；佣兵凉廊，1374—1381年，由本齐·迪乔内、西莫内·托冷蒂设计；乌菲齐宫，1560—1580年，由乔尔乔·瓦萨里设计

地面铺装与设施： 石板路、雕塑群（提示广场东部仍有广场空间存在）：赫拉克勒斯和凯克斯人像群，1525—1534年，由巴齐奥·邦迪奈利巴齐设计；大卫雕像（仿制品），1501—1504年，由米开朗琪罗·博纳罗蒂设计；朱迪思和荷罗孚尼人像群，1453—1457年，由多纳泰罗设计；马佐科狮子像，1418—1420年，由多纳泰罗设计；海神喷泉像，从1565年开始修建，由巴托洛米奥·阿曼纳蒂设计；科西莫一世骑马像，1594年，由乔瓦尼·达·波隆那设计

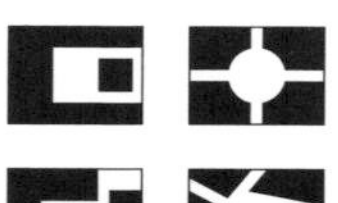

1:5000

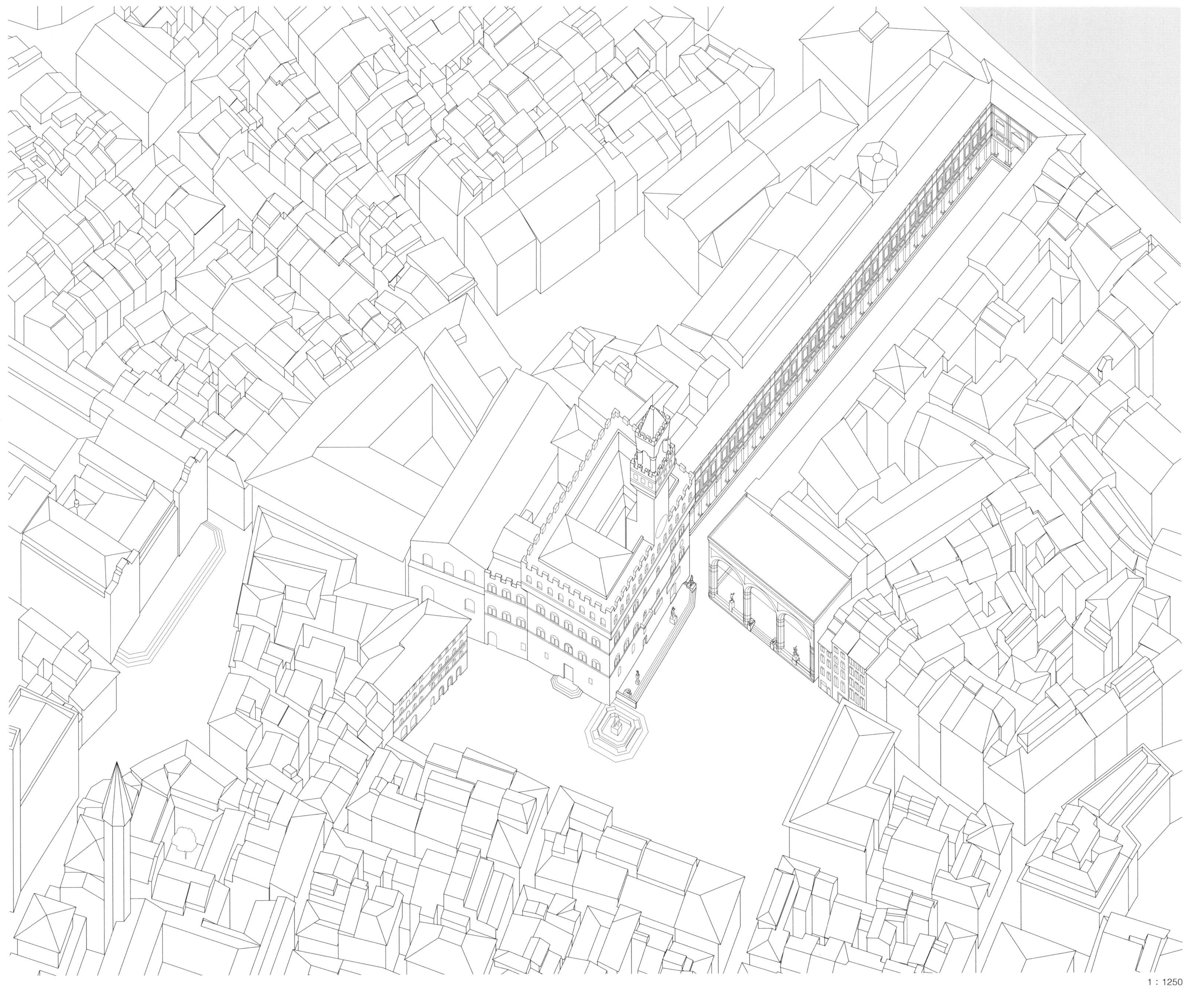

1 : 1250

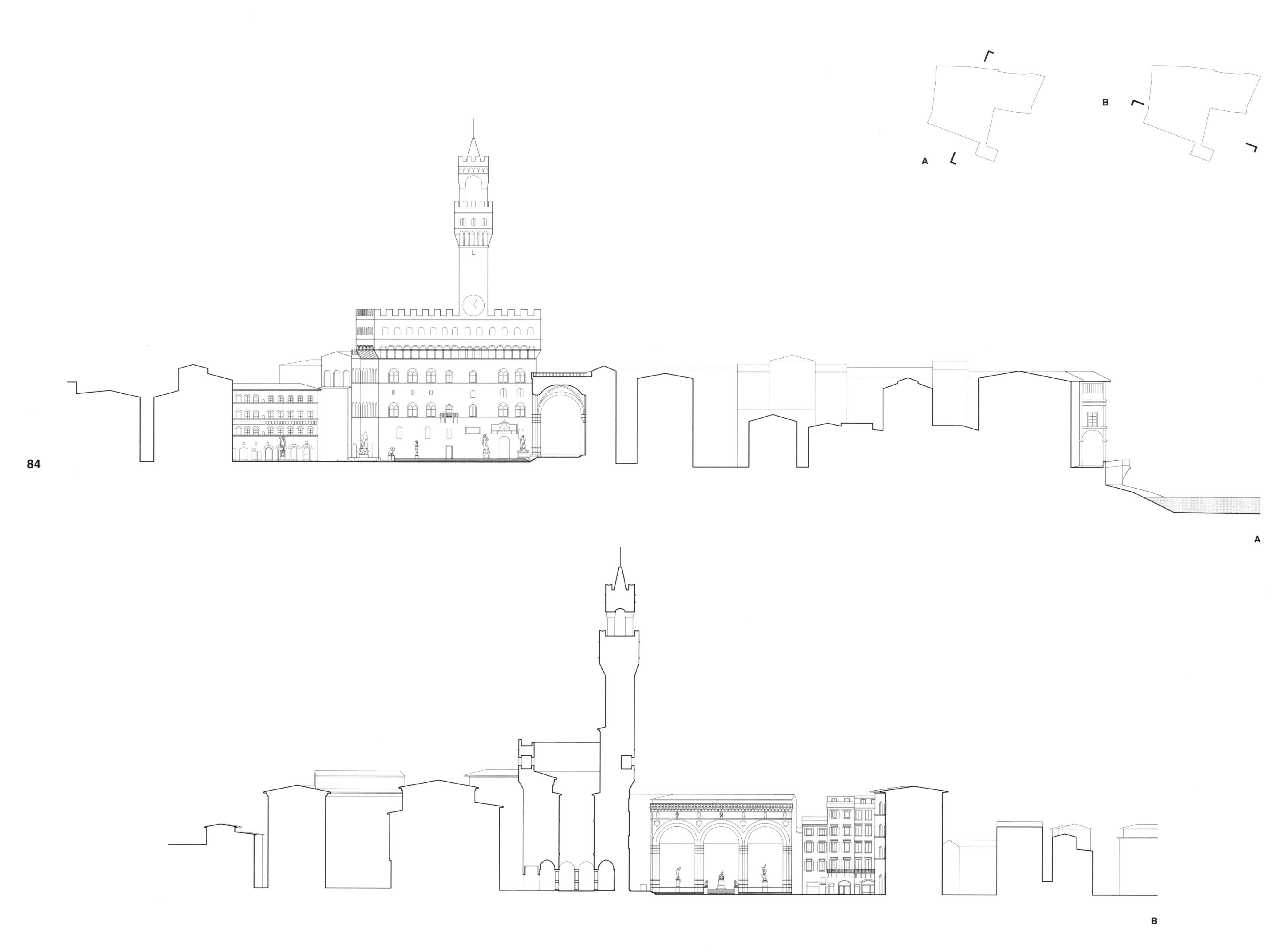
A
B
A
B
1 : 1250

1 : 1250

市政厅广场

德国，汉堡

著名的前汉堡市市政规划部门负责人弗里茨·舒马赫首先认识到市政厅广场具有可以与邻近城市空间形成一个“微妙组合”——两个广场交织形成钩织的形状（见图）。在这种形状之中，较小部分向外延伸最终形成令人惊叹的景色，产生引人注目的情境的同时，同时显现隐藏和惊奇。中心区域低两至三级台阶，从而创造了被精确定义的布局，为了强调因界面凹凸不齐而弱化的东部界面，增设一条乔木带使其变得清晰明确。在市政厅对面，有玻璃拱廊对广场进行界定，拱廊中央断开，形成的透景视线可达北部的市政厅。玻璃拱廊倒映出水对岸阿尔斯特拉卡登商业区的主题图案，就像嵌入广场一角的画布。一侧颇具韵律感的柱廊指引人们到达内阿尔斯特湖，并沿着湖畔抵达对岸。

位置：汉堡市，旧城区

时间：1842年，始建于大火之后

建筑师：见主要建筑部分；1977—1982年，由尼克尔父子、欧德建筑事务所重新设计

规模：18 900 m²，主广场长约160 m，宽约100 m，市政厅屋檐高度为27 m，塔楼高度为112 m

主要建筑：市政厅，1886—1897年，由哈勒，哈尔斯和胡塞尔建筑事务所，约翰内斯·格罗特扬，亨利·罗伯森，汉森和米尔文建筑事务所，史谭文和辛洛夫建筑事务所共同设计

地面铺装与设施：红色瑞典花岗岩大板，鹅卵石网格路面；水畔的扇形楼梯，1846年，由约翰·赫尔曼·迈克设计；第一次世界大战阵亡战士纪念碑，1931年，由克劳斯·霍夫曼、恩斯特·巴拉赫设计；海因里希·海涅纪念馆，1982年，由沃尔德马·奥托设计

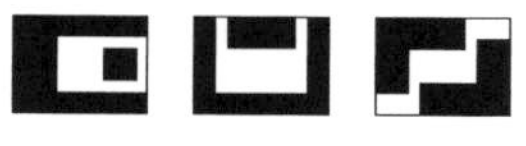

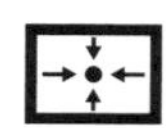
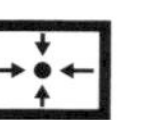

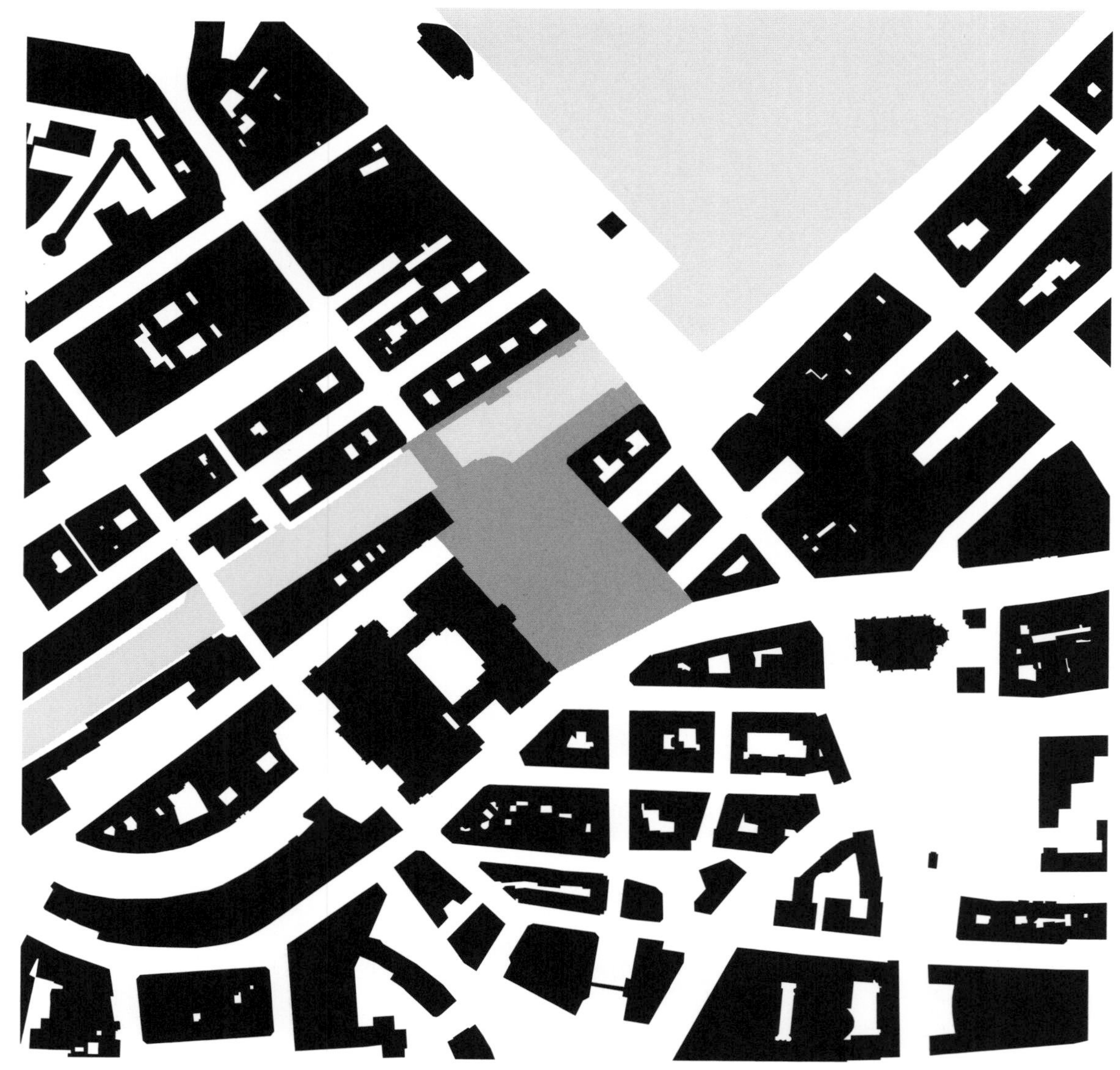

1:5000

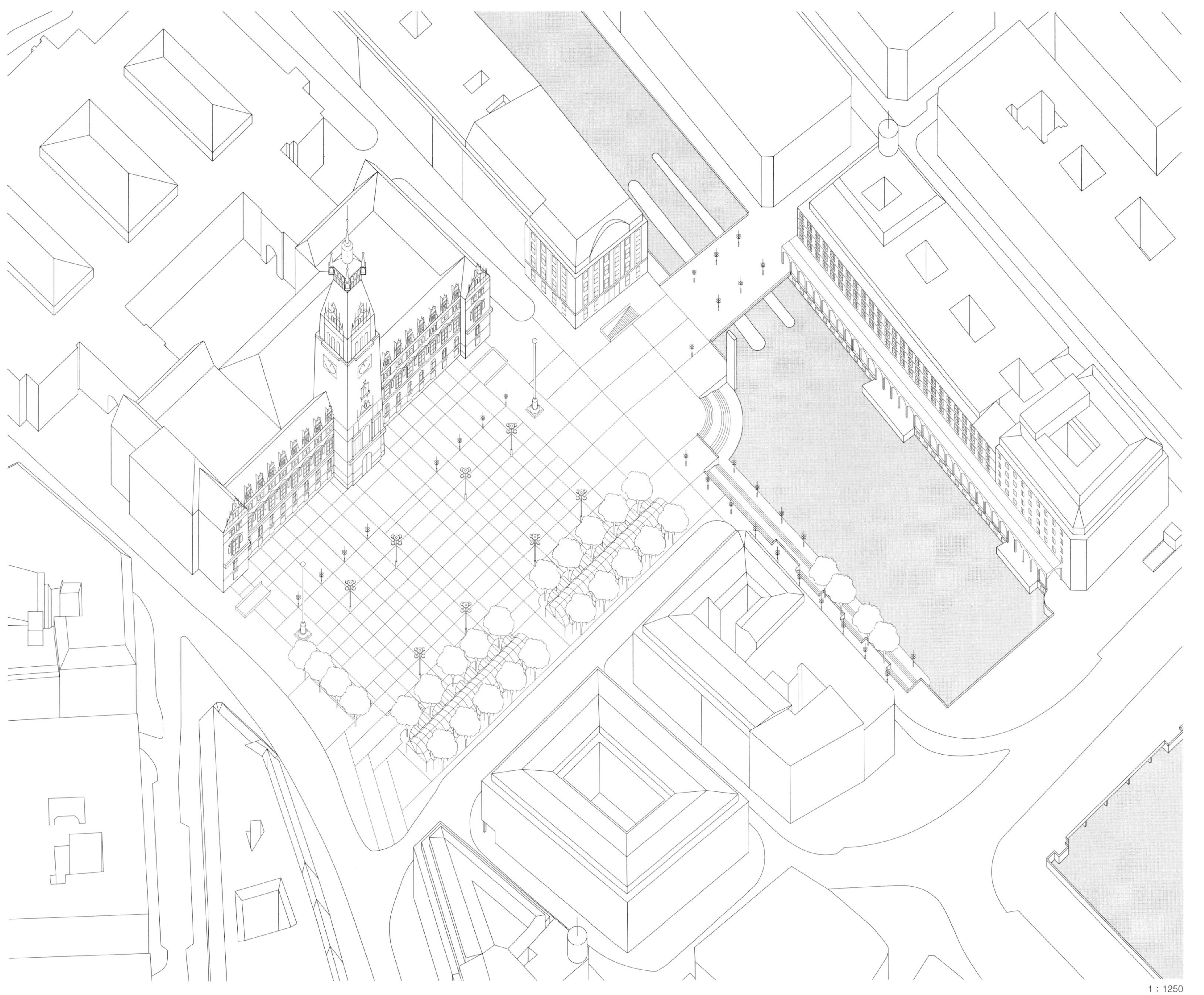

1 : 1250

A
A
A
B
B
1 : 1250

1 : 1250

贝德福德广场

英国，伦敦

广场的每一个界面均由联排建筑界定，创造出对面而立的优雅立面。4个外墙立面中心的房子由于其白灰粉刷和弧形顶饰而被凸显出来。联排建筑的末端巧妙地以不显眼的栏杆标示出来，而重复始终相同的3条建筑轴线产生了韵律，最终形成平静而优雅的广场。这里有许多相同的入口，入口处用4步台阶跨过沟槽，此沟槽可为地下室提供自然光，体现了私人房屋的私密性。广场中心椭圆形的花园被栅栏围合，其中种植了巨大的悬铃木。当地居民封闭式的私人花园主要是为了追求与世隔绝的气氛。大多数住宅现在用作办公室，AA建筑联盟学院也占用了几栋建筑，花园偶尔也会为公共活动开放。尽管如此，占主导地位的仍是其私人广场的特征和典型的内伦敦房地产特征。

位置：伦敦，布鲁姆斯伯里住宅区

时间：1775—1783年

建筑师：托马斯 · 莱弗顿

规模：18 550 m²，长158 m，宽117 m，建筑屋檐的平均高度为13 m

地面铺装与设施：沥青、石板、沙砾铺设的中心区域、大烛台、长椅、椭圆形篱笆花园与大型乔木

1 : 5000

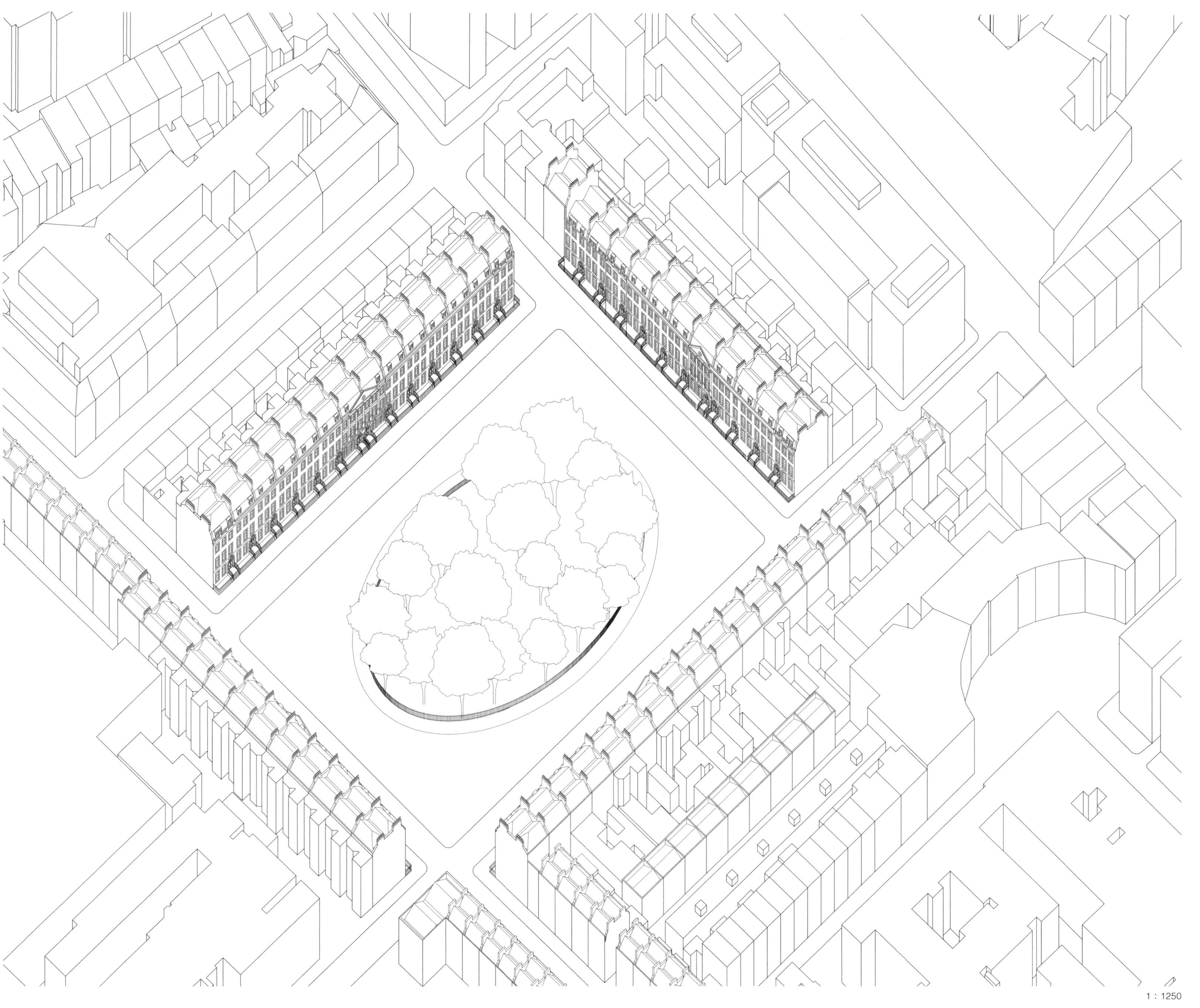
1 : 1250

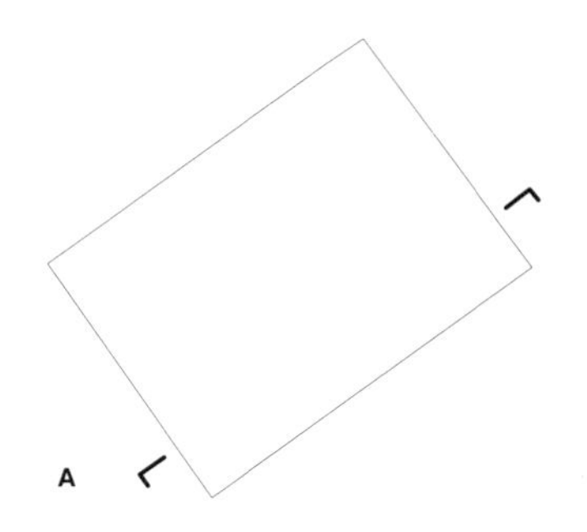

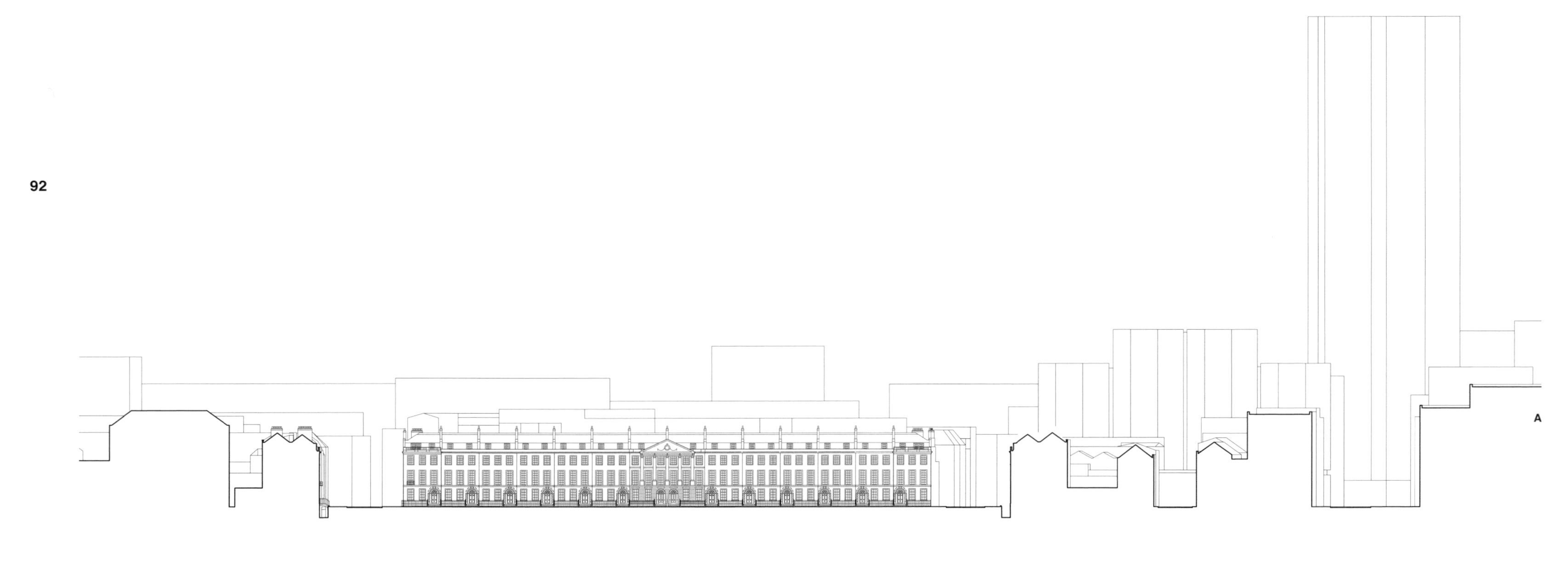

1 : 1250

1 : 1250

考文特花园市场

英国，伦敦

考文特花园市场不是一个广场，而是一个有着狭窄前区的多隔间市场大厅，当然，这只是对它的其中一种认知。市场的一侧由对面的圣保罗教堂的门廊凸显出来。两者之间的空间形成一个小广场，伸入市场大厅。其他3个立面与周围的拱廊结合在一起，显得不那么突出。进入市场大厅的许多入口通往一个有许多子空间的带有顶棚的广场，这个空间只受邻近建筑的限制。建筑相对统一的高度和风格，以及由伊尼哥·琼斯设计的附加拱廊，与广场很好地融合起来。还有另一种认知：这片空间应该被命名为考文特花园广场，是被市场大厅占领的巴黎孚日广场的姊妹广场。考文特花园市场的形象较为模糊：要么是作为主体空间附加周围的一些狭窄开放空间，要么是作为几乎完全填充的具有渗透性的矩形广场。

位置：伦敦，威斯敏斯特城，考文特花园

时间：始于1630年

建筑师：伊尼哥·琼斯

规模：7900 m²，长35 m，宽95 m，建筑屋檐高度为14～19 m，市场大厅建筑高约为17 m

主要建筑：市场大厅，1830年，由查尔斯·福勒设计；皇家歌剧院（以及后方隐藏的拱廊），1732年，由爱德华·谢菲尔德设计；圣保罗教堂，1631—1634年，由伊尼哥·琼斯设计

地面铺装与设施：砾石路面

1 : 5000

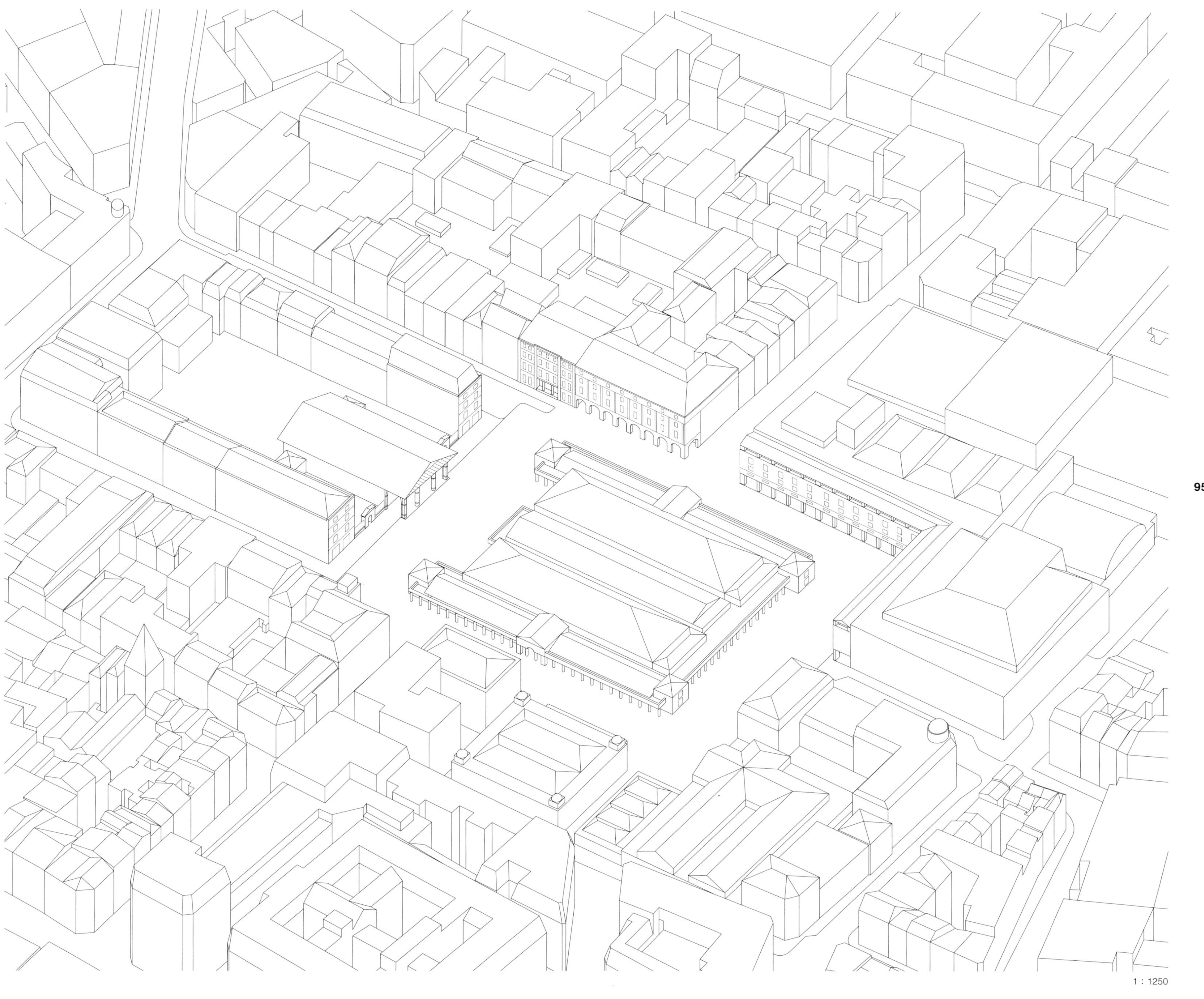
1 : 1250

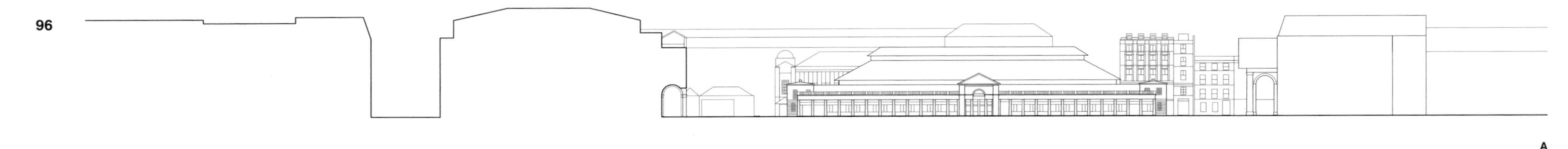

1 : 1250

1 : 1250

圆形竞技场广场

意大利，卢卡

这座广场以罗马圆形竞技场为原型建造，名字也由此而来，从里面内凹的轮廓和外部建筑圆形的凸形都可以看出来它的形状。通向广场内部的3个门，其中一个可追溯至古代。竞技场的54道拱门，原本位于广场现有地面以下2~3 m的地方，现在这些建筑的入口经由这些拱门通向广场。尽管普通房屋的凹弧形立面都精确地遵循“广场”的椭圆形平面布局，但与广场整齐规则的边界相反，建筑物的高度变化较大。即使这种戏剧性的上升和下降弱化了僵硬的形式，但当你向任意方向观看，你都会被一个连续的地平线所包围，这是由于建筑正面形成的连续环形以及它们相似的泥灰表面。椭圆形提供了一种特定的声学效果。人处于广场之中有被保护的感觉，有时也会有一点被束缚的感觉。

位置： 卢卡，历史区域中心

时间： 2世纪始建；中世纪，填补边缘；1830—1839年，重建为广场

建筑师： 1830—1839年，洛伦索 · 诺托利尼

规模： 3100 m²，长78 m，宽50 m，建筑屋檐高度为11 ~ 16 m

地面铺装与设施： 石板

1 : 5000

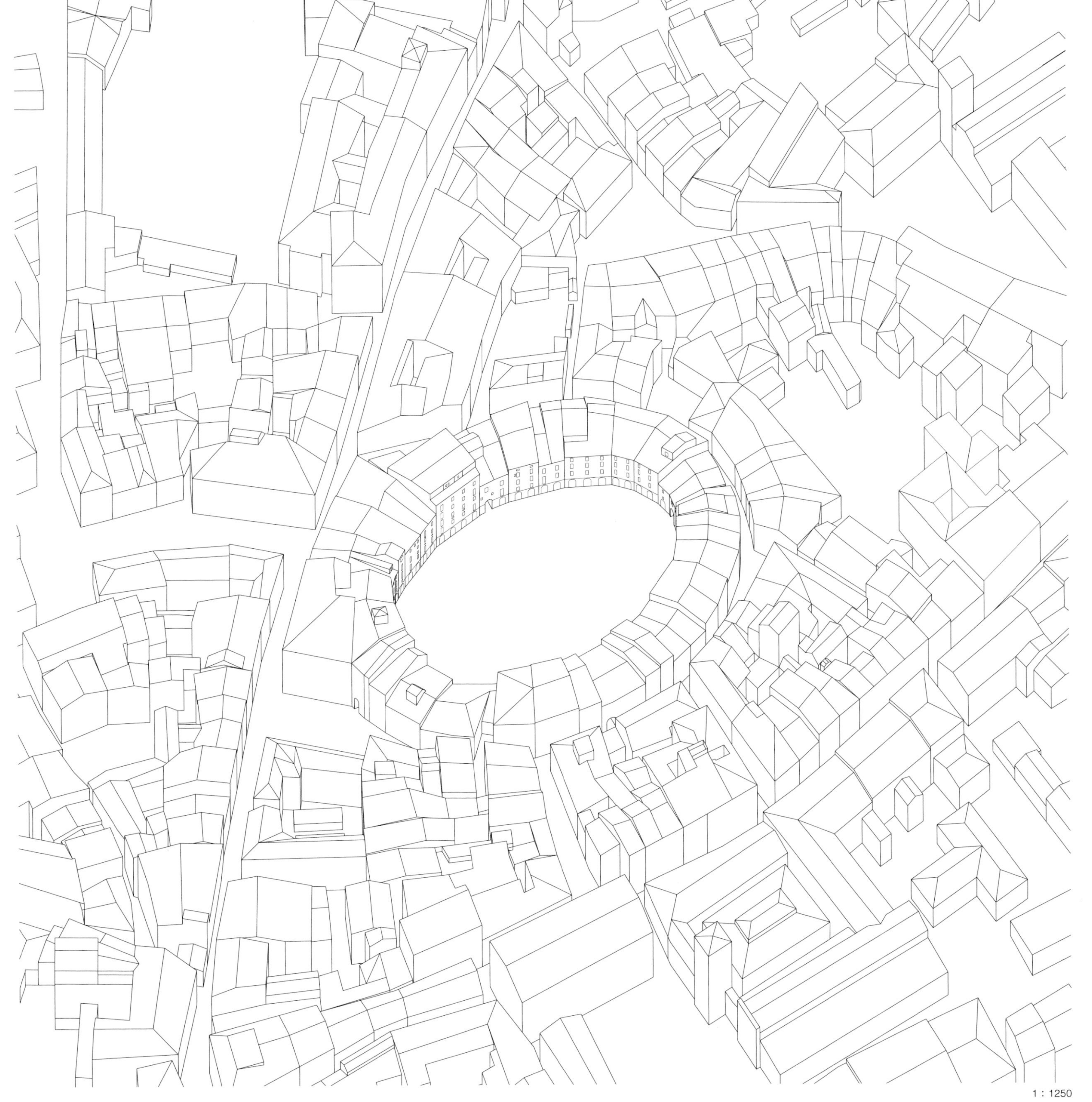

1 : 1250

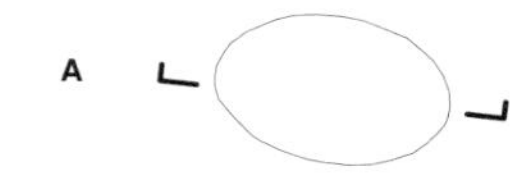

1 : 1250

1 : 1250

沃土广场

法国，里昂

沃土广场给人的第一印象是形状规则，类似大厅——包括一个深度空间（下沉广场）和一个宽度空间（宽度型广场）。广场紧邻位于长边上的圣皮埃尔宫，同时朝向北端的市政厅。广场被均匀地分为若干区域，多数设有小喷泉，成为人们游憩的场所。一方面，网格形铺装成为广场的统一元素，包括道路的十字路口。另一方面，周围建筑由其立面顺序所形成的中轴线，和大喷泉的位置都严格遵循广场的矩形形状。通过门廊进入市政厅的游客会发现自己处于一系列前室和门廊的起点。这些建筑以不同层次的中心轴线相连，穿过市政厅大楼，并融入城市空间，建筑同时也正对着轴线尽头的歌剧院。

位置：里昂，第一区

时间：17—20世纪；1994年末重新设计

建筑师：见主要建筑部分；1994年，克里斯蒂安·德瑞特，丹尼尔·布伦

规模：9400 m²，长124 m，宽68 m，平均建筑屋檐高度为25 m

主要建筑：市政厅，1646—1651年，由西蒙·莫平、吉拉德·德萨尔格设计，1701—1703年，由朱尔斯·阿杜安·芒萨尔、罗伯特·德·柯特设计；圣皮埃尔宫（美术博物馆），1674年，由朱尔斯·阿杜安·芒萨尔设计

地面铺装与设施：网格图案地面铺装；14个柱子和28个黑白条纹相间的石材基座；69个小喷泉；带有河流寓意的喷泉，修建于1892年，由弗雷德里克·奥古斯特·巴托尔迪设计

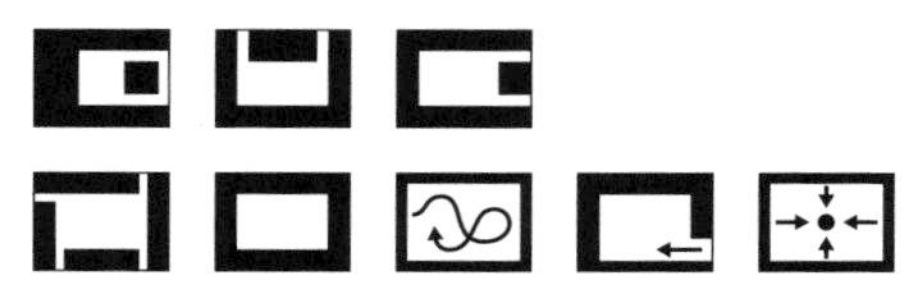

1：5000

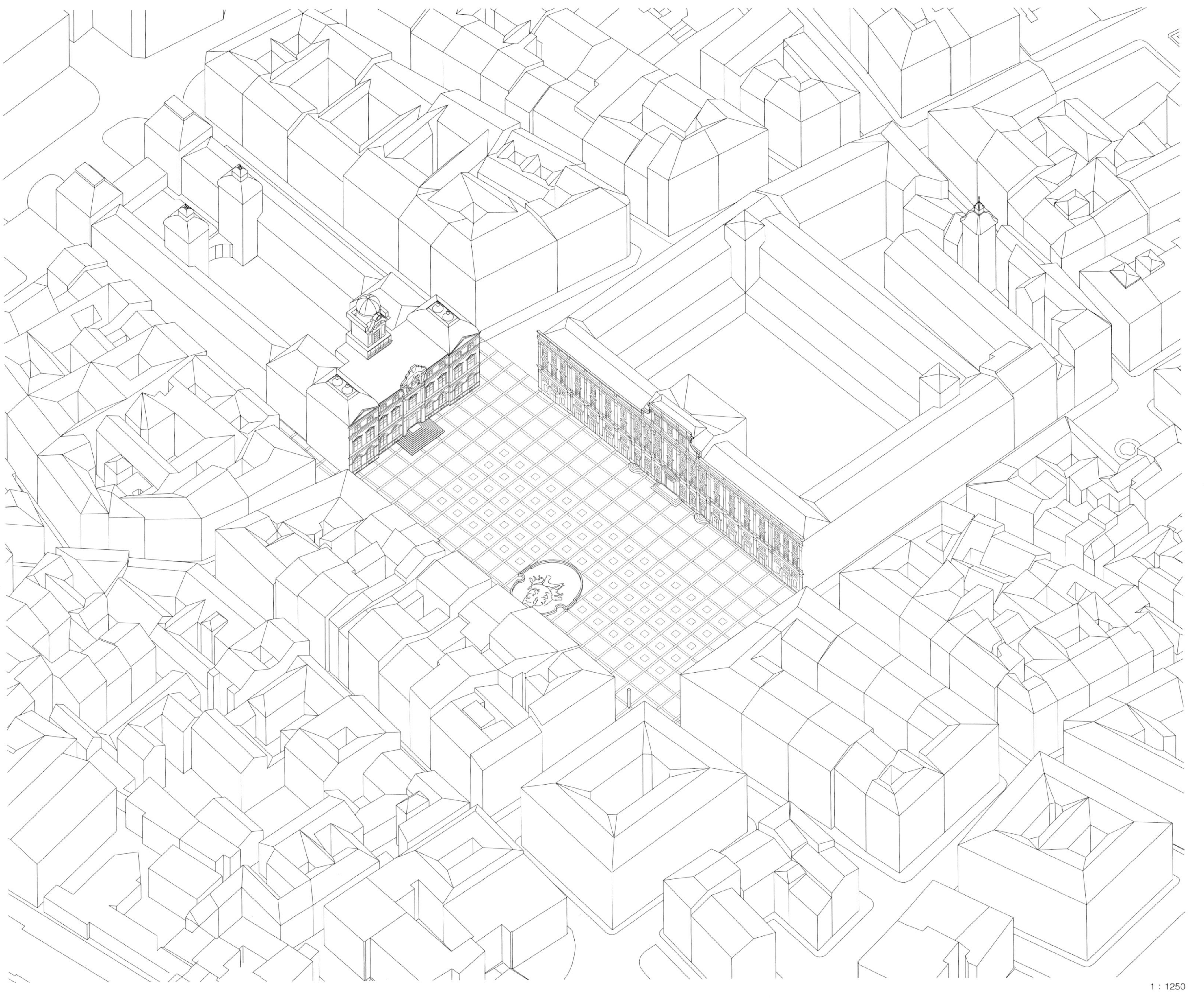

1 : 1250

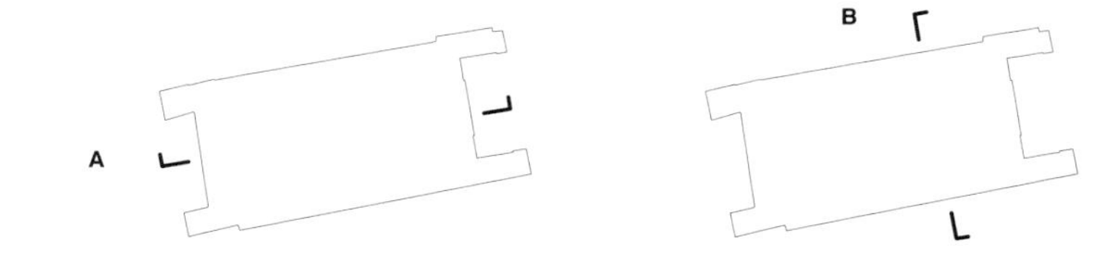

1 : 1250

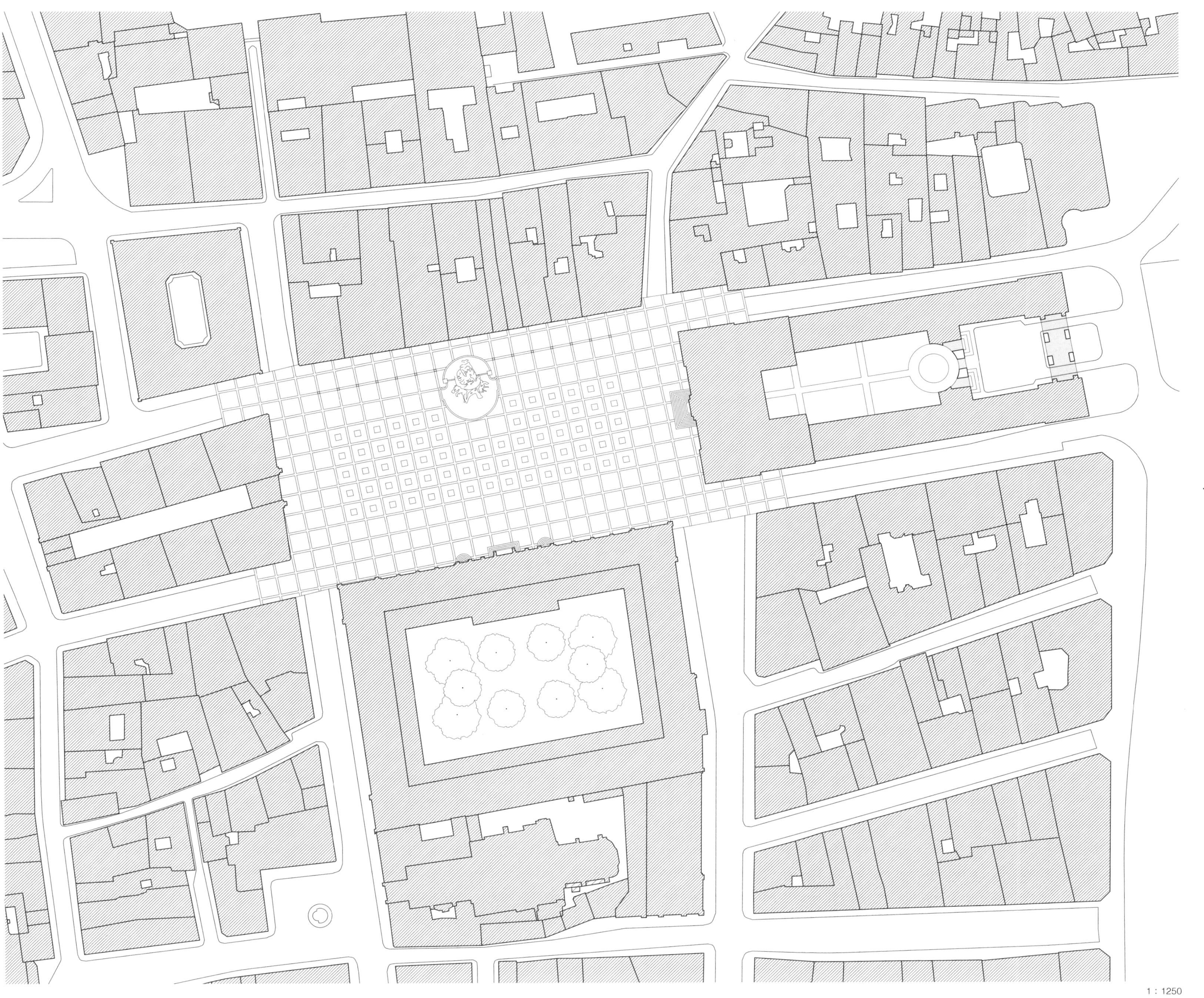
1 : 1250

马约尔广场

西班牙，马德里

马约尔广场规整的矩形形态打破了西班牙近现代时期历史悠久的网状城镇中心结构。该广场的特点是其特殊的尺寸，广场平面约为3：2的和谐比例，且布局韵律优美。广场呈现的最终效果通过18世纪末在8条街道上建造的拱门得以强化，拱廊以上3层建筑立面近乎相同，进一步统一了空间界面。拱廊以上两层的立面结构围绕广场不断循环，其中有拱门贯穿，打断了拱廊和一层立面。外墙的深红色灰泥表面将建筑物的正立面联系在一起。统一的法式风窗最初是为在广场上观看活动而设计的凉廊，正显现出它适合作为公共聚会的场所。广场地面上只有一座骑马雕像和4座大灯柱，3种不同颜色的石材铺成大尺度的矩形，从广场一侧延伸到另一侧，形成中间的活动区域。整个广场看起来严峻、简朴、精确，以至于面包房之家华丽的壁画也无法缓解这样的空间氛围。

位置：马德里，市中心

时间：1617—1619年，1790年火灾后重建

建筑师：1617—1619年，胡安·德·埃雷拉，胡安·高美·德·莫拉；1790年，胡安·德·维拉努埃瓦

规模：10 300 m²，长120 m，宽86 m，建筑屋檐高度为19～20 m

主要建筑：面包房之家，1790年，由胡安·德·维拉纽瓦设计；壁画，1992年，由卡洛斯·佛朗哥绘制

地面铺装与设施：3种颜色的大型图案路面铺装；菲利普三世的骑马雕像，1613年建造，于1847年设立四座大烛台

1：5000

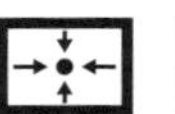
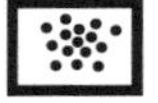

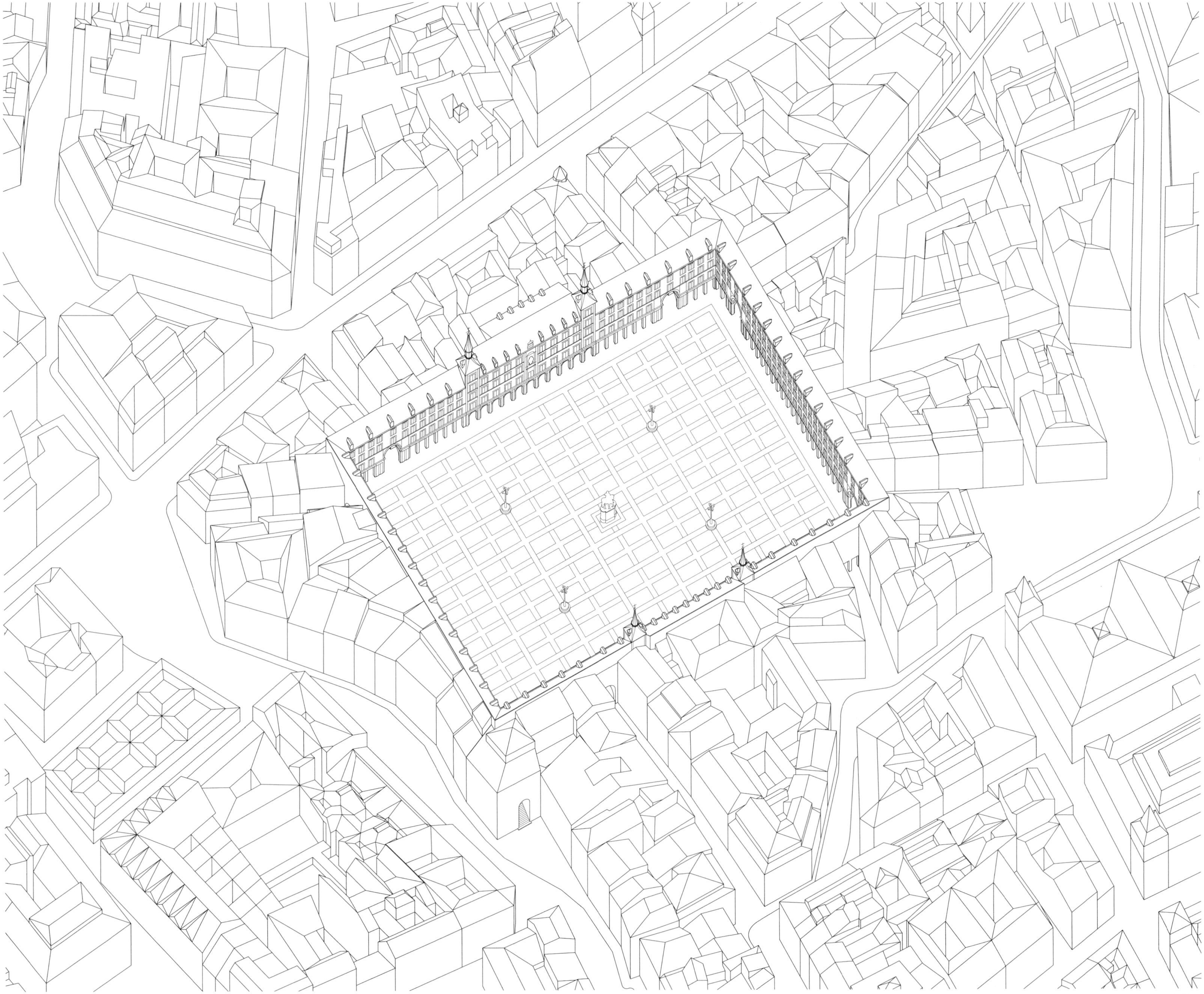

1 : 1250

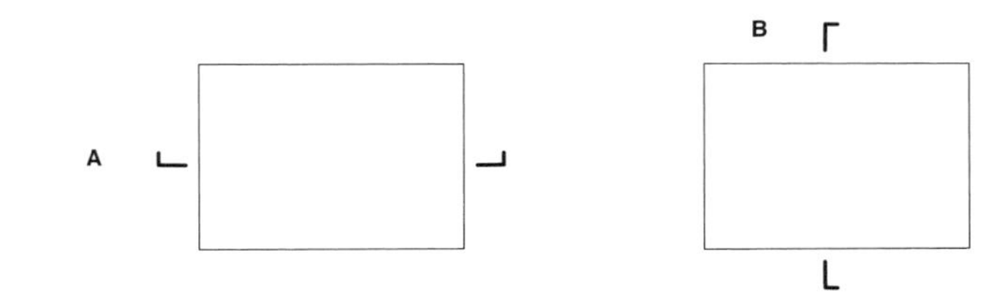

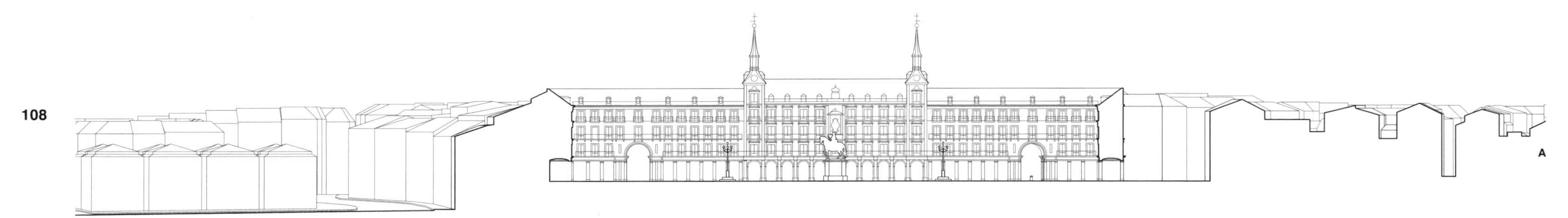

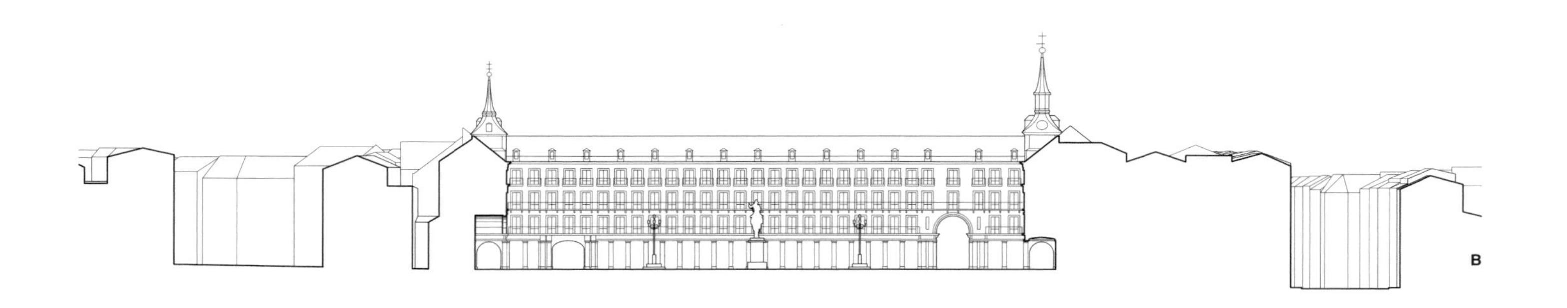

1 : 1250

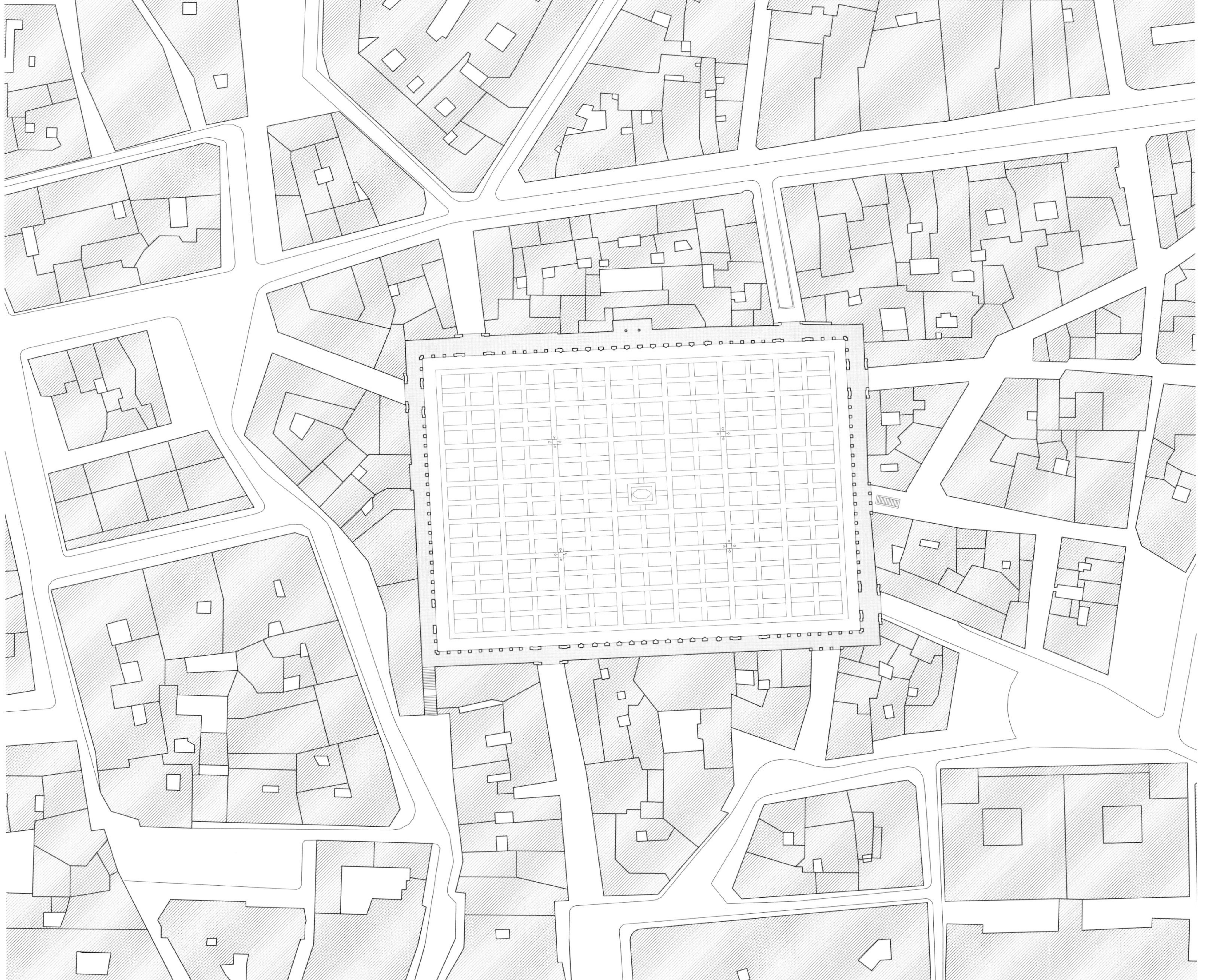
1 : 1250

索尔德洛广场

意大利，曼托瓦

意大利的曼托瓦城有众多广场，这些广场纵向立面的展示方式多种多样。在起始于曼托瓦城市中心并且沿着街道横向排列的广场序列中，索尔德洛广场是最后一个也是最大的空间。在一系列收缩和扩张的空间相互交替中，人们通过狭窄的拱门到达索尔德洛广场。其纵向长度几乎是宽度的3倍，随拱廊有明显抬升，并随着拱廊延伸到同一方向的末端，以空间附属的形式呈现波动的特征 —— 有时它成为广场的一部分，有时成为连续的街道空间。因此，广场的窄边在某种程度上是开放的。在拱廊旁边，大教堂的正立面似乎被稍微偏移至广场的角落，空间并不完全封闭，因此大教堂对广场的影响被削弱很多。部分朴拙的中世纪建筑立面以及圆形鹅卵石的质朴铺路给广场带来一丝粗犷的气息。

位置：曼托瓦，历史区域中心

时间：1330年

规模：8700 m²，长约150 m，宽52～60 m，教堂门高约为30 m，屋檐高14～24 m

主要建筑：曼托瓦大教堂，1131—1761年；公爵宫，1295—1565年

地面铺装与设施：粗糙的鹅卵石地面铺装

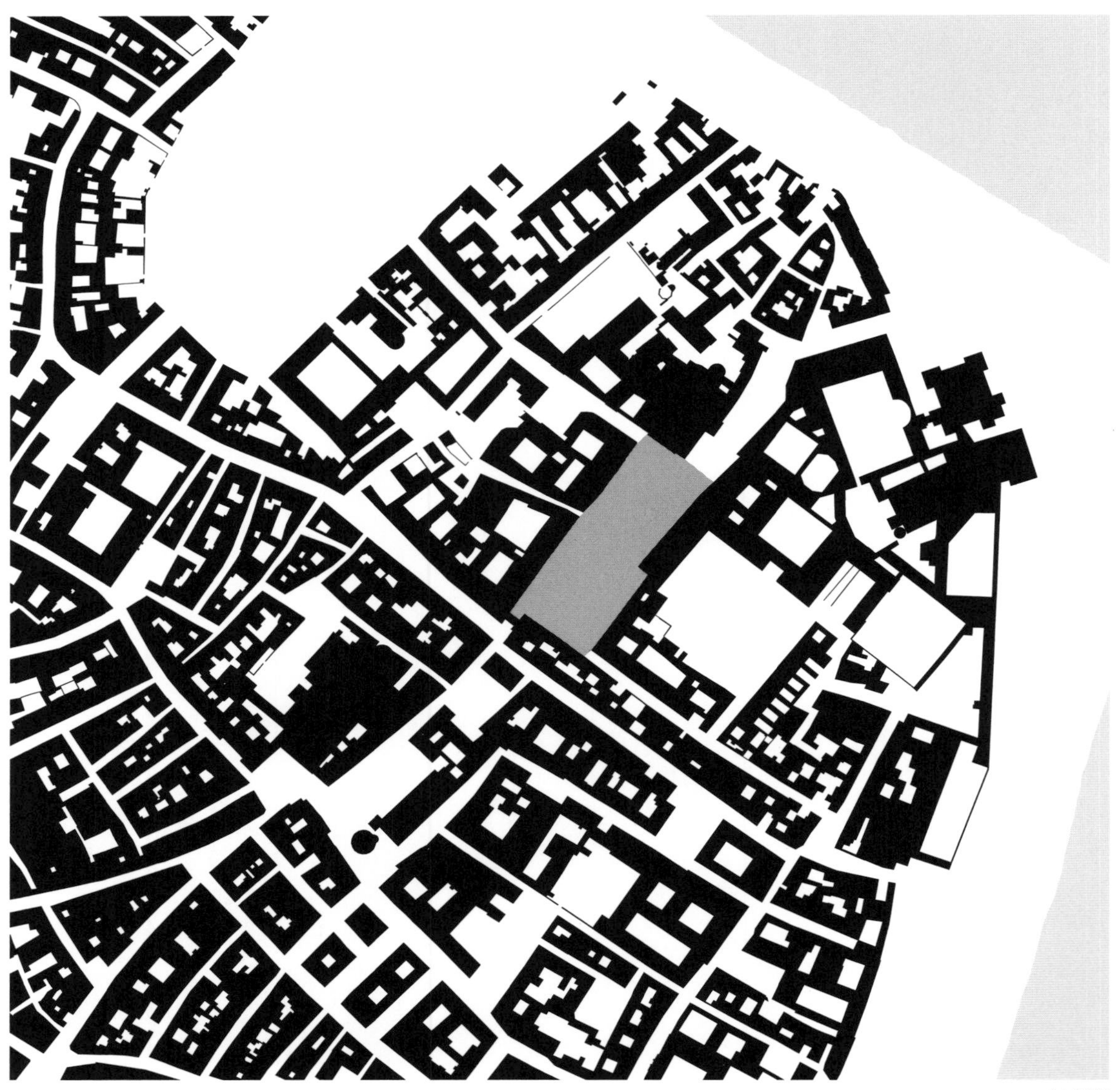

1：5000

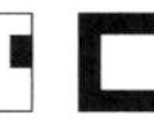

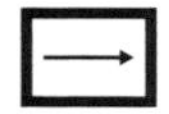

1 : 1250

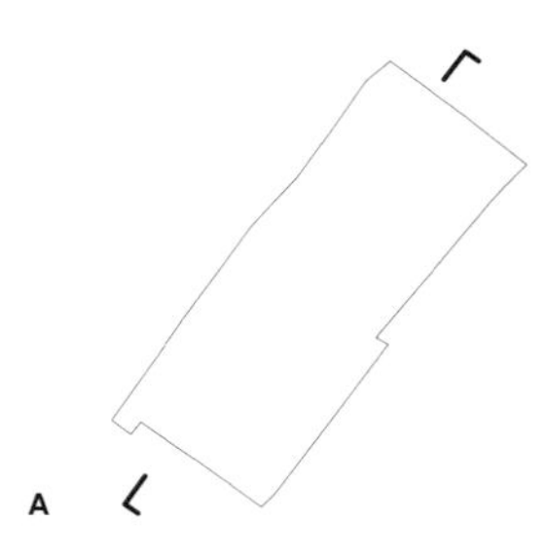

112

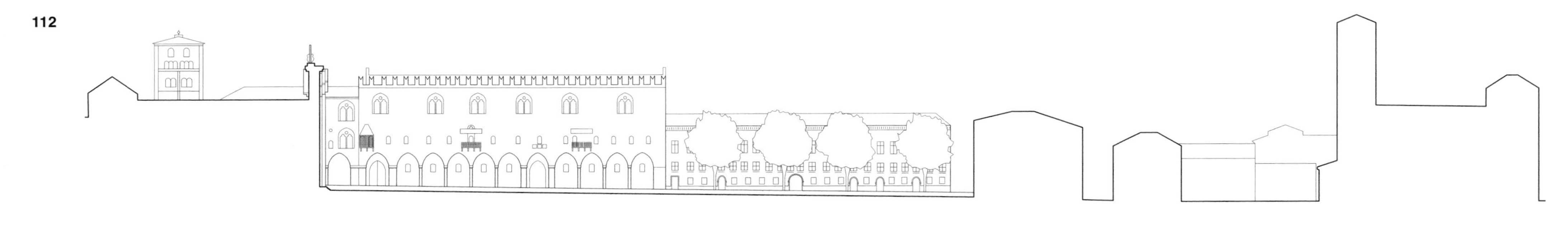

1 : 1250

1 : 1250

大教堂广场

意大利，米兰

在米兰王宫前，围绕大教堂四周的整个细长形的公共空间被称为大教堂广场。而教堂一侧的空间给人的印象并非广场，更像是一条街道。中心建筑的存在感不容小觑，其优雅的大理石外观，使整体空间具有统一感。周围的建筑体量巨大而高耸，大教堂看起来像是大理石镶嵌的精美珍宝，而广场好似托盘。同时，经过装饰的地板可以被视为在通往大教堂的5级入口台阶前放置的地毯。随着广场的延伸，它将维多利奥·埃玛努埃尔二世拱廊和阿伦加里奥宫大门连接到广场的中心。由于宽阔的空间内只有骑马雕像伫立其中，使人们有空无所依之感，但是在广场及其各个边界都有商业街柱廊为在此停留或活动的人们提供庇护空间。

位置：米兰，老城区中心

时间：1865—1878年

建筑师：朱塞佩·门戈尼

规模：38 000 m²，长345 m（教堂的前院170 m），宽125 m，平均屋檐高度为24 m，教堂高为107 m

主要建筑：圣玛利亚纳森特大教堂，1387—1572年，1890年；维多利奥·埃玛努埃尔二世长廊，1878年，由朱塞佩·门戈尼设计完成；阿伦加里奥宫，1939—1956年，由恩里科·阿戈斯蒂诺·格弗尼、皮耶尔·托诺尼·玛吉斯特提、乔凡尼·莫席奥、皮耶罗·波尔塔卢比设计完成

地面铺装与设施：饰面石板；维多利奥·埃玛努埃尔二世的骑马雕像，1896年，由埃尔科莱·罗萨设计

1：5000

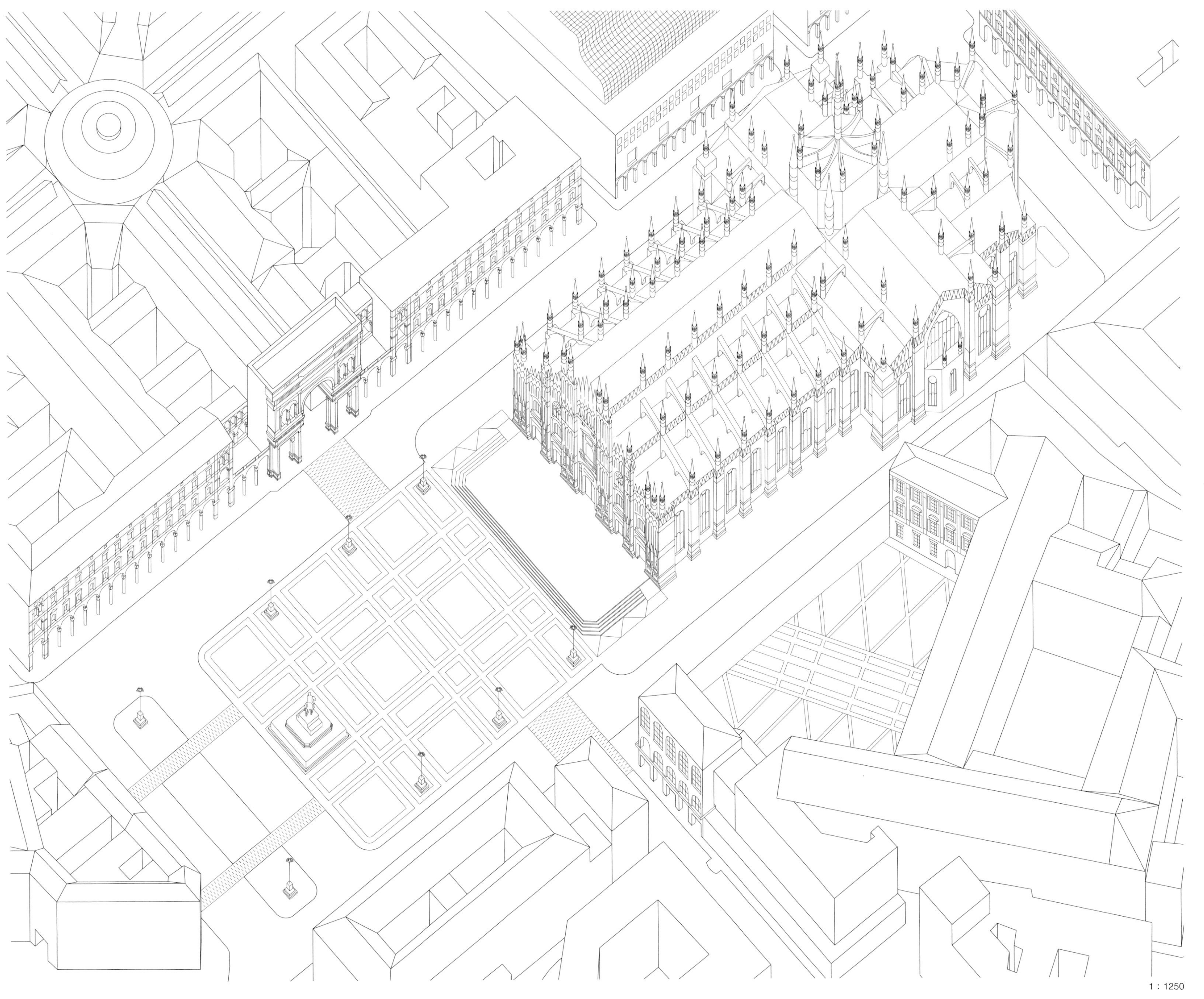
1 : 1250

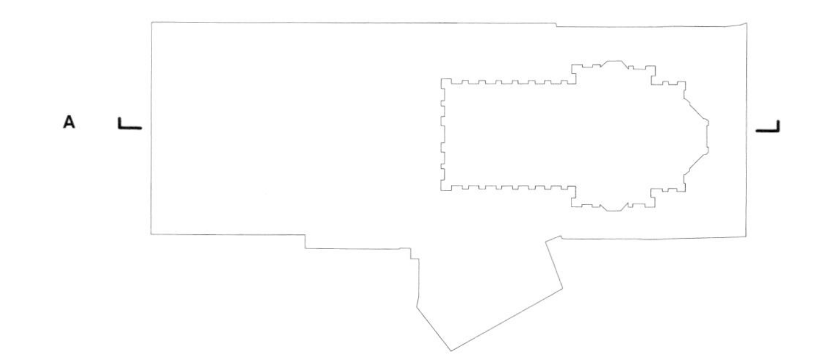

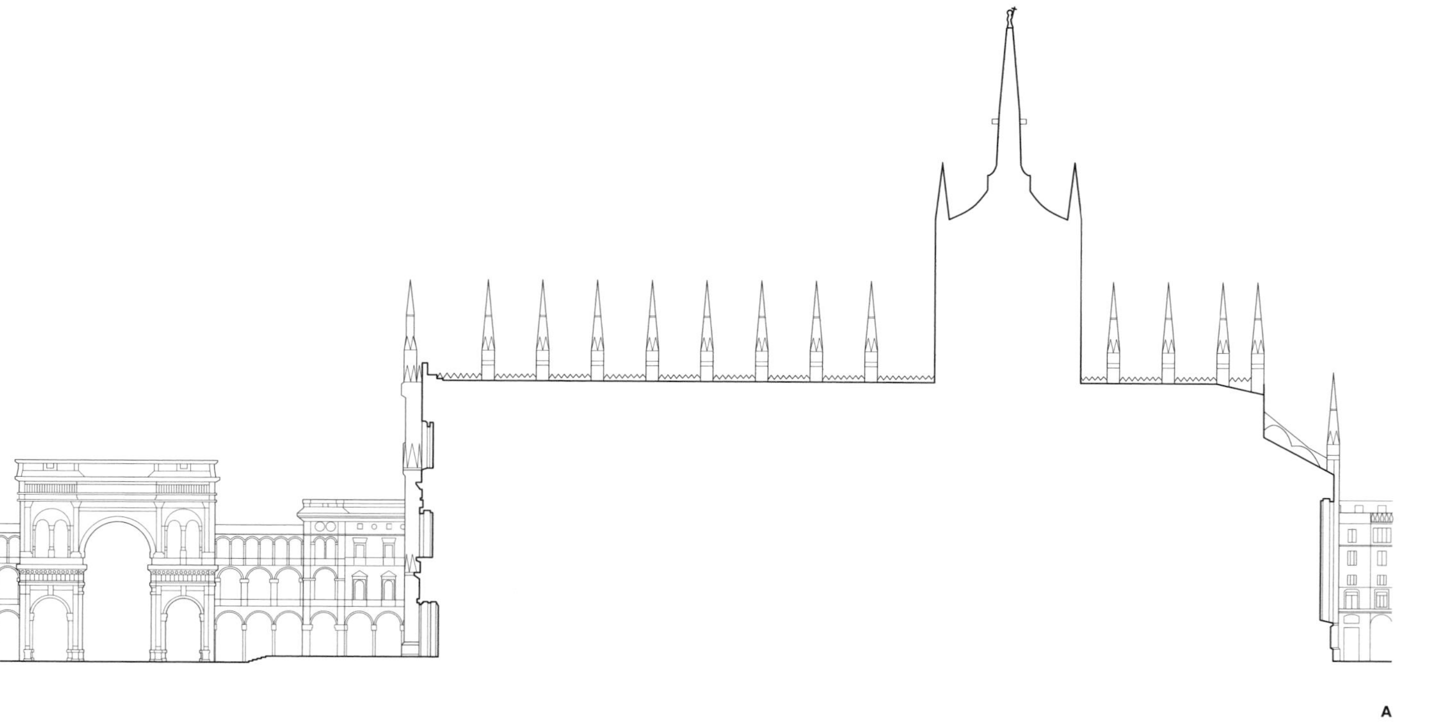

1 : 1250

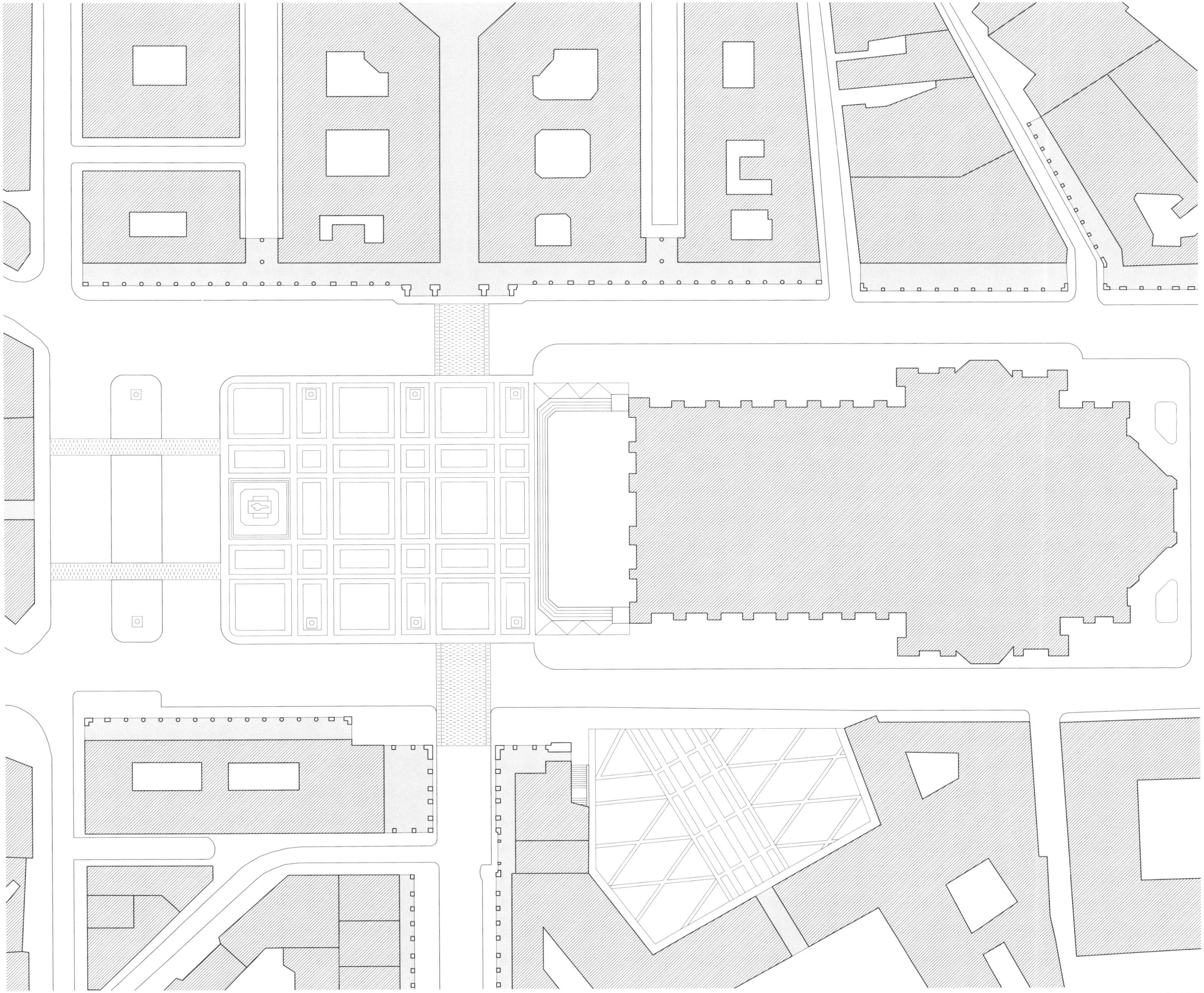

1 : 1250

加特纳广场

德国，慕尼黑

该环形广场是同名的新古典主义城市扩张计划的核心。虽然被3条街道穿越，形成了6个交叉路口，但是周边区域的联系却更加紧密了。剧院在广场中占主导地位，其门廊位置突出。相比之下，共同构成完整圆形空间的其他建筑物相对平实。广场中心的花坛和外围的小乔木，辅以古色古香的粉红色外墙，展现出比德迈式家具的风格特征。该广场无论是作为聚会场所还是过渡空间都很受欢迎。宽阔的人行道边咖啡馆散布其中，而在花坛之间的每片草地都可供游览者坐下休憩或躺卧。与此同时，加特纳广场是周围城市肌理中的重要枢纽，行人和汽车皆从此处经过。这也是多数市民喜欢在此处停留和聚会的原因。尽管如此，这种矛盾创造了一种全面的城市公共生活，颇具亲切感。

位置：慕尼黑

时间：1862—1865年，自1975年起进行重建

建筑师：约1826年，由马克斯·库伯进行景观设计

规模：6000 m^2，直径85 m，建筑屋檐高度约为18 m

主要建筑：加特纳广场国家剧院，1864—1865年，由弗朗茨·迈克尔·芮菲尔设计

地面铺装与设施：花坛、绿植、长椅、铺石路面、柏油路；喷泉，1866年建造；弗里德里希·冯·加特纳和利奥·冯·克伦泽的半身像石碑

1 : 5000

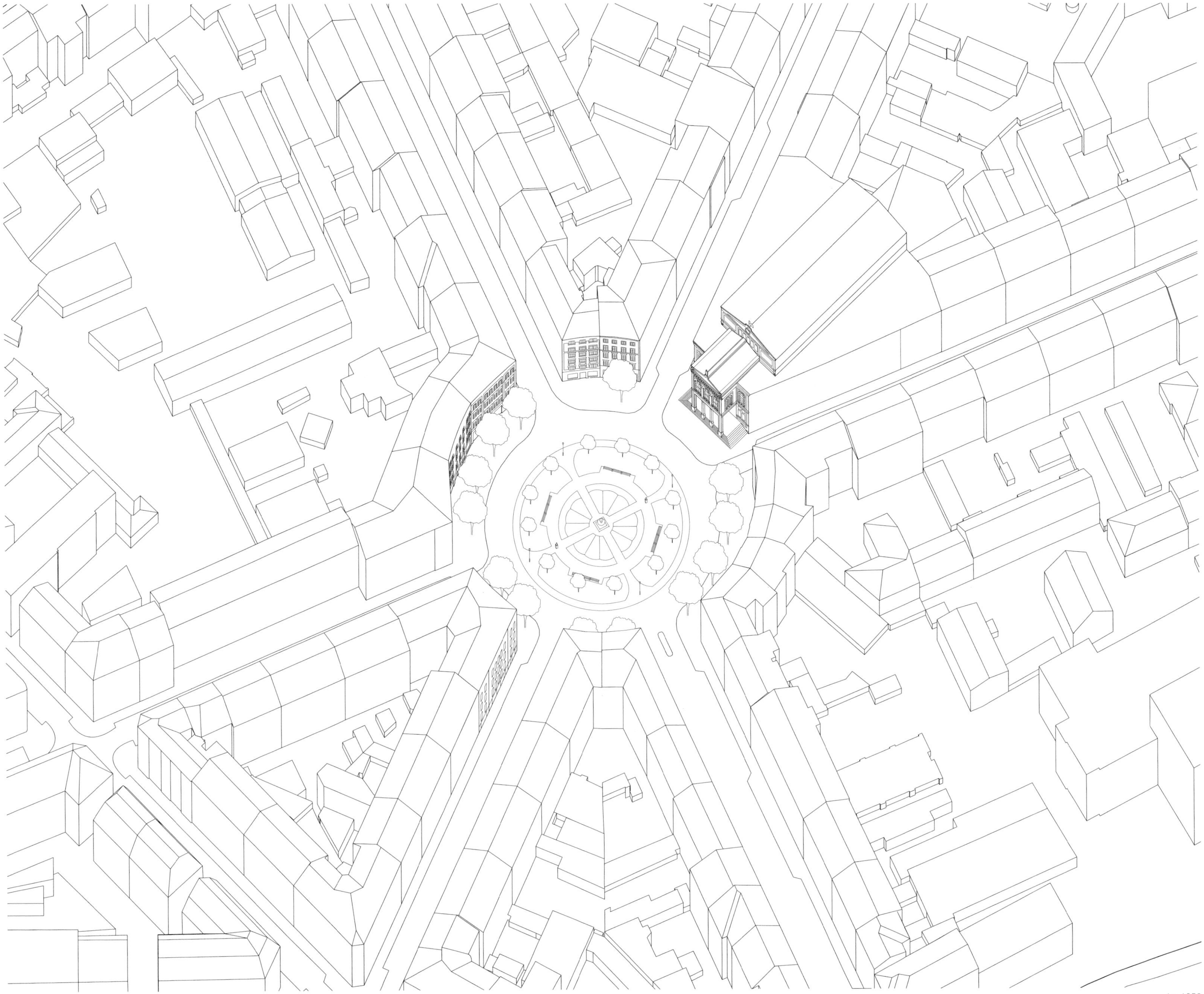

1 : 1250

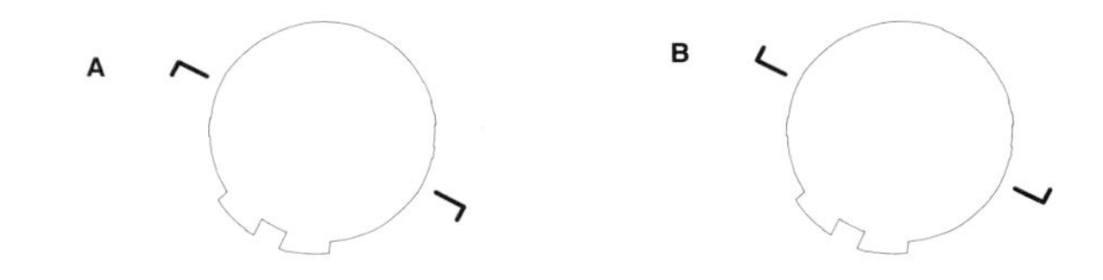

120

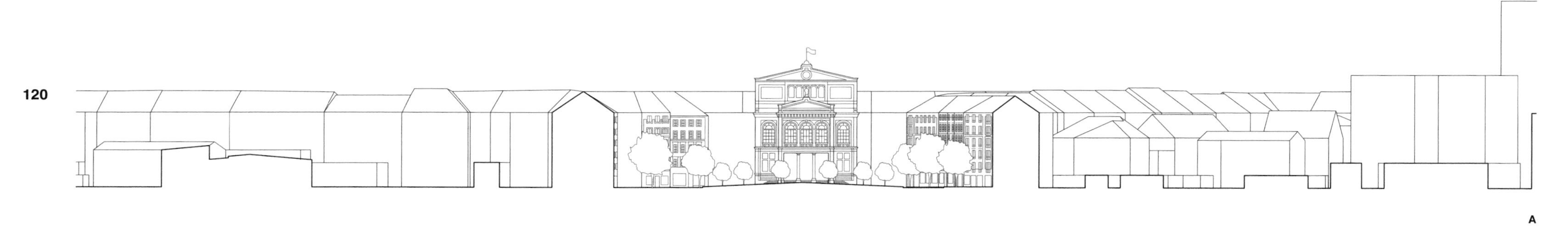

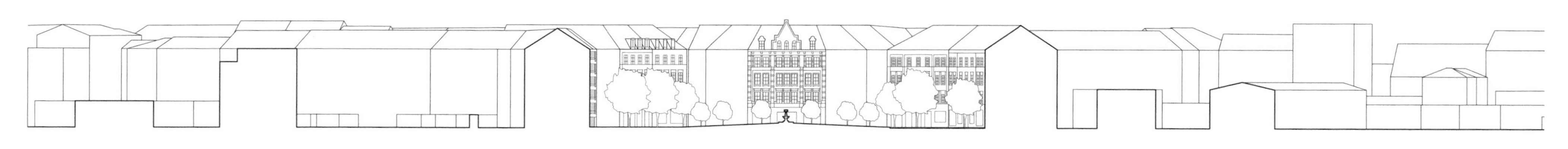

1 : 1250

1 : 1250

卡尔广场（施塔胡斯广场）

德国，慕尼黑

尽管卡尔门的前院通过周围建筑物的扇形弧线界定出其独特的空间形态，但是由半圆形地面延伸出的广场空间仍然相当模糊，很难去识别在宽阔而繁忙的环路之外的建筑物是如何围合这个空间的。虽然朗德尔大楼两臂环抱的姿态能够围合较大尺度的空间，但其主要作为交通空间使用，多条道路和电车轨道打破了这种围合感，同时使边界消融。卡尔广场最重要的特征与其前城门密切相关——广场呈漏斗状：朗德尔大楼的两翼引导人们经由连续的拱门前往入口空间，这条穿过广场并穿过大门的路线是穿过市中心的东西向中部路线的一部分（现已被打断），它在中世纪是一条重要的贸易路线，如今是主要的步行区域。

位置：慕尼黑，旧城区

时间：1792年

建筑师：弗朗茨 · 图尔恩

规模：14 500 m²，长约165 m，宽21 ~ 115 m，建筑屋檐的平均高度为14 m

主要建筑：卡尔门，1302年之前建造

地面铺装与设施：混凝土板、柏油碎石地面；喷泉

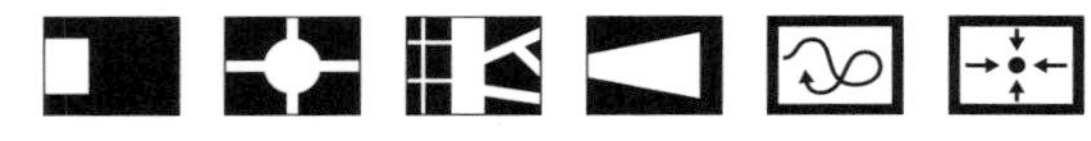
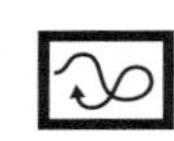
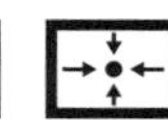

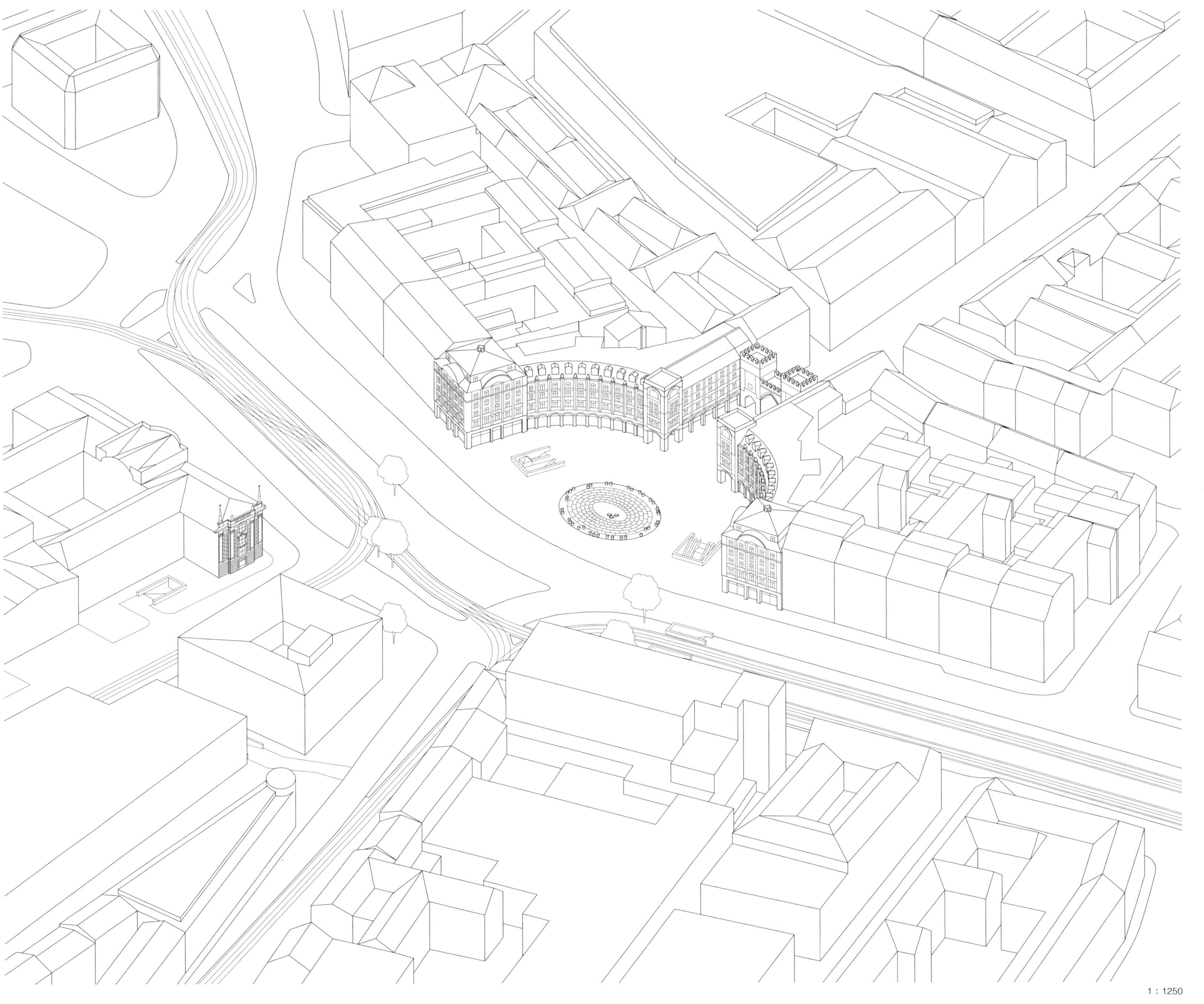
1 : 1250

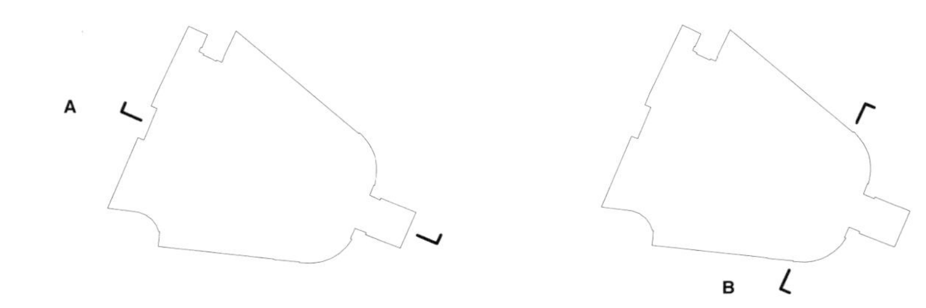

A

B

1 : 1250

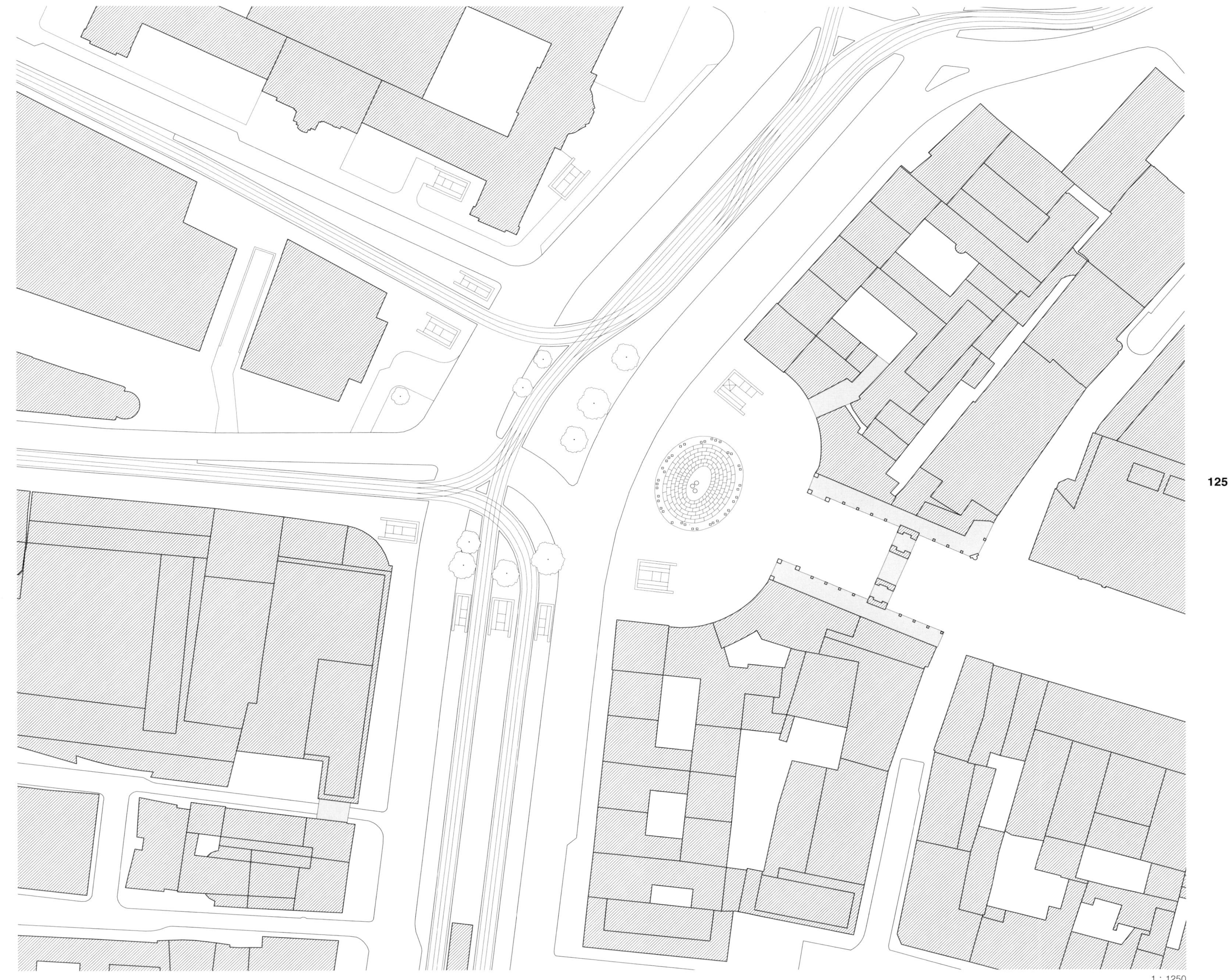
1 : 1250

国王广场

德国，慕尼黑

3座历史建筑的布局界定出了国王广场，它们分别为：冷巴赫艺术馆、希腊博物馆和文物博物馆。广场的形状并不是由连续的建筑界面围合的空间形成的，而是取决于坐标轴中这3座遗迹建筑的精确位置。广场中心场地标高降低了大约1 m，周边建筑就会显得略高一点。事实上，希腊博物馆有一个非常狭窄的基座颇受欢迎，人们可以在此处享受阳光。广场原是西城大门的前院，主要以自西向东的交通为主。走出宁芬堡，路过冷巴赫艺术馆到达国王广场的过程中，坐落在中心位置的方尖碑清晰可见，作为标志物引导人们去往音乐厅广场。开放的广场由草坪和碎石铺装而成，并嵌入公园之中，广场上的乔木和灌木分隔开了东边两栋二战时代的建筑物。两座博物馆旁边大量树木的围合在一定程度上也划分出广场的轮廓，让人想起在历史上此处是一片古老神圣的树林。

位置：慕尼黑，慕尼黑艺术区

时间：1808—1862年

建筑师：卡尔·冯·费舍尔，弗里德里希·路德维希·冯·斯克尔，利奥·冯·克伦泽

规模：26 000 m²，长约190 m，宽约150 m，古希腊博物馆的建筑高度为19 m，冷巴赫艺术馆的建筑高度为27 m，文物博物馆的建筑高度为21 m

主要建筑：希腊博物馆，1816—1828年，由利奥·冯·克伦泽设计；冷巴赫艺术馆，1816—1862年，由利奥·冯·克伦泽设计；文物博物馆，1838—1845年，由格奥尔格·弗里德里希·泽布兰设计

地面铺装与设施：草坪、水上砾石、鹅卵石路面

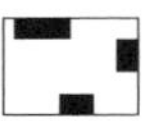

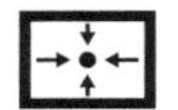

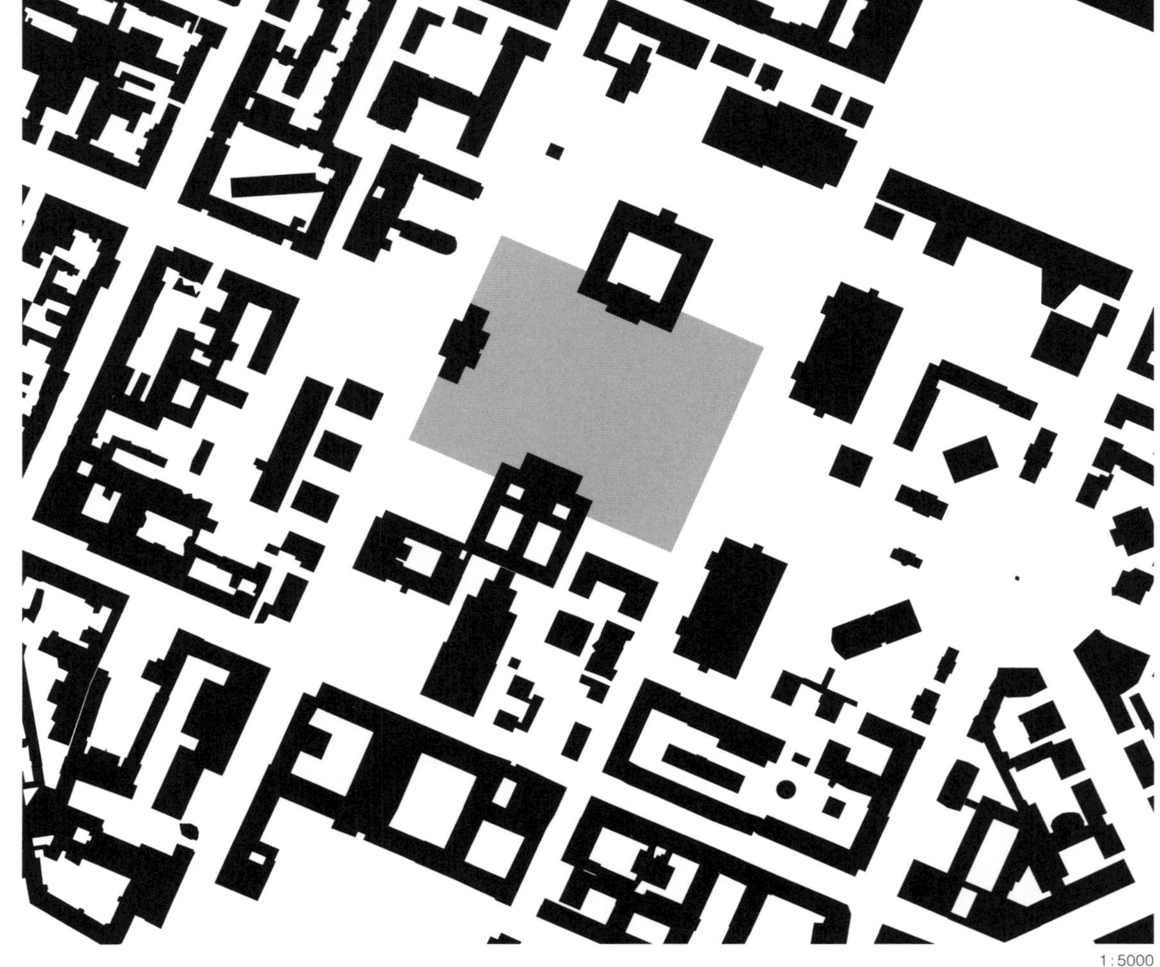

1:5000

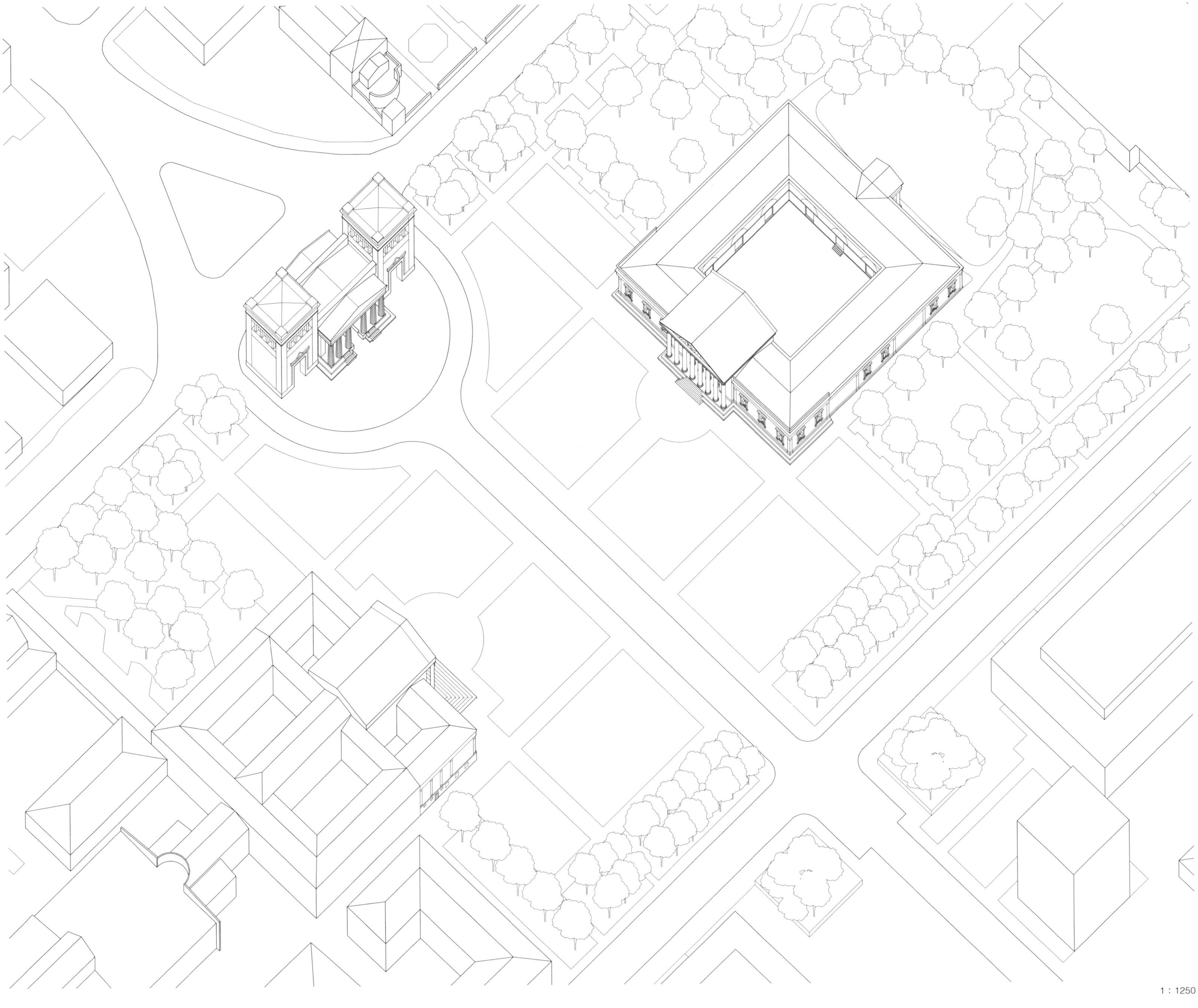

1 : 1250

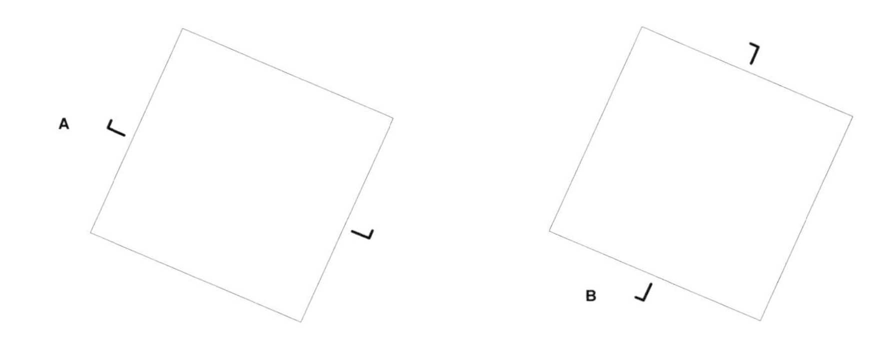

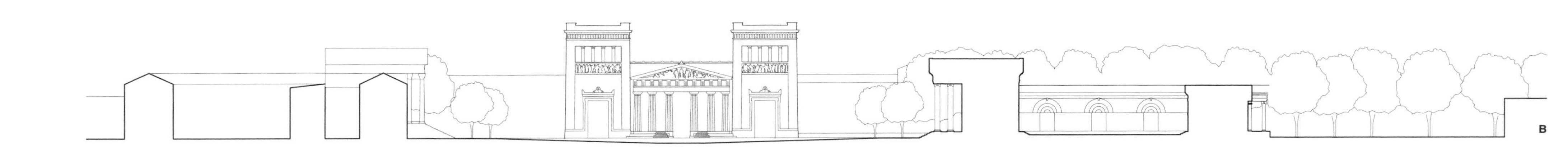

1 : 1250

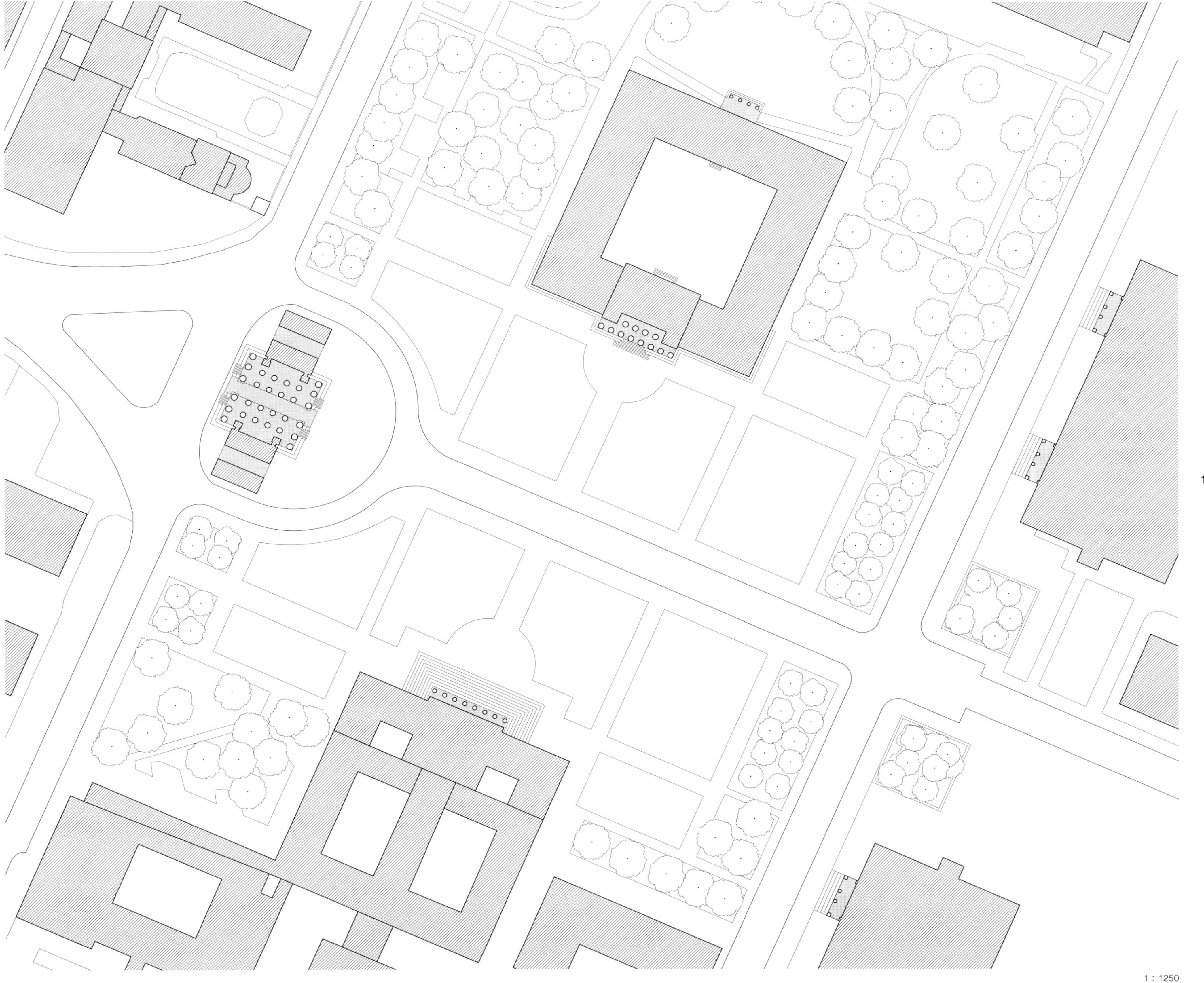

1 : 1250

皇家马厩广场

德国，慕尼黑

广场的名字来源于以前的皇家马厩，皇家马厩的正立面主导了整个广场，用西特（Sitte）的话来说，这是一个宽度空间。主路沿着广场的西部纵向延伸，划出了广阔的空间，从那里人们可以看到远处的主建筑。由于被主教宫遮挡，其余的建筑仅仅只能看到后部，较为模糊。诸圣堂（曾为巴伐利亚宫廷教堂）的入口现在被改造为一个音乐厅，在狭窄的音乐厅旁边的仓库后面有一个封闭的花园。因为主入口在相反的一侧，大多建筑的功能布局也是反向的，整个广场多数时间无人造访，广场成为服务于周边居民的道路，是从宫廷花园通往老城区中心的一条安静的人行道。广场只在一年中的少数几天会成为重要活动和庆典举办的场所，或者成为游客旅游的目的地。

位置： 慕尼黑，老城区

时间： 始建于1817年，2003年重新设计

建筑师： 利奥·冯·克伦泽；2003年由斯蒂芬·杰克尔、托拜斯·迈克团队重新设计

规模： 8 150 m^2，长约160 m，宽41～46 m，屋檐的高度为17～22 m

主要建筑： 皇家马厩，1819—1825年，由利奥·冯·克伦泽设计；诸圣堂，1826—1837年，由利奥·冯·克伦泽设计；Apotheken-Flügel酒店，1835—1842年，由利奥·冯·克伦泽设计；马克斯·普朗克大厦，1995—1999年，由格拉夫、波普、斯特里布设计；巴伐利亚歌剧院的排练房，2001—2003年，由戈瓦斯、屈恩设计

地面铺装与设施： 花岗岩路面、一片片绿树掩映

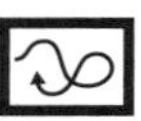
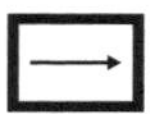

1 : 5000

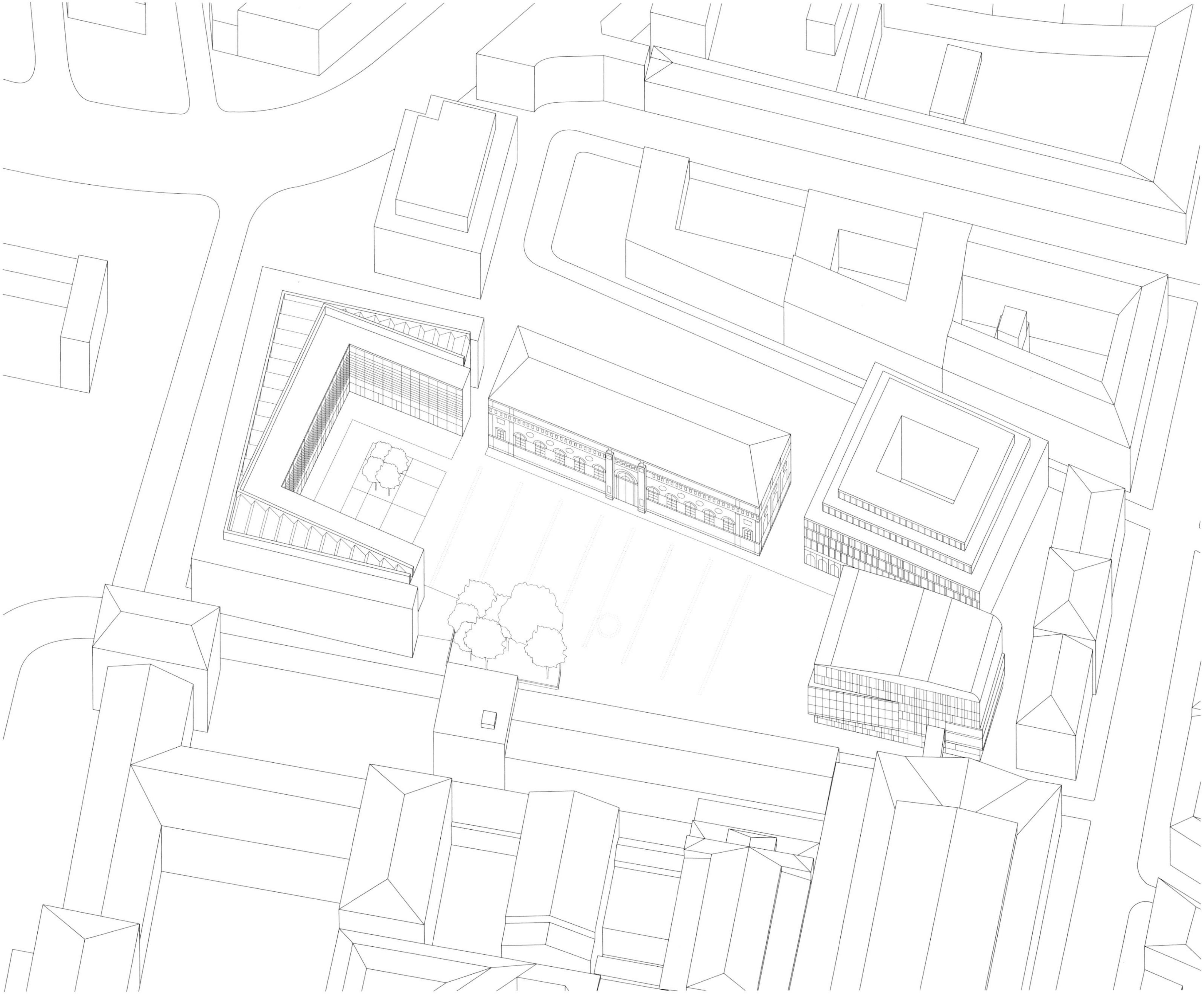

1 : 1250

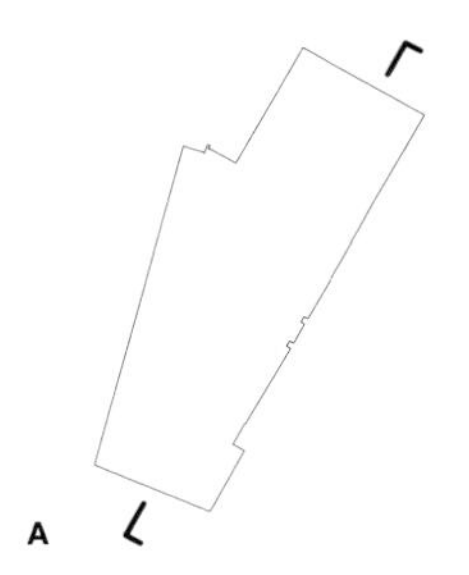

132

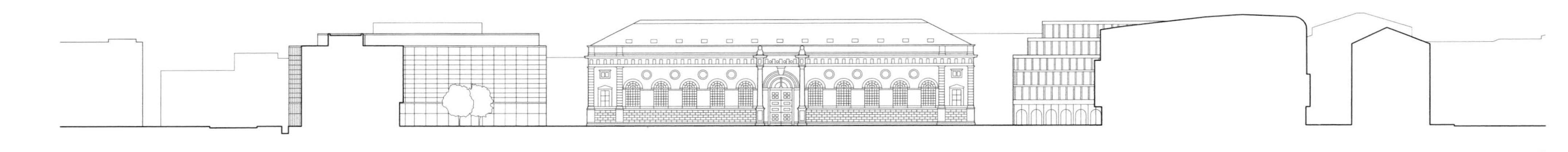

1 : 1250

133

1 : 1250

马克斯-约瑟夫广场

德国，慕尼黑

广场上的3栋建筑散发着厚重的历史气息，雄伟壮观，几乎环绕广场的三面，并形成了协调统一的古典主义建筑群。慕尼黑王宫的国王殿和国家大剧院立面相互垂直布局，两栋建筑中央入口的轴线在广场中心相交，马克斯-约瑟夫的纪念碑正好位于相交点上。不仅如此，建筑轴线的相交点同时也是用砾石铺成的局部抬升的圆形区域的中心点，这个区域被路灯和用链条连接的石柱围合起来。进入广场的主入口通道与该圆形区域相切，同时继续向北和向东延伸作为两条纪念性的轴线，这种几何形的平面构图很生动地展现出广场圆盘形式的特点。在广场的一边坐落着另一栋纪念性建筑，前身为邮政总局，在广场一侧的拱廊下形成了带顶棚的露台。3栋建筑均使用了相似的结构元素，吸引来访者参观、体验：慕尼黑王宫国王殿的基座成为供公众使用的长凳，颇受欢迎，人们可以在此沐浴阳光，国家大剧院前面柱廊内的一段台阶，既是公众聚集的场地，同时也是疏散歌剧院观众的门厅。

位置： 慕尼黑，老城区

时间： 1802年到19世纪中叶

建筑师： 卡尔 · 冯 · 费舍尔，利奥 · 冯 · 克伦泽

规模： 12 200 m²，长107 ~ 120 m，宽107 m，高19 ~ 38 m

主要建筑： 慕尼黑王宫国王殿，1802年，由利奥 · 冯 · 克伦泽设计；国家大剧院（歌剧院），1825年，由卡尔 · 冯 · 费舍尔、利奥 · 冯 · 克伦泽设计；特林-耶滕巴赫宫，1839年，由利奥 · 冯 · 克伦泽设计

地面铺装与设施： 沥青、混凝土板、粗糙的鹅卵石路面铺装；马克斯-约瑟夫一世纪念碑，1825年由克里斯蒂安 · 丹尼尔 · 劳赫建造

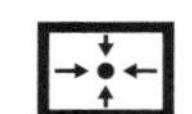

1 : 5000

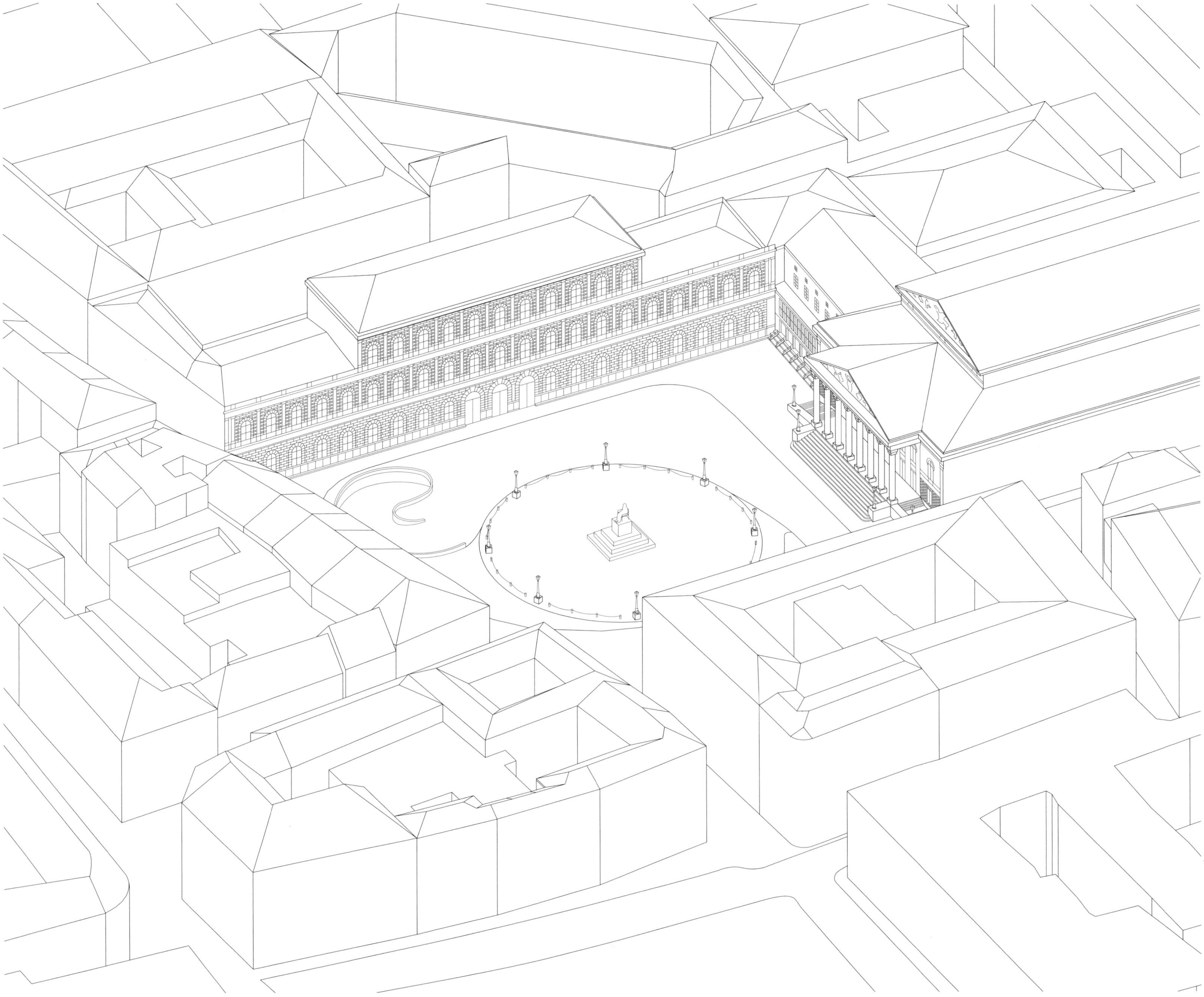

1 : 1250

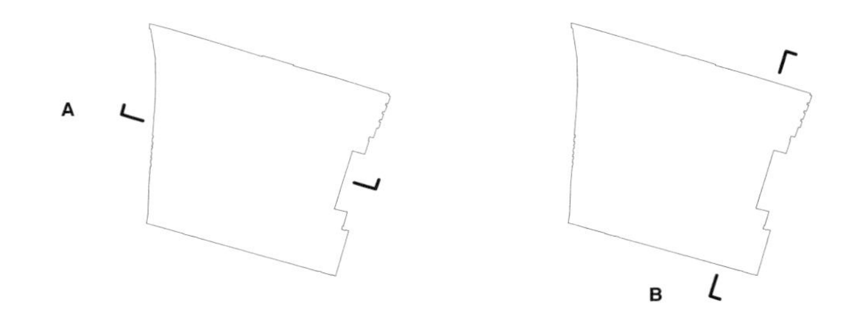

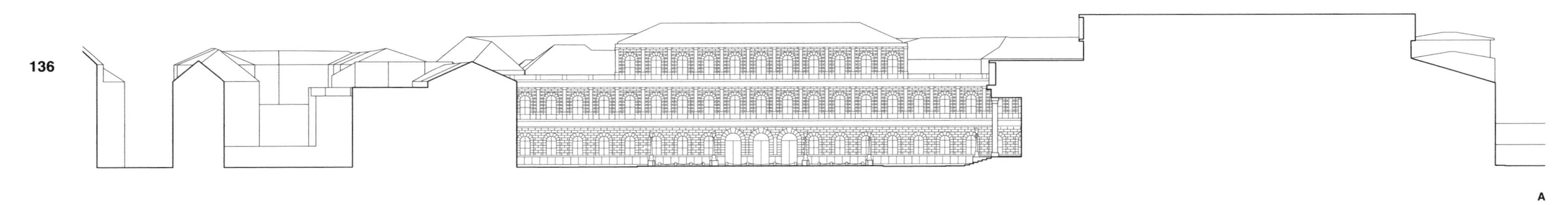

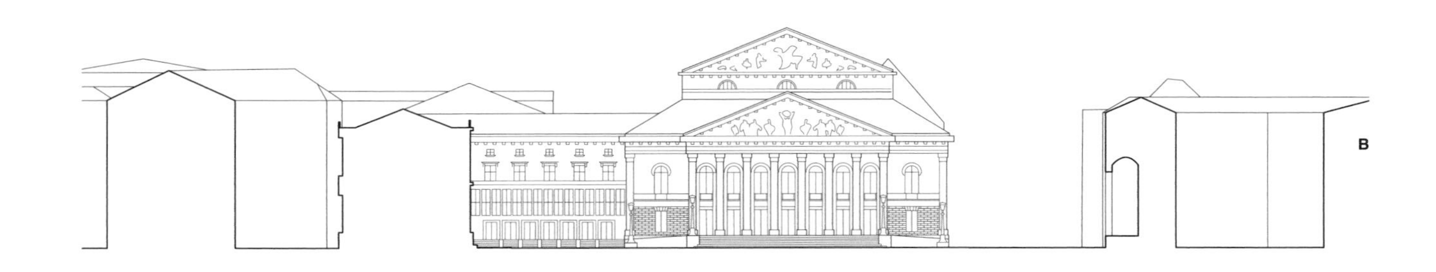

1 : 1250

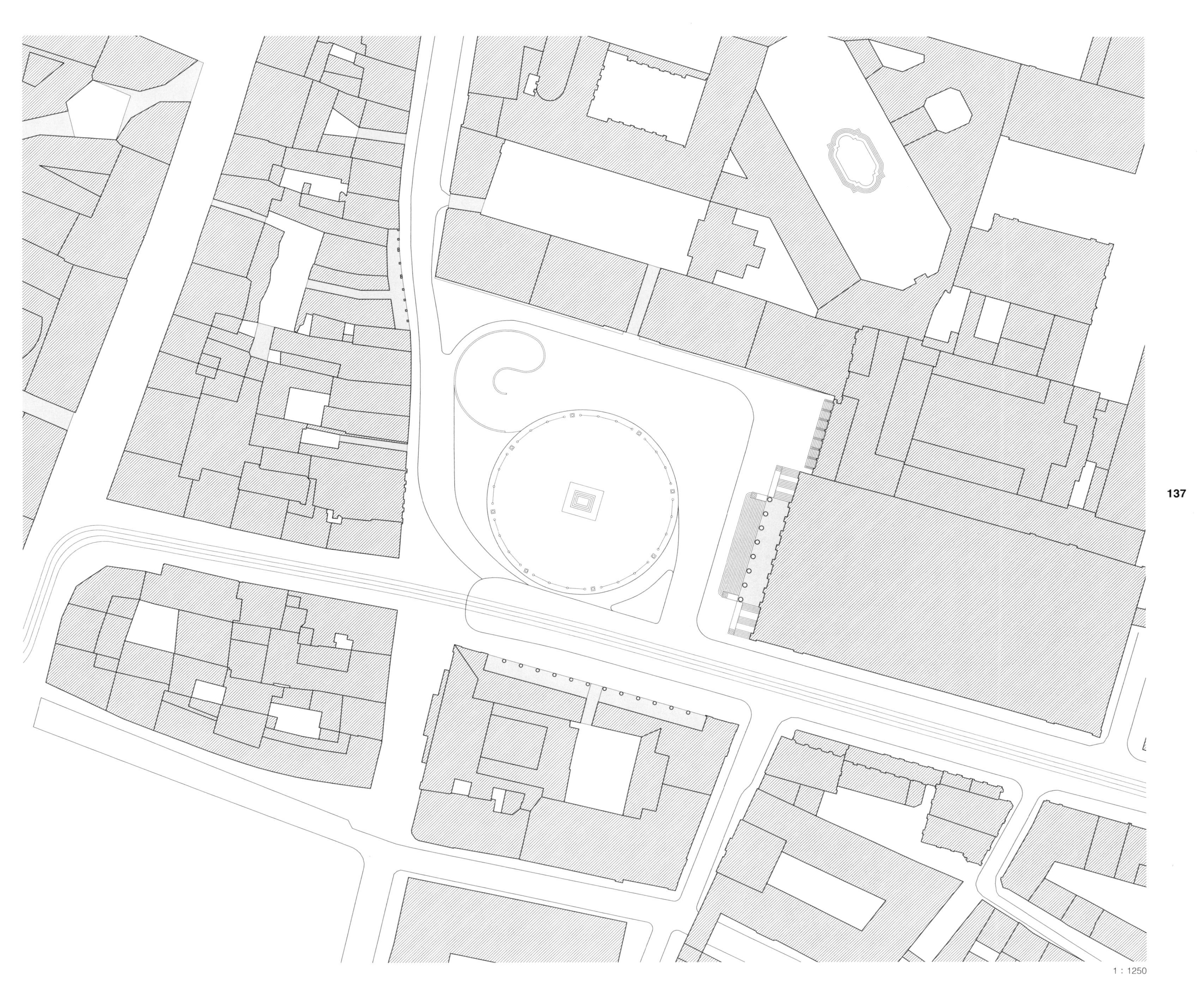
1 : 1250

音乐厅广场、圣特埃蒂娜广场

德国，慕尼黑

两个广场直接相邻，通过两条轴线和多个通道交叉的形式，实现了空间功能的多样化。它们作为路德维希大街轴线南端的起点，呼应了轴线北端的慕尼黑大学前院和慕尼黑凯旋门。

与北端空间节点遥相呼应，统帅堂形成了这条轴线南部空间的终点。紧挨着这座建筑的开放式凉廊连接了王宫和圣特埃蒂娜教堂，形成统一的整体。

统帅堂前广场被建筑从三面围绕着，该部分被称为圣特埃蒂娜广场，其名字来自于相邻的圣特埃蒂娜教堂。其倾斜的入口和不规则的轮廓特征反映了旧城区中心的建筑特色。与之相反，以从前的慕尼黑音乐厅（Odeon）命名的广场北部严格地遵循了对称的几何构图，用轴线定位的方式确定了雕像和市场大楼的位置。市场大楼背面的拱廊可以通向王宫花园。除此之外，第二条轴线从位于市场大楼旁边的王宫花园的入口开始，沿着维特尔斯巴赫广场、卡洛林广场和国王广场一直到达宁芬堡。

位置：慕尼黑，老城区；马克西米连博物馆区

时间：1816—1829年，1844年修建统帅堂

建筑师：利奥·冯·克伦泽

规模：18 400 m²，长约290 m，宽45～80 m，建筑高度为13～24 m，圣特埃蒂娜教堂的高度为64 m

主要建筑：马克西·米利安王宫，1612—1618年；圣特埃蒂娜教堂，1663—1768年，由阿戈吉诺·巴罗利、恩里克·卡尔、弗朗索瓦·库维设计；统帅厅,1841—1844年，由弗里德里希·冯·格尔特纳设计；市场大楼，1825—1826年，由利奥·冯·克伦泽设计；前剧场，1826—1828 年，由利奥·冯·克伦泽设计

地面铺装与设施：装饰花岗岩路面铺装（圣特埃蒂娜教堂）、混凝土板、沥青碎石路面、草坪；路德维希骑马雕像，1862年由马克斯·冯·维德曼恩设计；两个巨大的旗杆，由鲁道夫·冯·塞茨设计

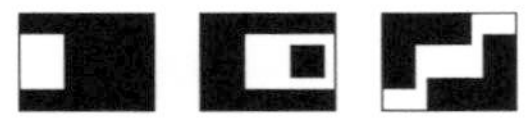

1:5000

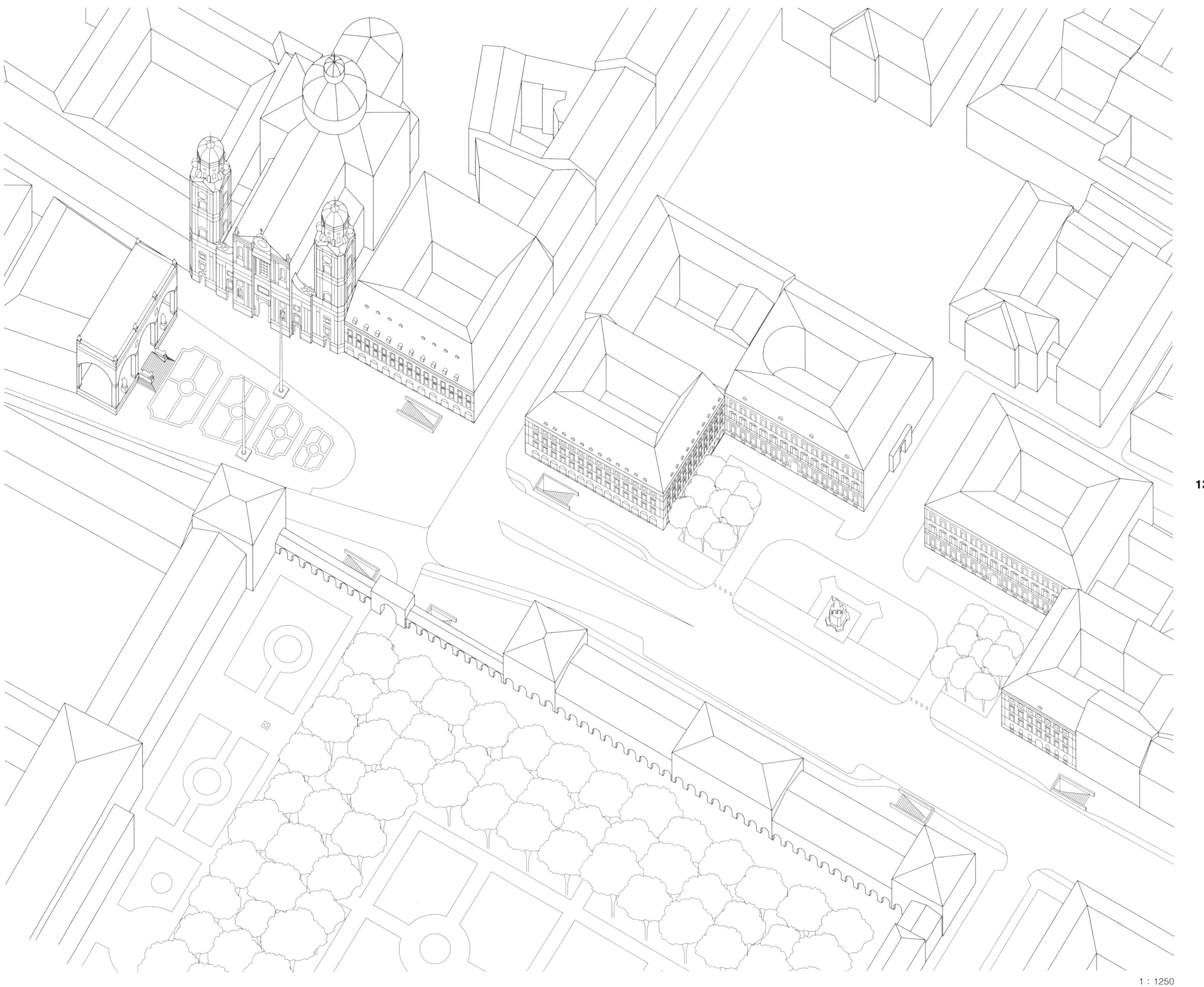
1 : 1250

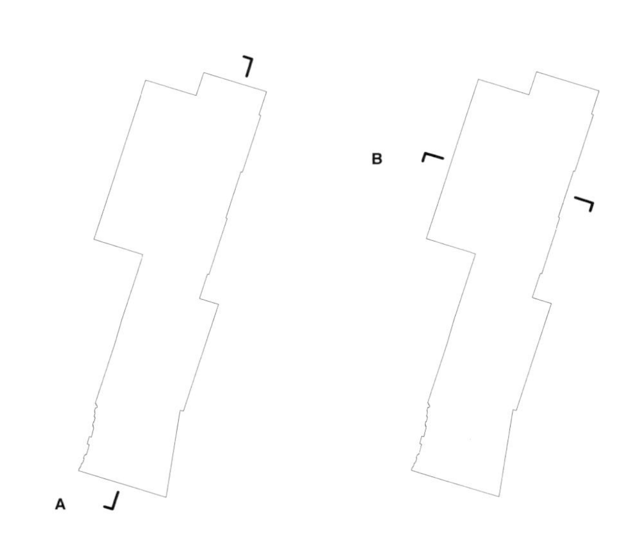

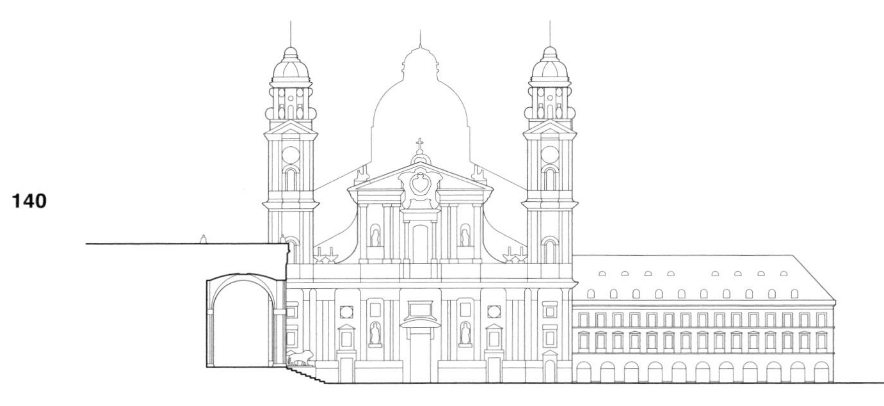

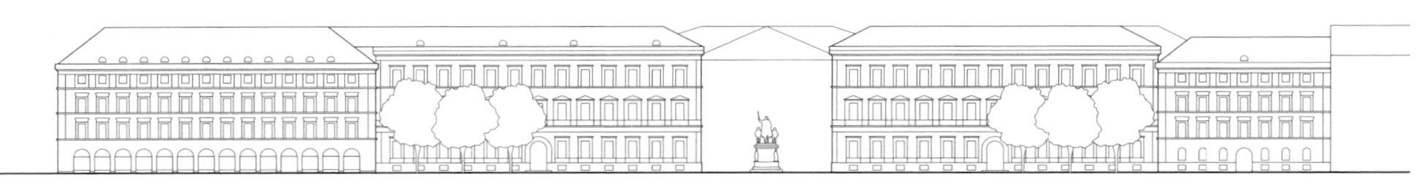

A

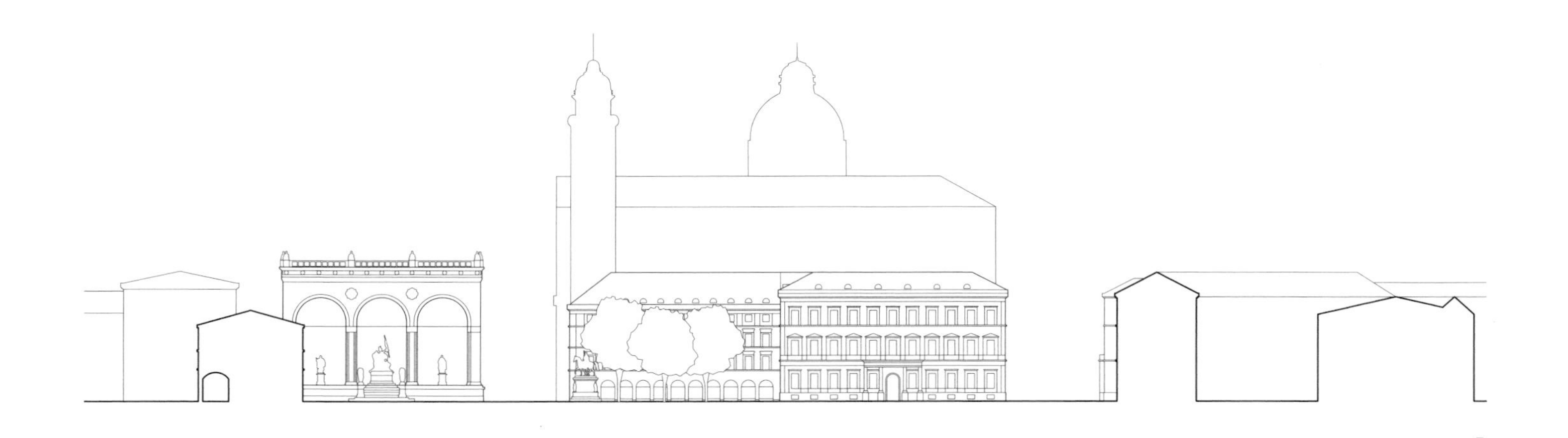

B

1 : 1250

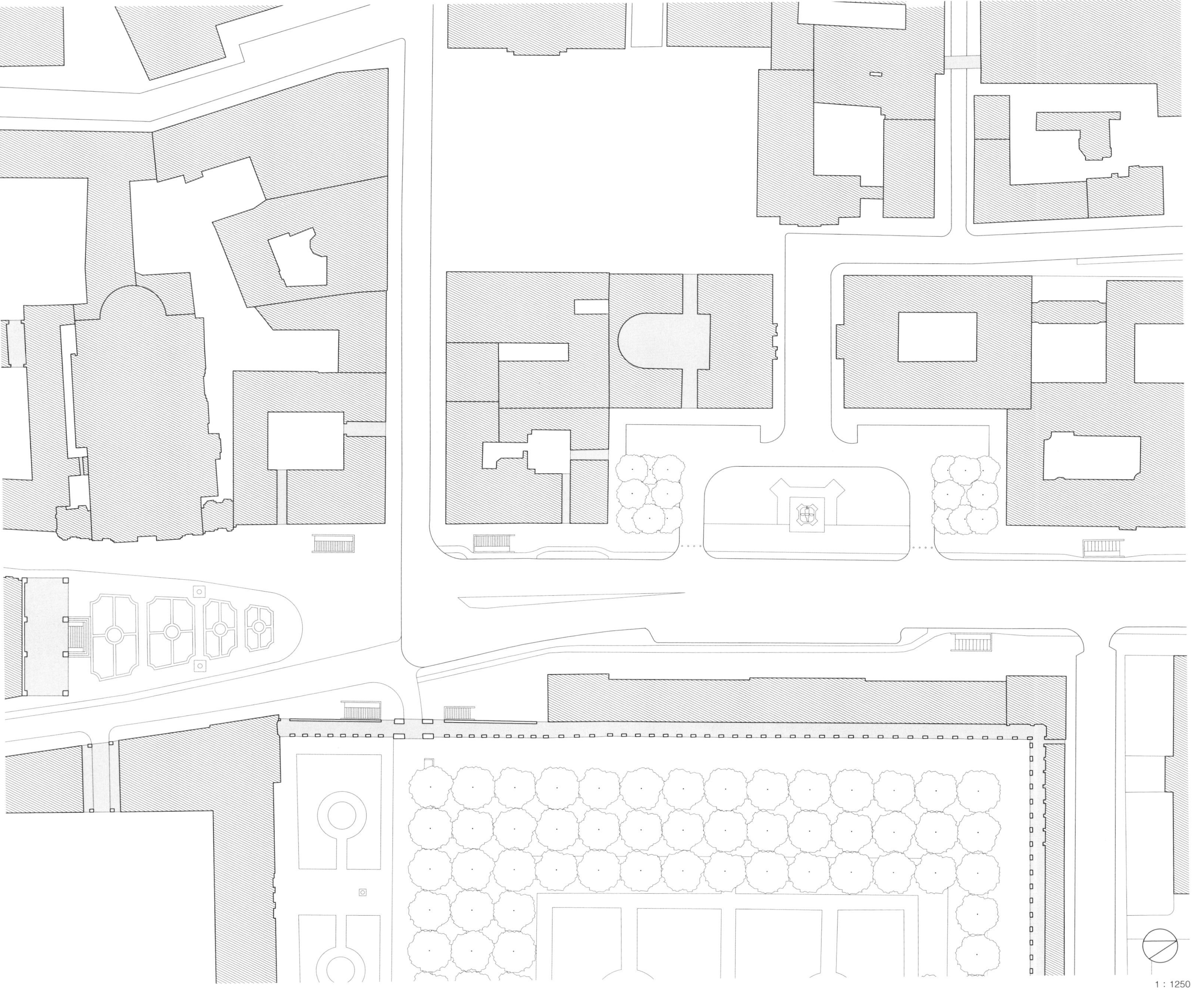
1 : 1250

圣雅各布广场

德国，慕尼黑

这个广场是合理利用广场上的建筑来围合公共空间的典范。广场空间并不能通过简单地界定边界来实现，而是在突出的建筑群落之间寻求某种界定。虽然广场具有实体边界，不过更多的是依靠周围的建筑组合布置形成轮廓。犹太教堂和犹太博物馆在广场上的布局较为自由。犹太社区中心同样也伸入广场，组成了周围精心的布局。3栋建筑之间彼此联系，在其间形成了或狭窄或开敞的空间，并依据建筑的不同功能来分隔和连接广场各部分。建筑立面的朝向有助于提升人们在广场各部分之间的可达性和可视性，同时可以引导行人从圣雅各布广场进入附近的城市区域。

位置： 慕尼黑，老城区

时间： 2003—2008年

建筑师： 万德尔 · 霍弗 · 洛奇

规模： 8000 m²，长100 m，宽70～80 m，建筑高度为13～18 m，犹太教堂的高度为23 m

主要建筑： 柏林军械库（城市博物馆），1491—1493年；犹太教堂，2003—2006年，由万德尔 · 霍弗 · 洛奇设计

地面铺装与设施： 花岗岩铺装、喷泉、树木、长椅、游乐场

1：5000

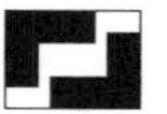

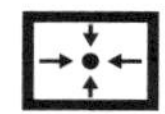

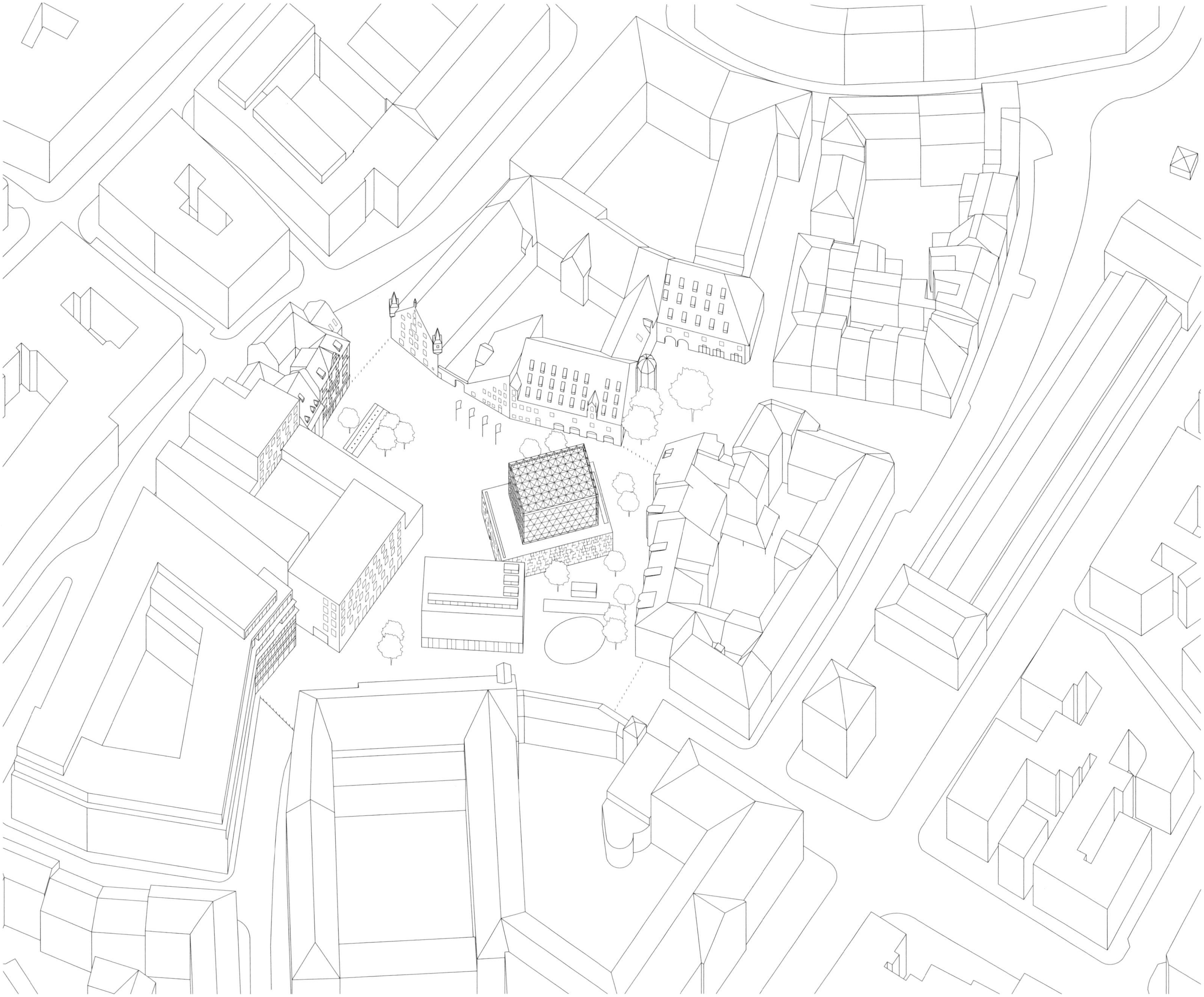

1 : 1250

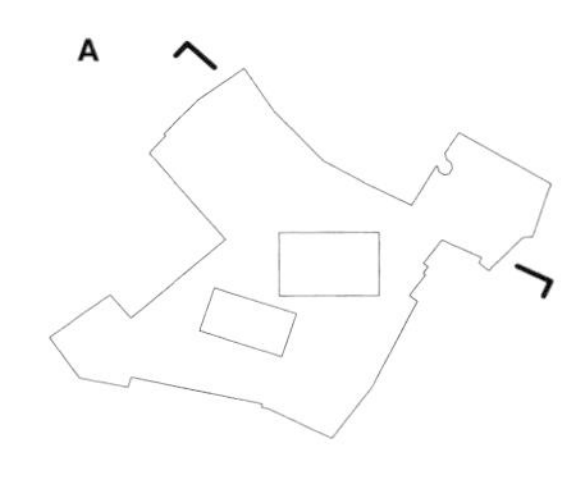

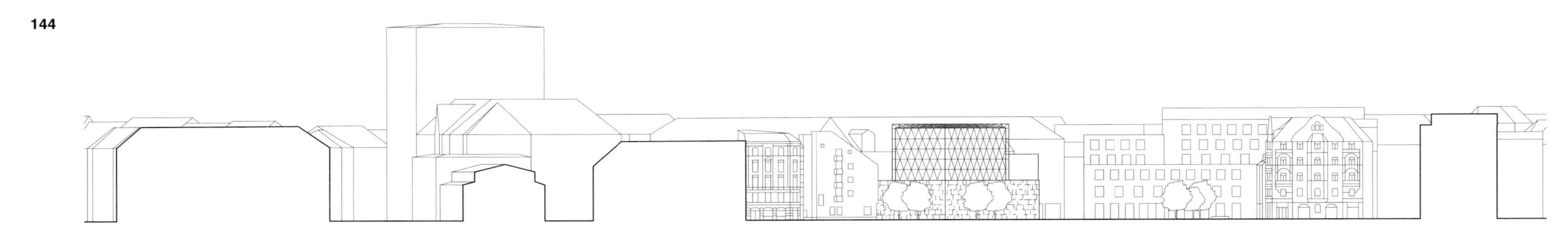

1 : 1250

1 : 1250

维特尔斯巴赫广场

德国，慕尼黑

沿轴线由西向东行驶，从国王广场到音乐厅广场，维特尔斯巴赫广场坐落于道路一侧。广场的后部空间与音乐厅广场直接相连，然而林荫大道布里恩内大街仅与广场的一侧相连。但维特尔斯巴赫广场在三面被建筑包围的情况下，一面通向布里恩内大街，从而形成了独立而完整的环境氛围。周围建筑优雅的比例，屋檐的均匀高度，外墙与底座的和谐，相似比例的装饰条和窗户以及一致的古典形式语言的使用，都带来了极大的简洁性，同质性和高贵感。建筑与装饰的石材地面相结合，好似精美的首饰盒，基座上的骑马雕像也是场地弥足珍贵的一部分。进入或者横穿广场的行人——由于其进入的位置最有可能沿对角线方向——会有种在舞台上行走的感觉。

位置：慕尼黑，马克西米利安博物馆区

时间：大约1820年

建筑师：利奥 · 冯 · 克伦泽

规模：5800 m²，长约88 m，宽65 m，建筑高度为16～17 m

主要建筑：前剧场（音乐厅），1826—1828年，由利奥 · 冯 · 克伦泽设计；城市宫殿，19世纪，由利奥 · 冯 · 克伦泽等人设计

地面铺装和设施：花岗岩路面，鹅卵石，小槭树；库尔弗斯特 · 马克西米利安一世的骑马雕塑，1830—1839年，由巴特尔 · 托瓦尔森设计，利奥 · 冯 · 克伦泽负责基座设计

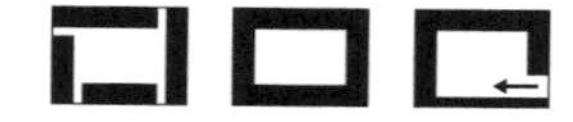

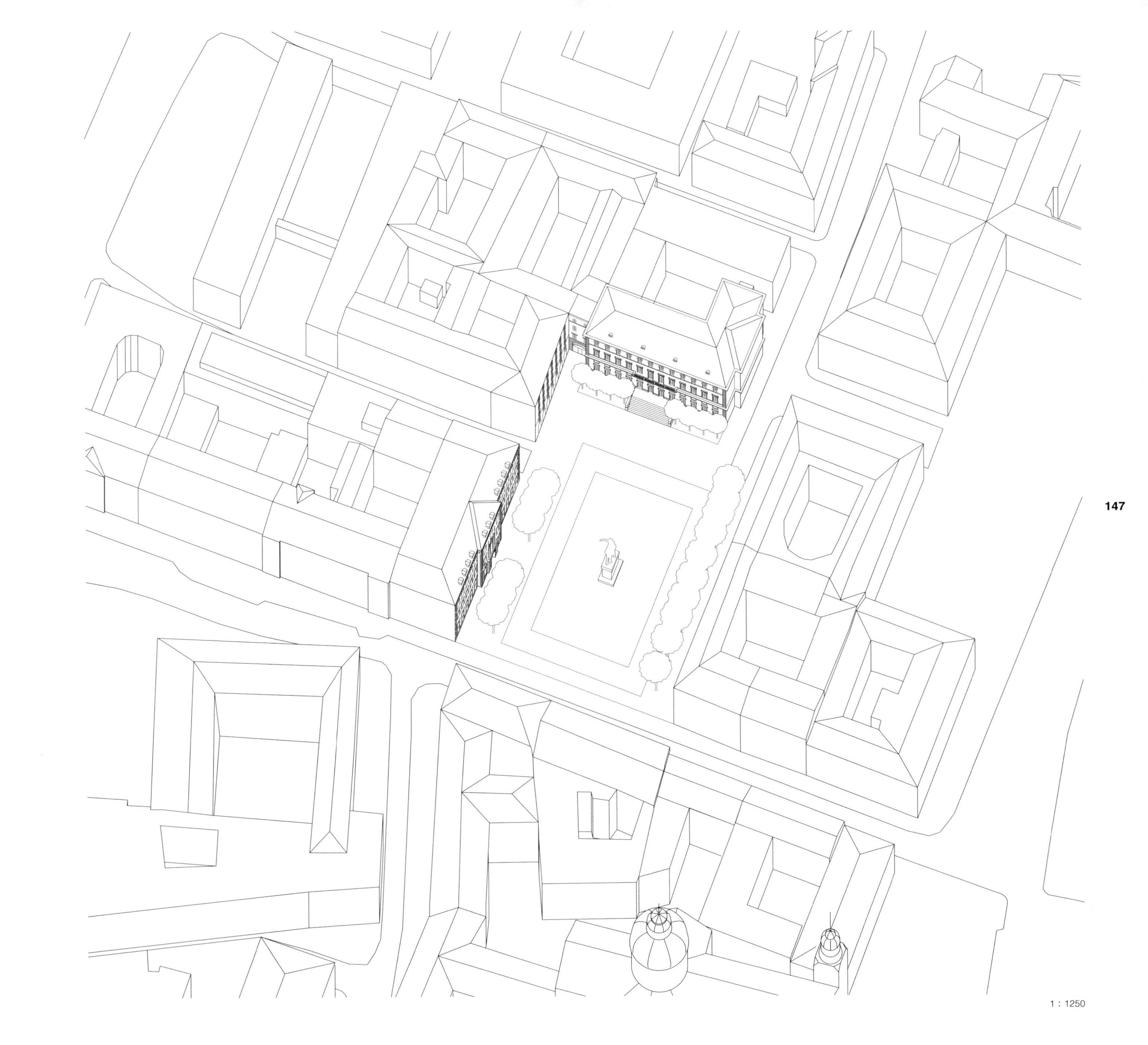
1 : 1250

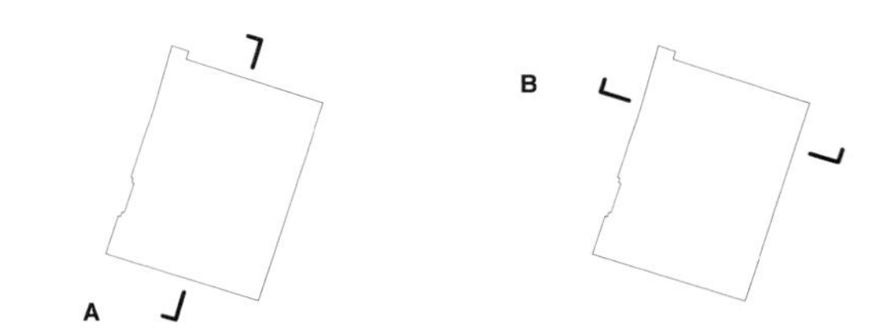

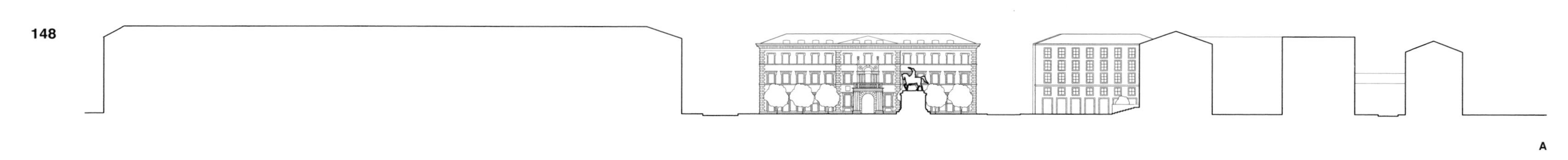

A

B

1 : 1250

1 : 1250

斯坦尼斯拉斯广场、卡里埃尔广场、戴高乐将军半圆广场

法国，南锡

这3个广场被当作一个整体艺术作品：广场及周边建筑融合。通过对部分既有建筑进行整合，广场被设计成一个整体并且与周边的城市脉络和谐地交织在一起。南侧是市政厅，稍短的边每边设置了两个亭子。微凸穹顶形广场上的浅灰色石灰岩地面映出周围的墙面，给人一种和谐统一的感觉。著名的金光闪闪的金色格子界定了广场的四个角。北部是低矮的单层建筑组群。在这些建筑之间，一条略倾斜的短街道通向凯旋门，埃瑞拱门与临近的狭长的卡里埃尔广场相连，广场中心有两排经过修剪的树木。最后，半圆形的政府宫前院成为终点。由此，广场把北部的老城和南部的新城连接了起来 。

位置：法国， 南锡

时间：1752—1755年，2005年重新设计了斯坦尼斯拉斯广场

建筑师：1752—1755年，伊曼纽尔 · 埃尔；2005年，皮埃尔 · 伊夫 · 卡约

规模：斯坦尼斯拉斯广场面积为12 300 m^2；卡里埃尔广场和半圆形广场为17 700 m^2；斯坦尼斯拉斯广场长118 m，宽97 m，檐高为6.5 ~ 18 m；卡里埃尔广场长255 m，宽55 m，屋檐高度为8.5 m；半圆形广场长87 m，宽42 m，屋檐高14 ~ 20 m

主要建筑：斯坦尼斯拉斯广场：市政厅和4个亭子，1752—1755年，由伊曼纽尔 · 埃尔设计；埃瑞拱门，1752—1755年，由伊曼纽尔 · 埃尔设计。卡里埃尔广场：司法宫，1715年，由热尔曼 · 勃夫杭、布尔斯 · 德 · 玛珊德设计，1752—1753年，由伊曼纽尔 · 埃尔负责。半圆形广场: 政府大厦，1753—1757年，由理查德 · 米丘设计

地面铺装和设施：斯坦尼斯拉斯广场：石灰石铺装；斯坦尼斯拉斯纪念碑，1831年由乔治斯 · 嘉可设计；网格铺装，由珍 · 拉穆尔设计。卡里埃尔广场：树木种植在水上的砾石槽中、沥青地面。半圆形广场：沥青地面

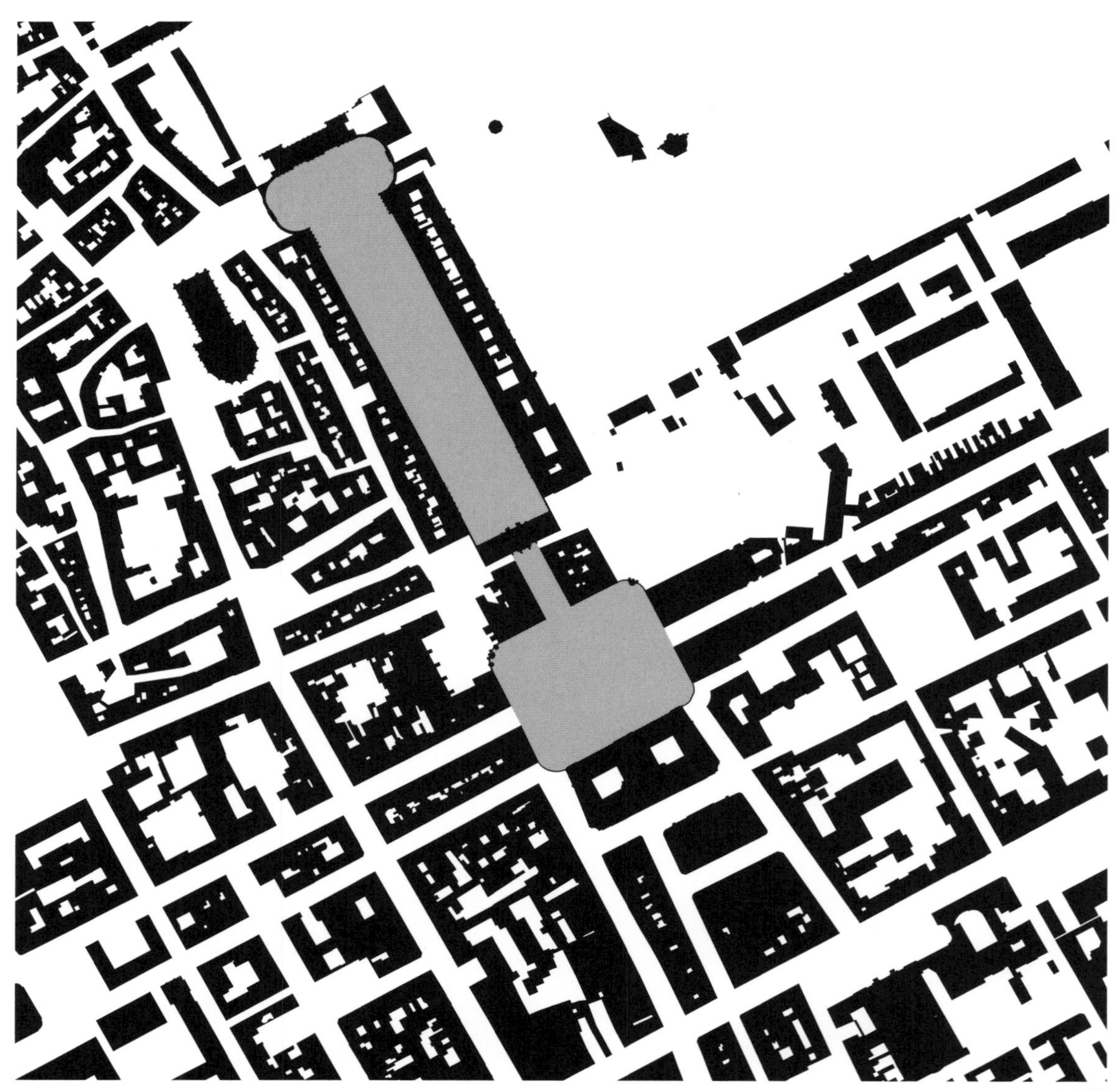

1:5000

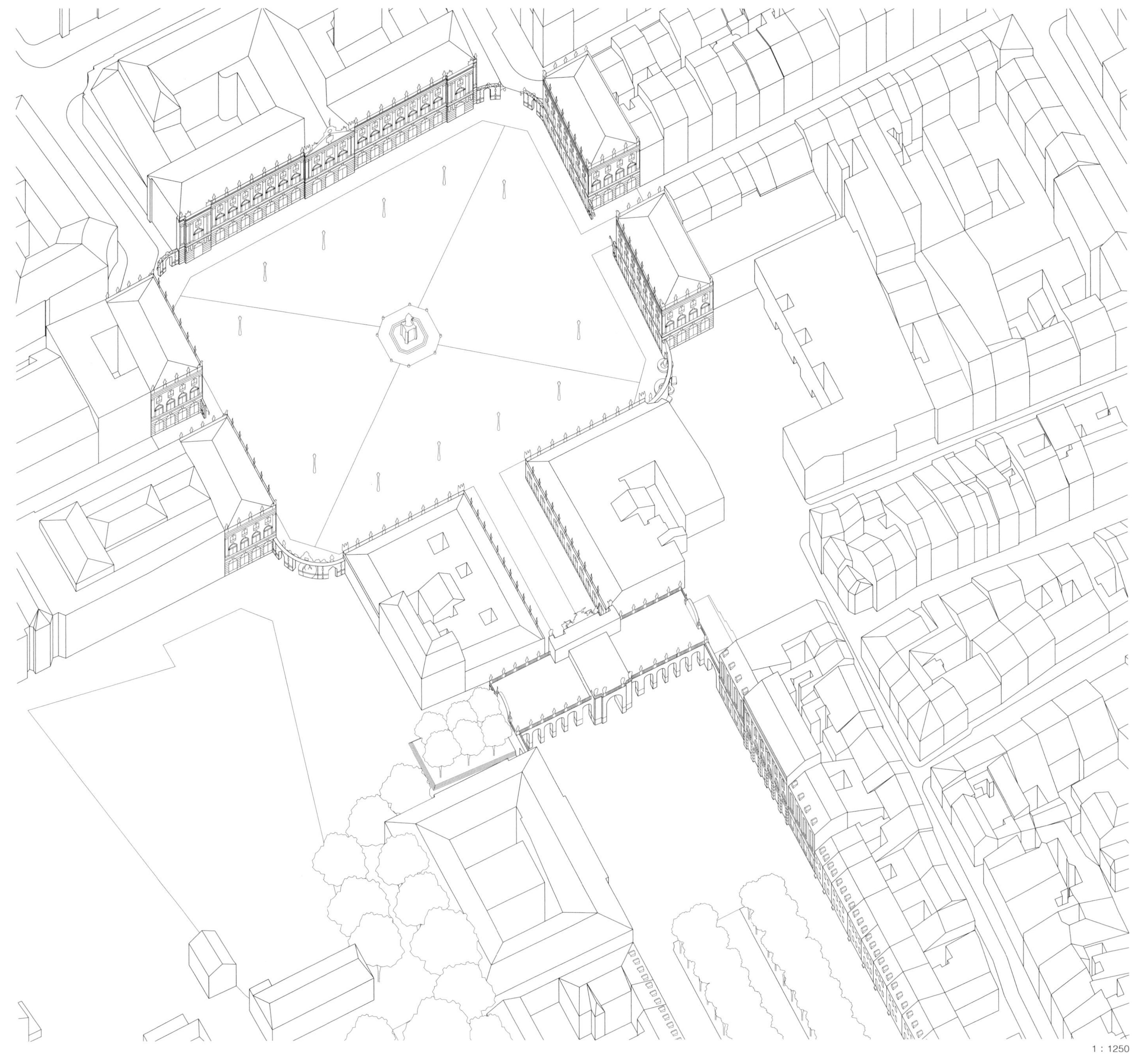

1 : 1250

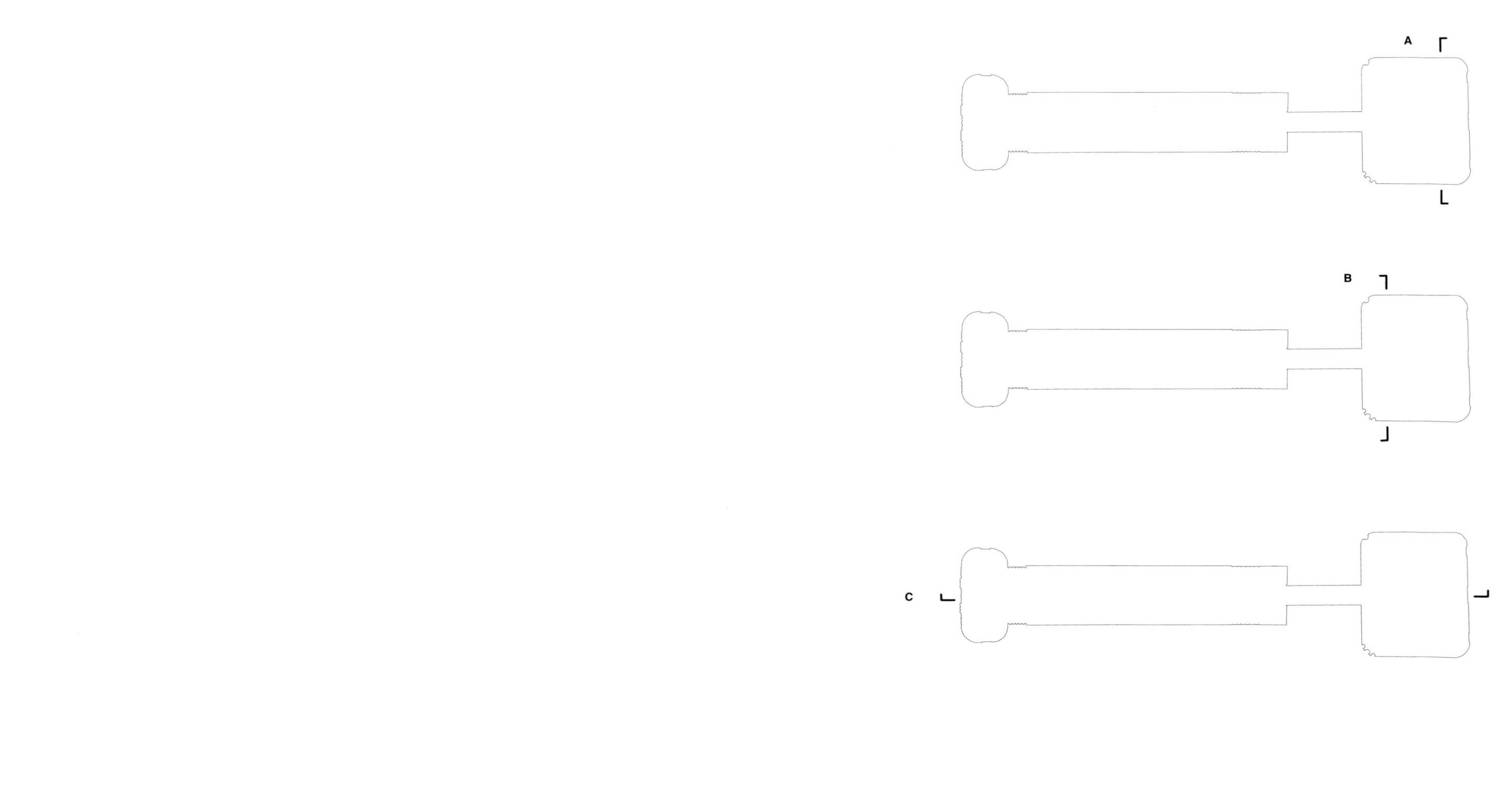

152

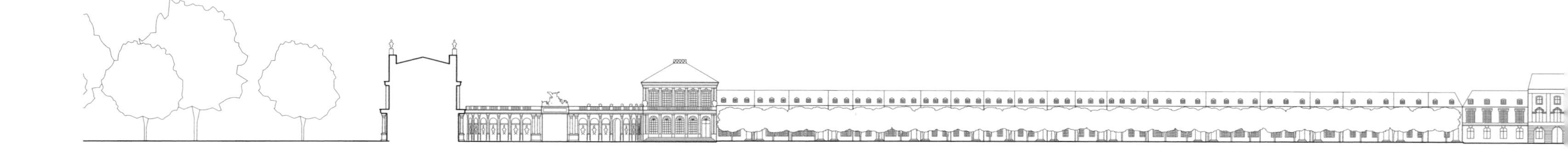

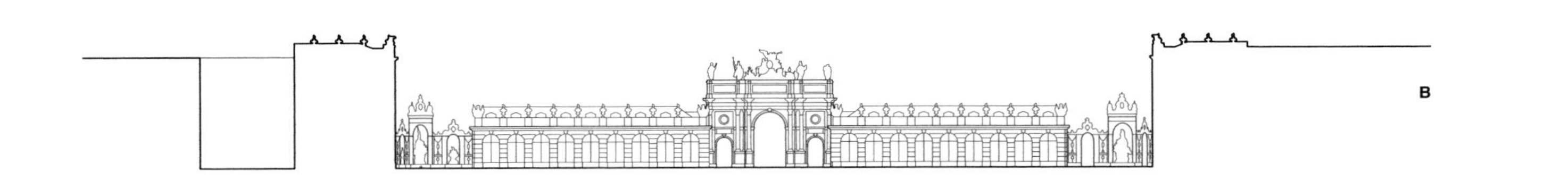

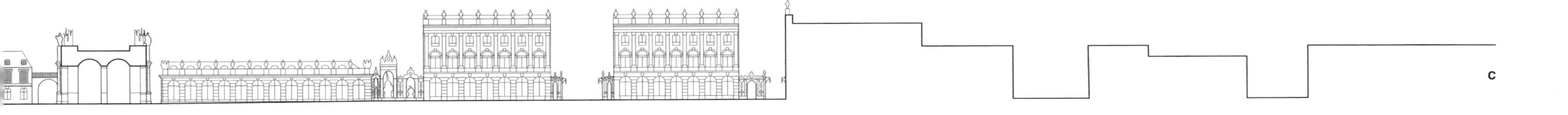

1 : 1250

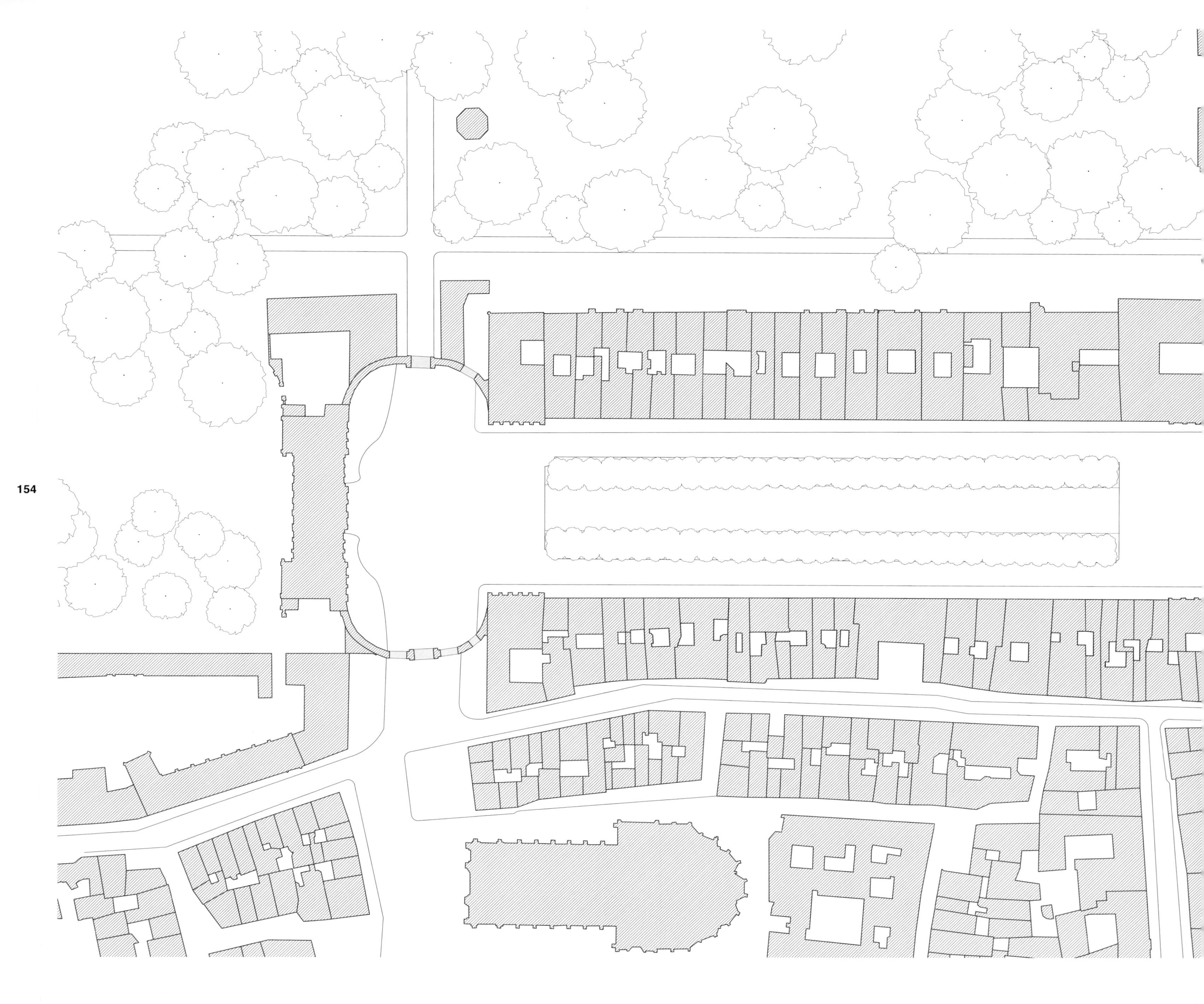

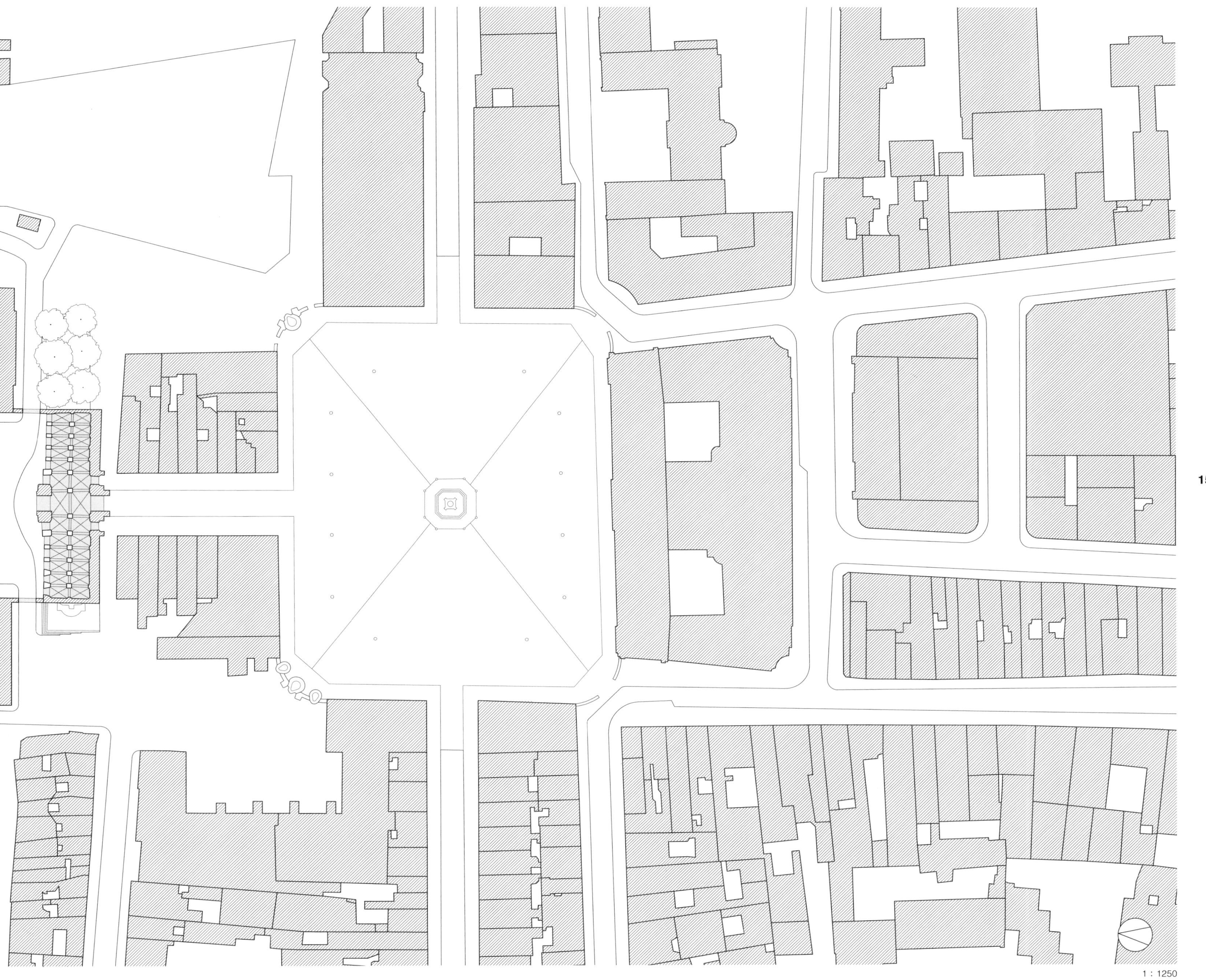
1 : 1250

纽伦堡博物馆广场

德国，纽伦堡

该广场不仅给邻近的博物馆提供了大厅空间，同时也是从车站到城市的通道。切向分布的入口将其紧密地连接在周边的城市中。整个广场没有任何封闭的角落，但它仍然像被精确切割出来的空间。博物馆的独立屋顶在其立面上形成的投影正好形成了外观的上边界，同广场轮廓形成对应关系。主入口位于反光玻璃立面旁边，游客通过两栋历史建筑之间的狭窄间隙到达广场。光滑的玻璃墙与广场另一侧的小规模石材建筑正对，这种设计令人印象深刻。由于玻璃的反射，博物馆的内部最开始被隐藏起来。将要到达广场终点时，人们转向一边，视线刚好能够穿越玻璃墙，尤其在夜幕降临时，玻璃墙成了大型展示柜。博物馆内部的空间与广场空间形成互补。尽管玻璃具有透明度，博物馆仍然形成了一个独立的实体空间，内部像投影一样映射在凹型玻璃幕墙上。

位置：纽伦堡，老城区

时间：1991—1999年，与博物馆同期建设

建筑师：沃尔克 · 斯塔布

规模：2 200 m²，长62 m，宽34 m，屋檐高度约为15 m

主要建筑：国家艺术设计博物馆，1999年，由沃尔克 · 斯塔布设计

地面铺装和设施：鹅卵石路面；喷泉，2012年，由杰佩 · 海恩设计

1 : 5000

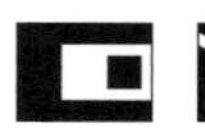

1 : 1250

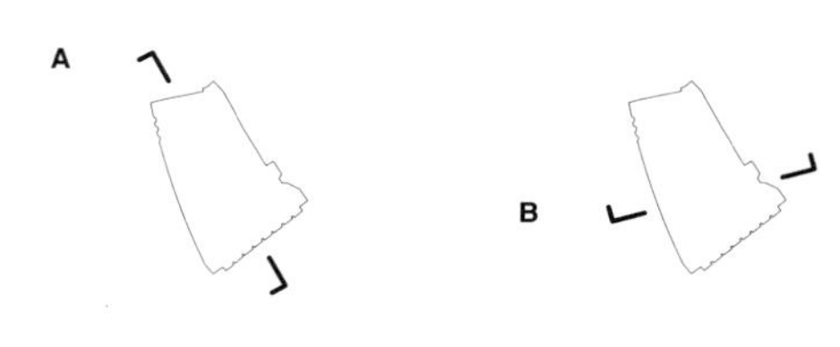

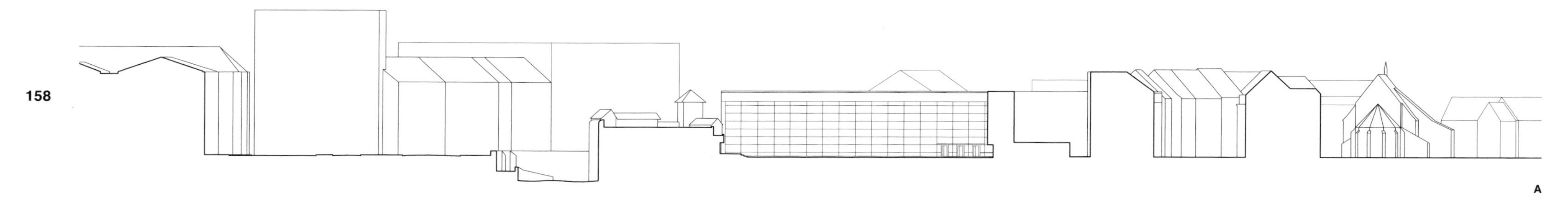

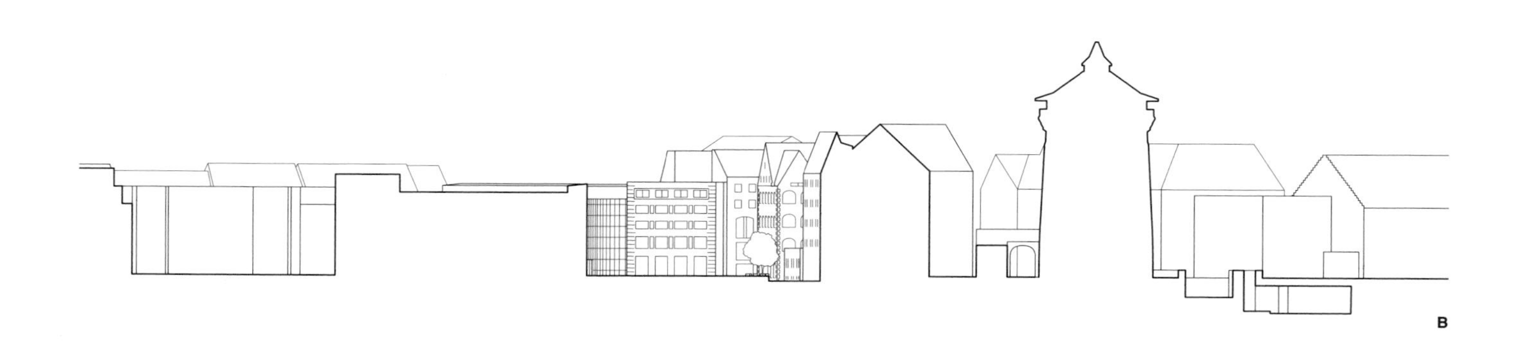

1 : 1250

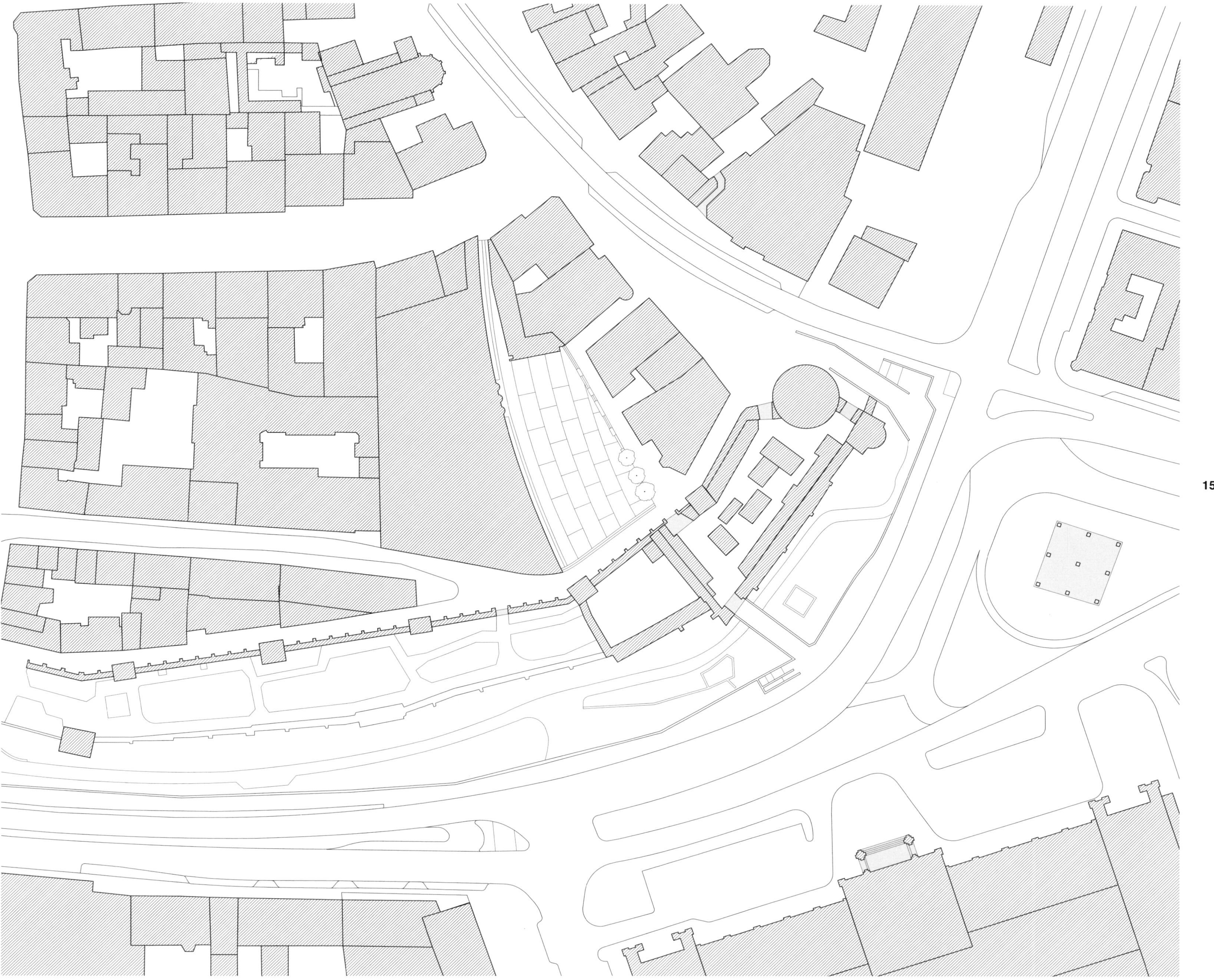
1 : 1250

阿方索二世广场

西班牙，奥维耶多

穿过城市中历史悠久的东西轴线，这是朝圣者前往圣地亚哥-德-孔波斯特拉路线的一部分，从远处就可以看到圣萨尔瓦多教堂。大教堂的位置是广场的中心。相比之下，由于其他建筑物高度有限，因此无法对广场形成较强的围合感。由于广场位于一个坡地上，并由不同的层次组成，相应地，广场的表面被构造成一个均匀的中央区域，该区域与大教堂相映成趣，而围绕它的带状道路则可以进入建筑物。南部高于中心区域，这种高差的设置缘于该区域角落有一座壁泉，因此，形成了梯田式的地形，提供了观赏广场全貌的良好视角。不同高度的地形为相邻建筑带来高差，由此使得广场与建筑的比例感更加舒适。然而，北部的瓦尔德卡扎纳宫低于广场的高度。这里的坡度和台阶用于调整场地之间的高差，使建筑物看起来显得低矮，并与广场形成分离的空间。

位置：奥维耶多，市中心

时间：自罗马时代始建， 1928—1931年，广场扩建

建筑师：见主要建筑部分；1928—1931年，恩里克·罗德里格斯·布斯特洛

规模：4 200 m²，长约84 m，宽约57 m，屋檐高度为9～17 m，教堂塔高为72 m

主要建筑：奥维耶多圣蒂尔索教堂，约始建于9世纪，改建于1521年；奥维耶多圣萨尔瓦多教堂，1388—1539年，由胡安·德·巴达霍斯、佩德罗·德·巴耶尔完成立面设计；Balesquida教堂，自13世纪修建；瓦尔德卡扎纳宫，1774年，由曼纽尔·瑞格·冈萨雷斯设计；储蓄银行，1940年，由恩里克·罗德里格斯·布斯特洛设计

地面铺装和设施：珊瑚红大理石和灰色石灰石板

1：5000

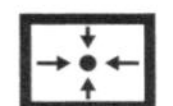

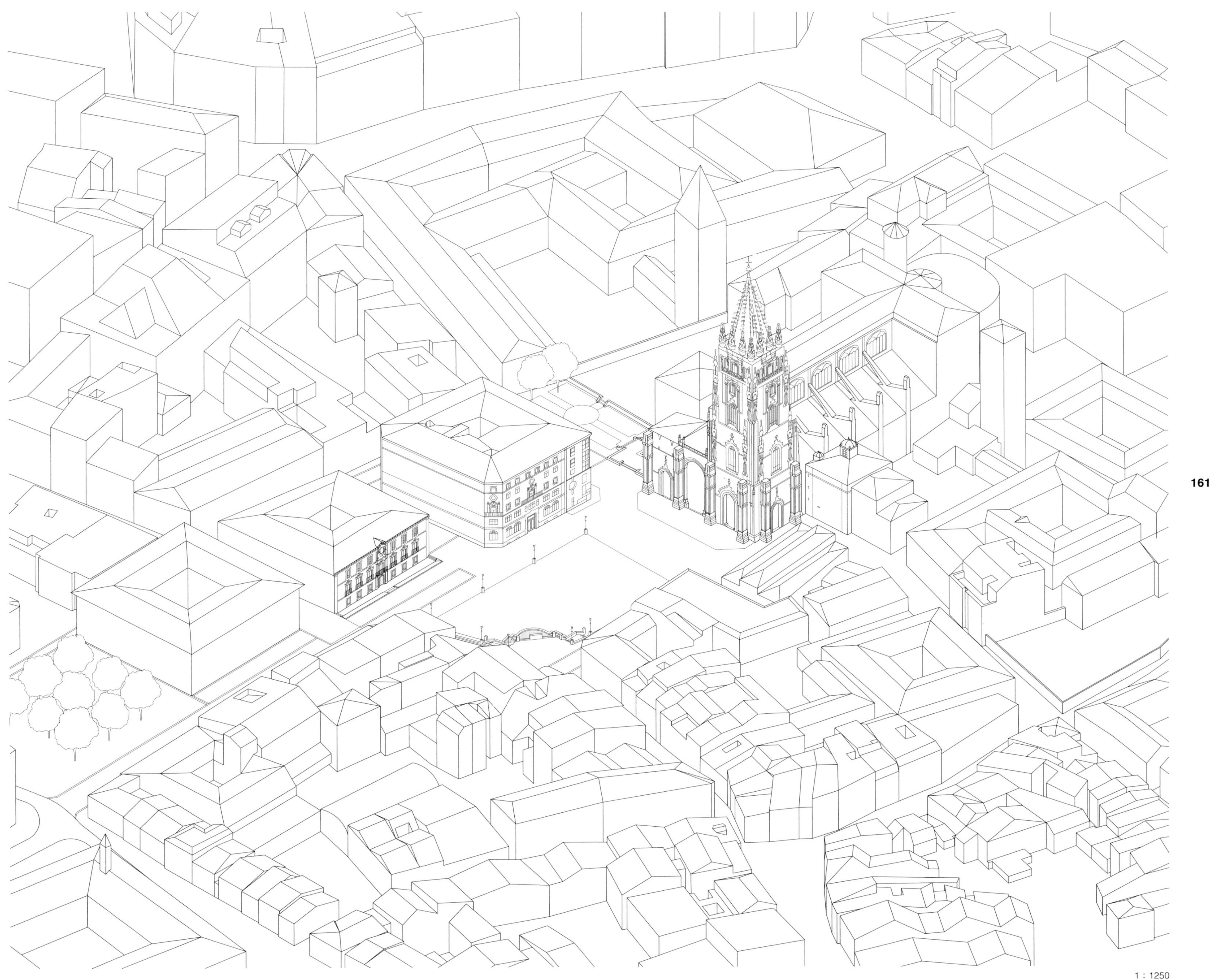
1 : 1250

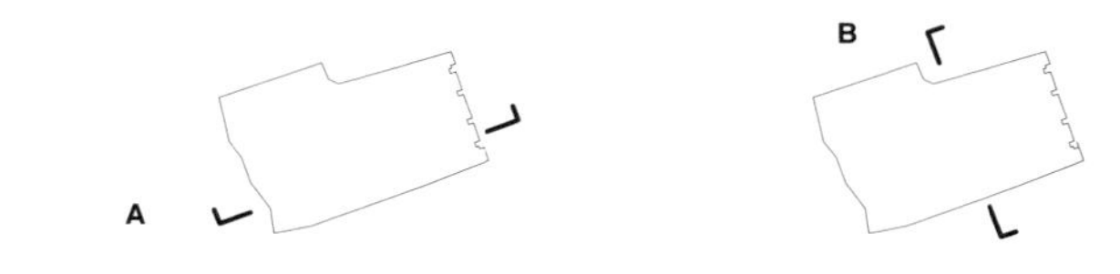

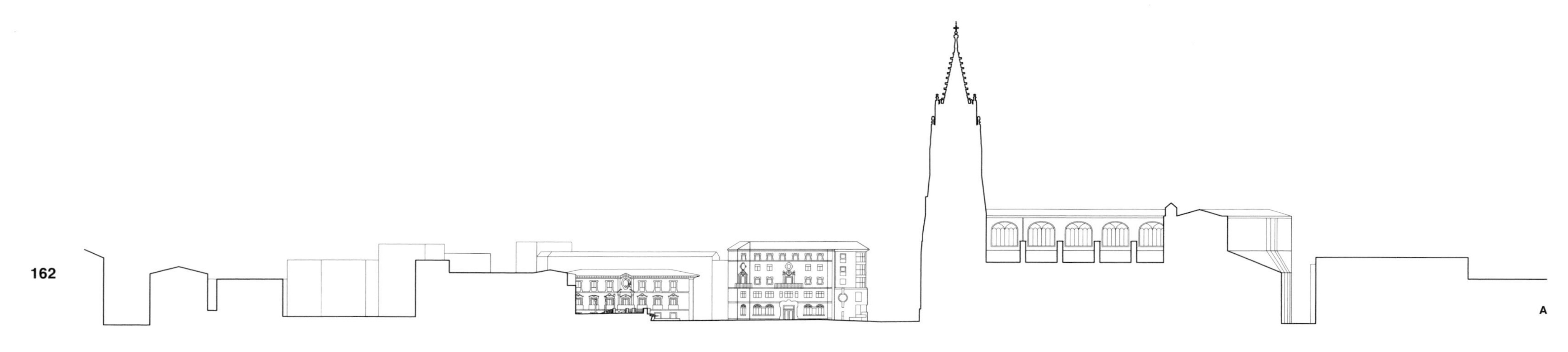

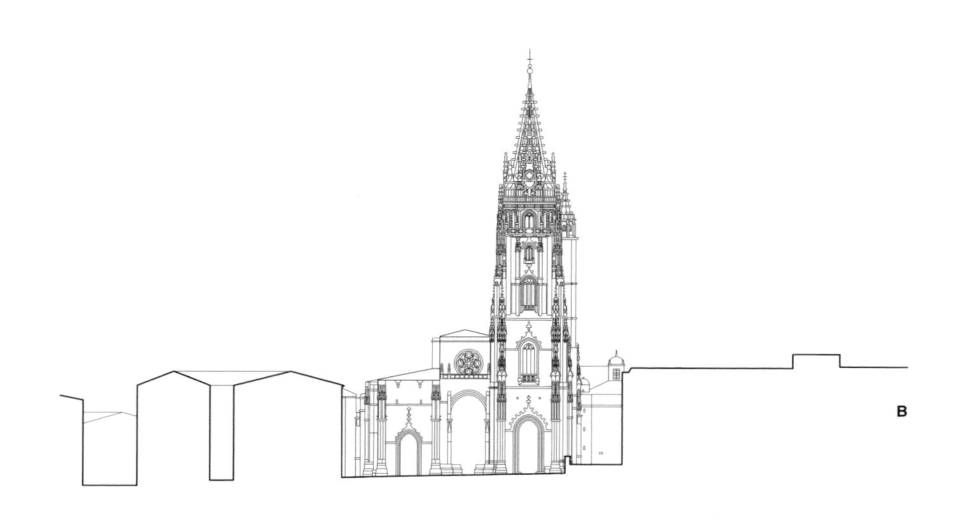

1 : 1250

1 : 1250

太子广场

法国，巴黎

太子广场将新桥与塞纳河上的西岱岛连接起来，亨利四世雕像位于岛的末端，作为桥的两个分支之间的接合处。路人可以避开拥挤的人潮，驻足于最高桥墩的水畔尽览美景，这些水湾改变了河水的流动方向。在亨利四世雕像后面，太子广场被两栋楼包围，而建筑所处的基地也同时用作桥体的支柱。三角形场地像一个漏斗，将人们的视线引向骑马雕像和塞纳河的城市开放景观。三角形场地对面现已被西岱岛上法院建筑的西立面取代，打破了巴黎早期现代城市设计中第一批广场的统一格局。三角形广场两侧的建筑平行于塞纳河码头，均朝向河流和广场内部空间。因此，太子广场的城市环境具有了两重空间特性：一重是河岸上建筑实体的空间，一重是广场透明柔和的空间。

位置：巴黎，西岱岛，第一区

时间：始于1607年

规模：9 600 m²（主广场），长约118 m，宽7～65 m，屋檐高12～24.5 m

主要建筑：新桥，1578—1607年；司法宫，1868年，由约瑟夫·路易斯·杜克、欧诺瑞·多梅设计完成

地面铺装和设施：砂岩路面、水池、马栗树；亨利四世骑马雕像，1604—1618年，由彼得罗·塔卡设计（复制品，1818年，由弗朗索瓦·弗雷德里克·勒莫完成）

1：5000

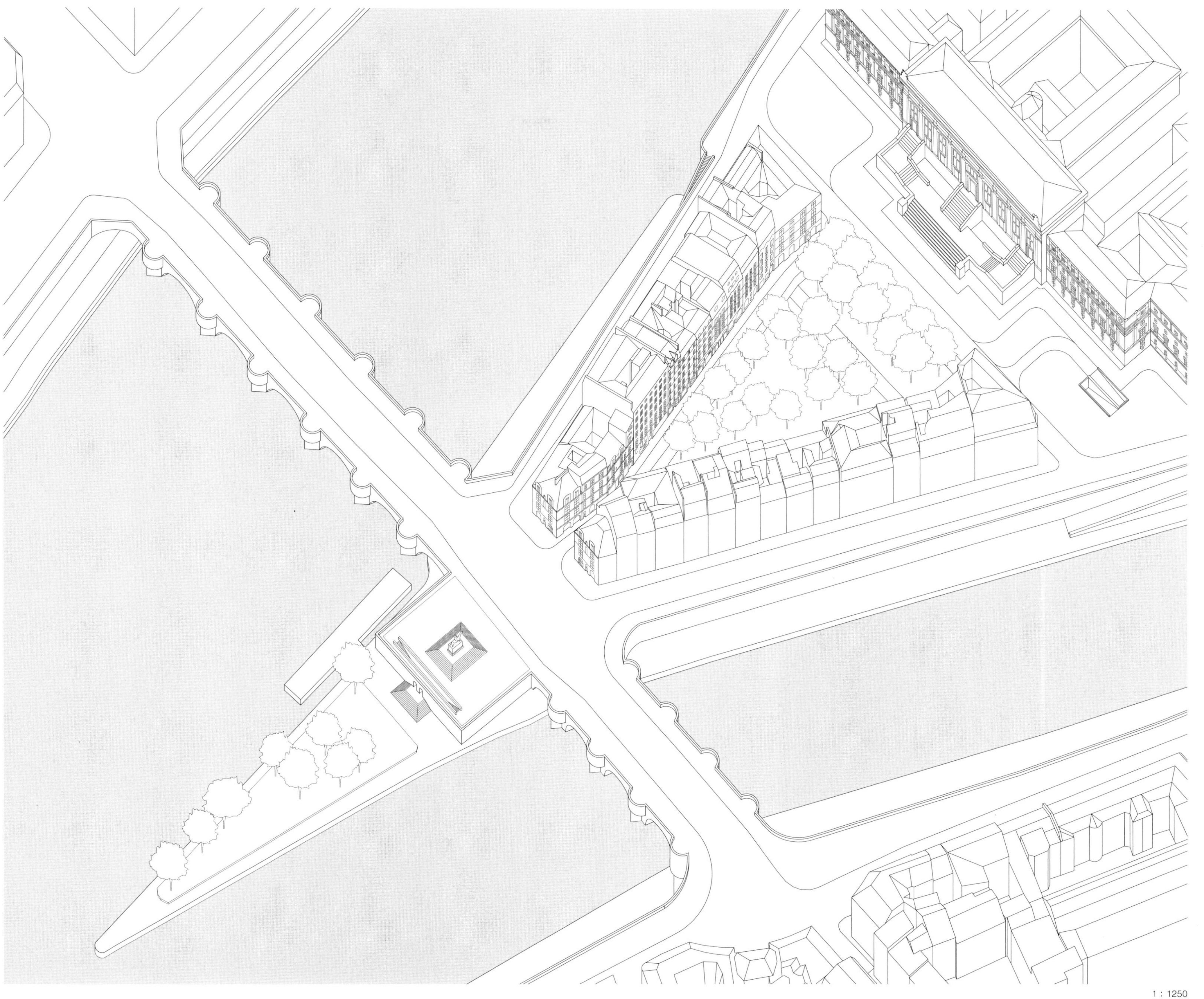

1 : 1250

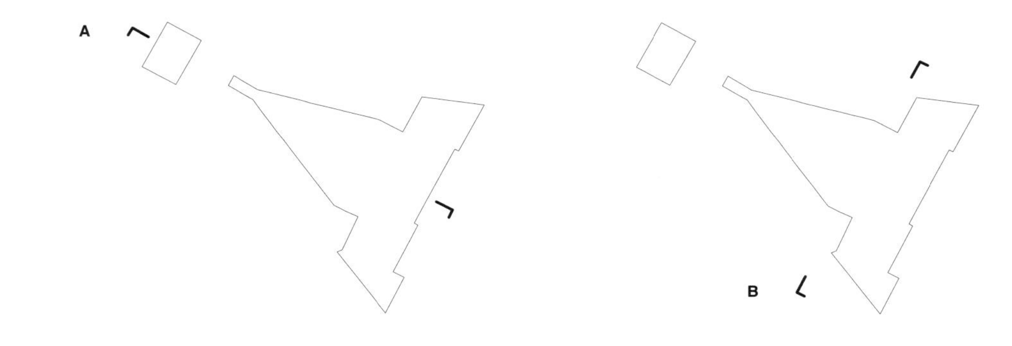

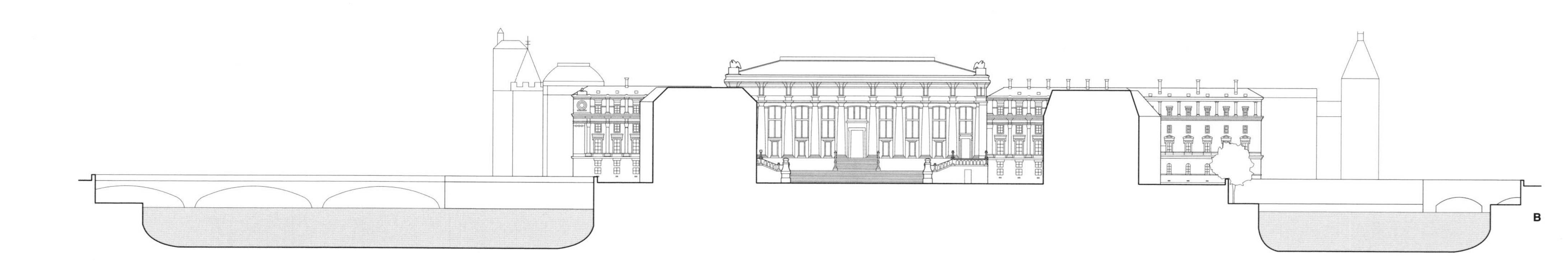

1 : 1250

1 : 1250

蓬皮杜广场

法国，巴黎

乔治 · 蓬皮杜国家艺术文化中心（下文简称蓬皮杜中心）与其所在的广场浑然一体，同时艺术馆前广场也阐释和表现了蓬皮杜中心的设计理念。在波布区的方寸之地内，尽管随处可见蓬皮杜艺术中心的轮廓，但只有身处广场之中才能领略其万千乾坤。置身广场之上，可以领略到不同环境元素的碰撞之美：在新与旧之间，高科技的结构与标志性的欧洲城市之间，大体量的建筑和密集的低矮建筑之间，开敞的广场与周围狭窄的街道之间都体现出因对比产生的美感，令人遐思。建筑和广场都是为了人的活动而设计的空间。无论是有组织的还是即兴的，高端的还是平常的，表演的还是文化的，各类活动都可以在广场上开展。倾斜的广场不仅巧妙地引导游客进入蓬皮杜中心，同时还提供了很好的观景点让人们在此休憩。公共领域延伸至建筑内部：人们可以自由进出大厅。立面上直接呈现的自动扶梯引导游客从外部的城市环境进入并到达建筑顶部。来访者可以在乘坐扶梯的过程中观赏到巴黎的美景。

位置： 巴黎，第四区

时间： 1971—1977年

建筑师： 理查德 · 罗杰斯、伦佐 · 皮亚诺、詹弗兰科 · 弗兰基尼

规模： 13 300 m²，长200 m，宽约60 m，屋檐高度为15～24 m，蓬皮杜中心的高度约为46 m

主要建筑： 乔治 · 蓬皮杜国家艺术文化中心，1977年，由理查德 · 罗杰斯、伦佐 · 皮亚诺、詹弗兰科 · 弗兰基尼设计完成

地面铺装和设施： 深色花岗岩石材制成的网格、小鹅卵石填充

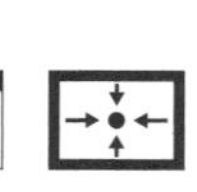

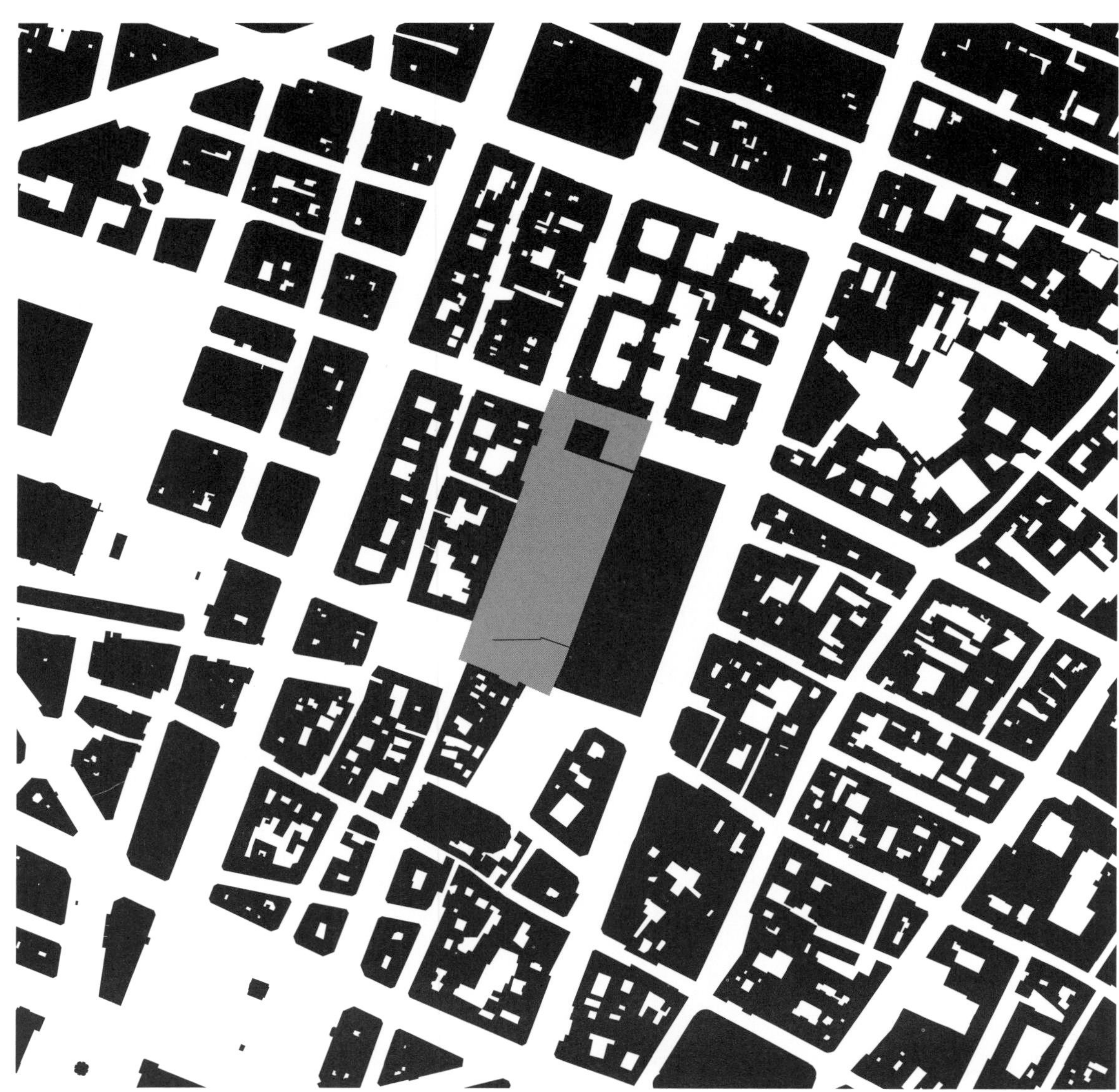

1 : 5000

1 : 1250

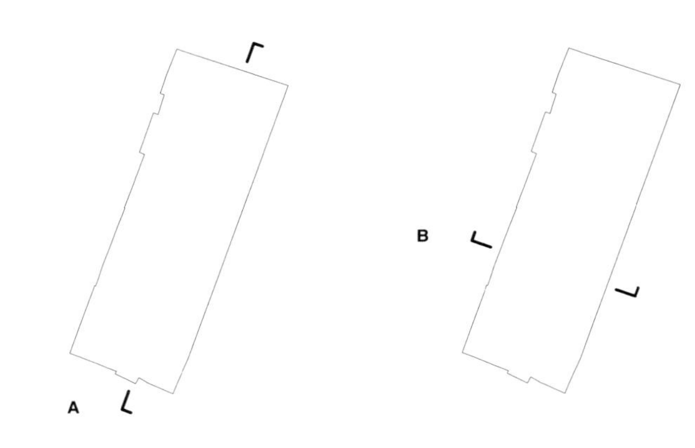

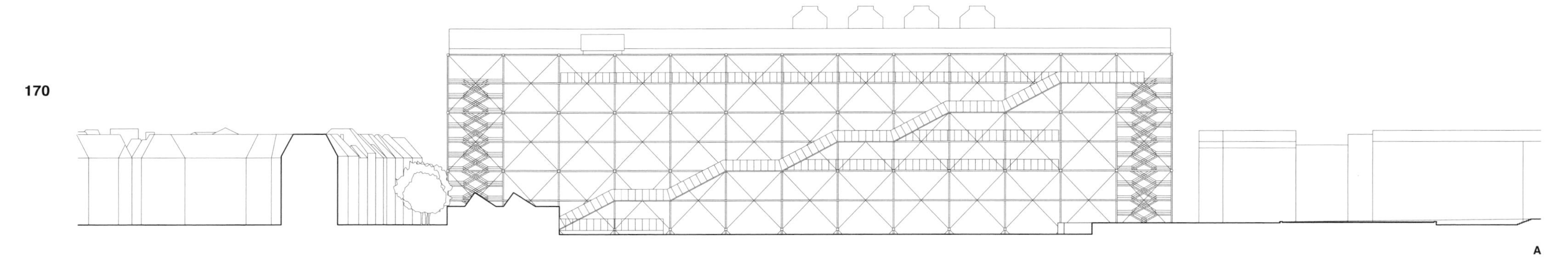

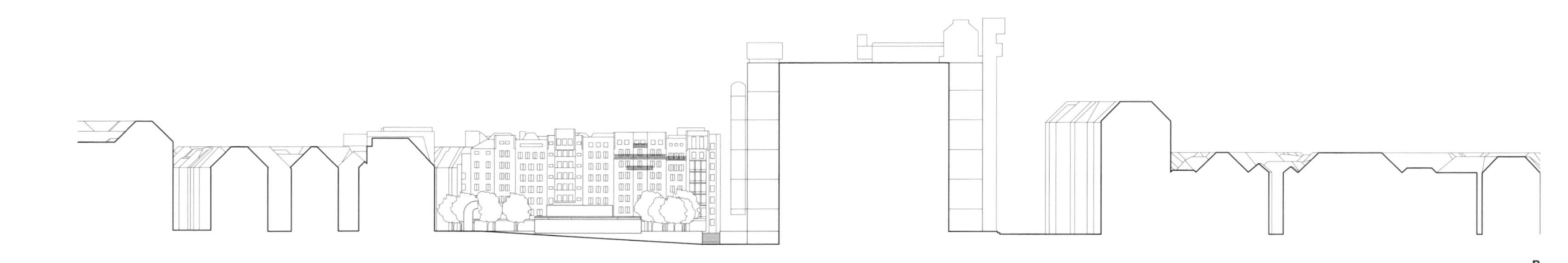

1 : 1250

1 : 1250

旺多姆广场

法国，巴黎

旺多姆广场被认为是欧洲最高贵的广场之一，但它的高贵也同时带来了局限。在密集的城市结构中，只有两个公共入口通往广场。这个倒角的矩形空间十分协调，外观的高品质、和谐统一是其散发贵族气质的主要原因。在修建之初，不同的建筑及功能藏匿于相同的建筑立面之后。今天，在广场上你可以看到政府大楼、奢侈品商店或游客漫步于宽阔的人行道上。一条川流不息的街道将整个广场一分为二。场地上地下停车场的4个入口，以及很多护柱和警戒线，旨在组织和引导城市交通。但是广场上并没有让人逗留的空间。虽然广场建筑围合形成了内凹空间，但它仍是一个通过型空间。旺多姆广场更多的是为富人提供休闲购物的前庭和场所。

位置：巴黎，第一区

时间：1685—1725年

建筑师：儒勒 · 阿尔杜安 · 芒萨尔

规模：18 500 m²（包含入口）；长138 m，宽122 m，屋檐高约为18 m，柱高约为44 m

主要建筑：统一的建筑前广场，1685—1691年，由儒勒 · 阿尔杜安 · 芒萨尔设计，建筑立面的后期设计直到1725年才完成

地面铺装与设施：装饰路面、柱廊、烛台；旺多姆柱（44 m高的青铜柱），1810年为纪念奥斯特利茨战役由拿破仑建造

1：5000

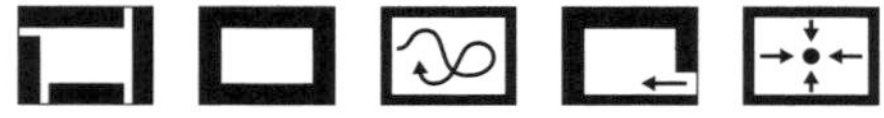

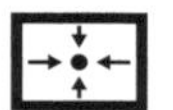

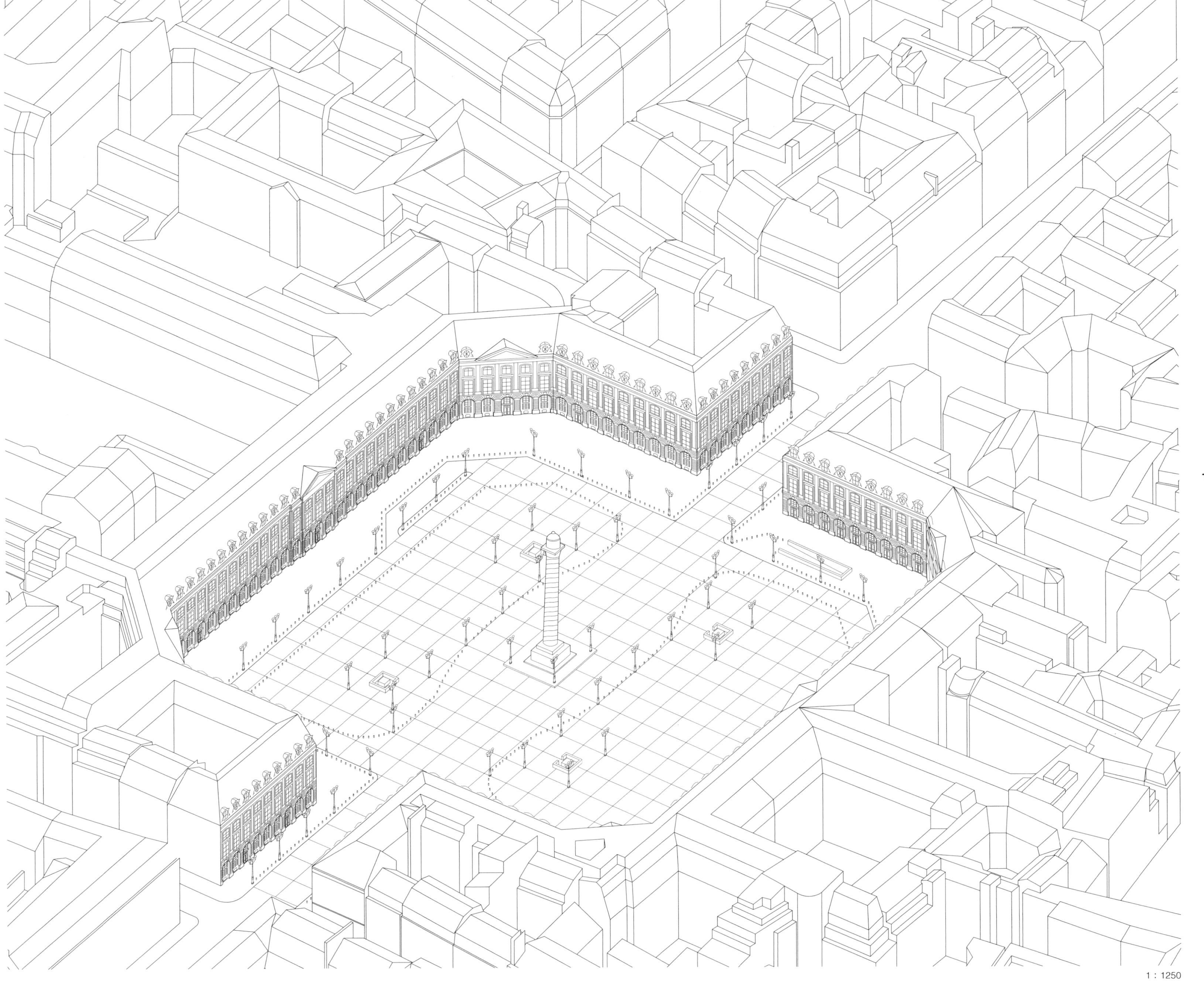

1 : 1250

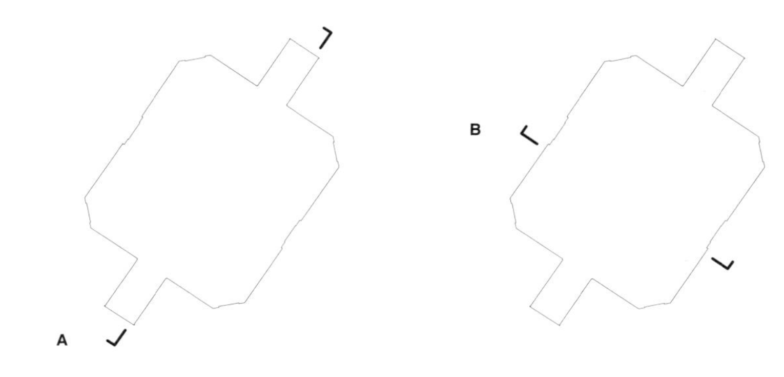

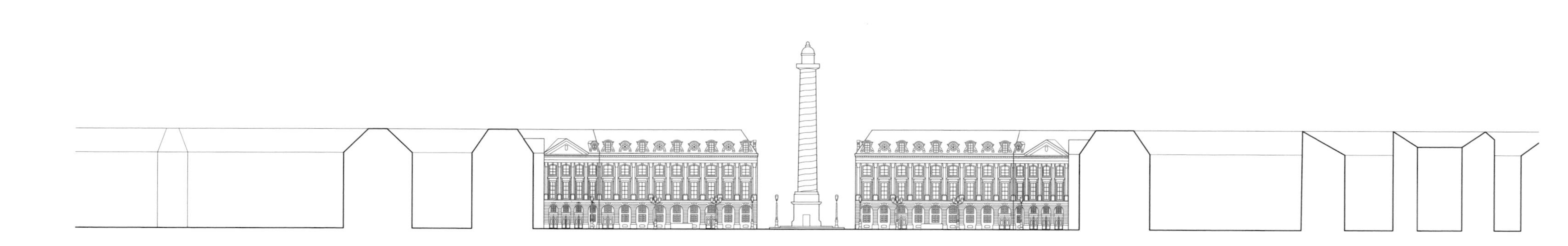

1 : 1250

1 : 1250

庇护二世广场

意大利，皮恩扎

皮恩扎镇被认为是文艺复兴时期城市建筑艺术的巅峰之作、现代第一个真正的理想城市。由于广场的建筑采用斜向布局，乍看起来广场的建筑风格并没有沿袭任何经典流派，而是多元艺术形式的杂糅，呈现异质性。主教的宫殿由灰色砖石砌体砌筑出整体建筑形象，皮克罗米尼宫是一座具有朴素乡村风格的石砌建筑，大教堂立面由石灰石砌筑。对面的市政厅以拱廊连接广场上的科索大街，科索大街穿越整个广场。然而，这一布局基于网格并严格地遵循比例框架。利用透视的原理，这种异型的构图给人一种内聚的空间形象：建筑分散且不规则的排列形式也减少了进深感。从所有建筑朝向教堂的角度看，教堂显得比实际要小。整个空间体系和谐统一，有着共同的图景。

大教堂立面的垂直划分又被应用于水平广场上9个场地的分区之中。整个广场是以大教堂为背景的舞台，发生在广场上的活动变成戏剧的场景，教堂左右的景观构成了其中不可分割的一部分。

位置： 皮恩扎，历史区域中心

时间： 1459—1462年

建筑师： 贝尔纳多 · 罗塞利诺，由埃内亚 · 西尔维奥 · 皮科洛米尼（教皇庇护二世）委任设计

规模： 730 m²，长25 m，宽24～33 m，屋檐高为14～20 m，教堂塔高47.5 m，山墙顶部高21 m

主要建筑： 卡坦扎罗圣母升天主教堂、市政厅、主教宫、皮克罗米尼宫，1459—1462年由贝尔纳多 · 罗塞利诺设计

地面铺装和设施： 石斛砖和石灰石条纹铺装路面

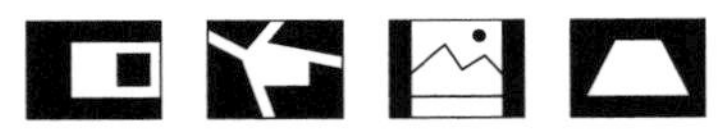

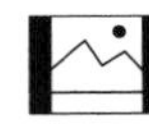
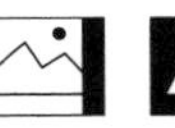

1 : 1250

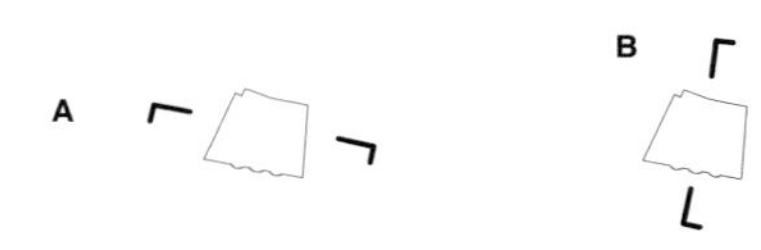

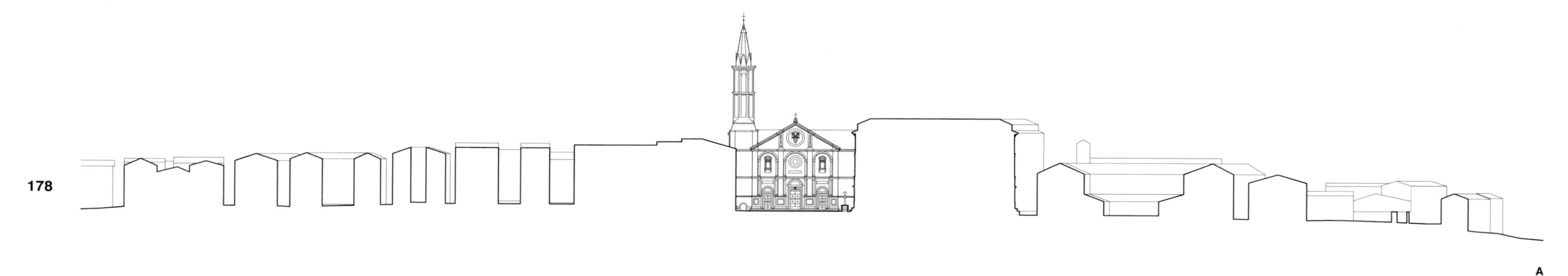

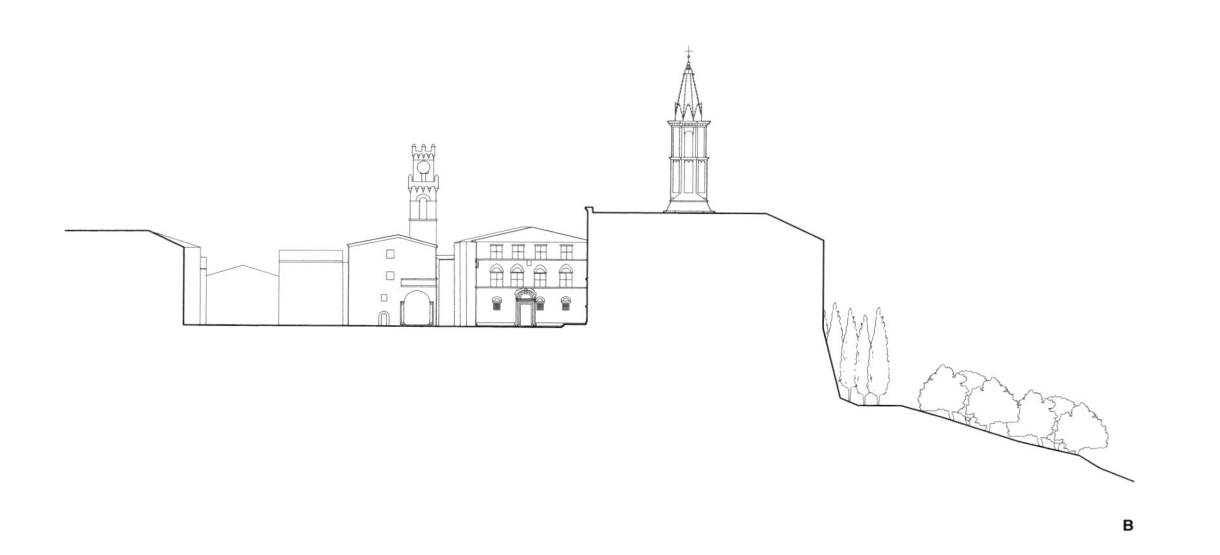

1 : 1250

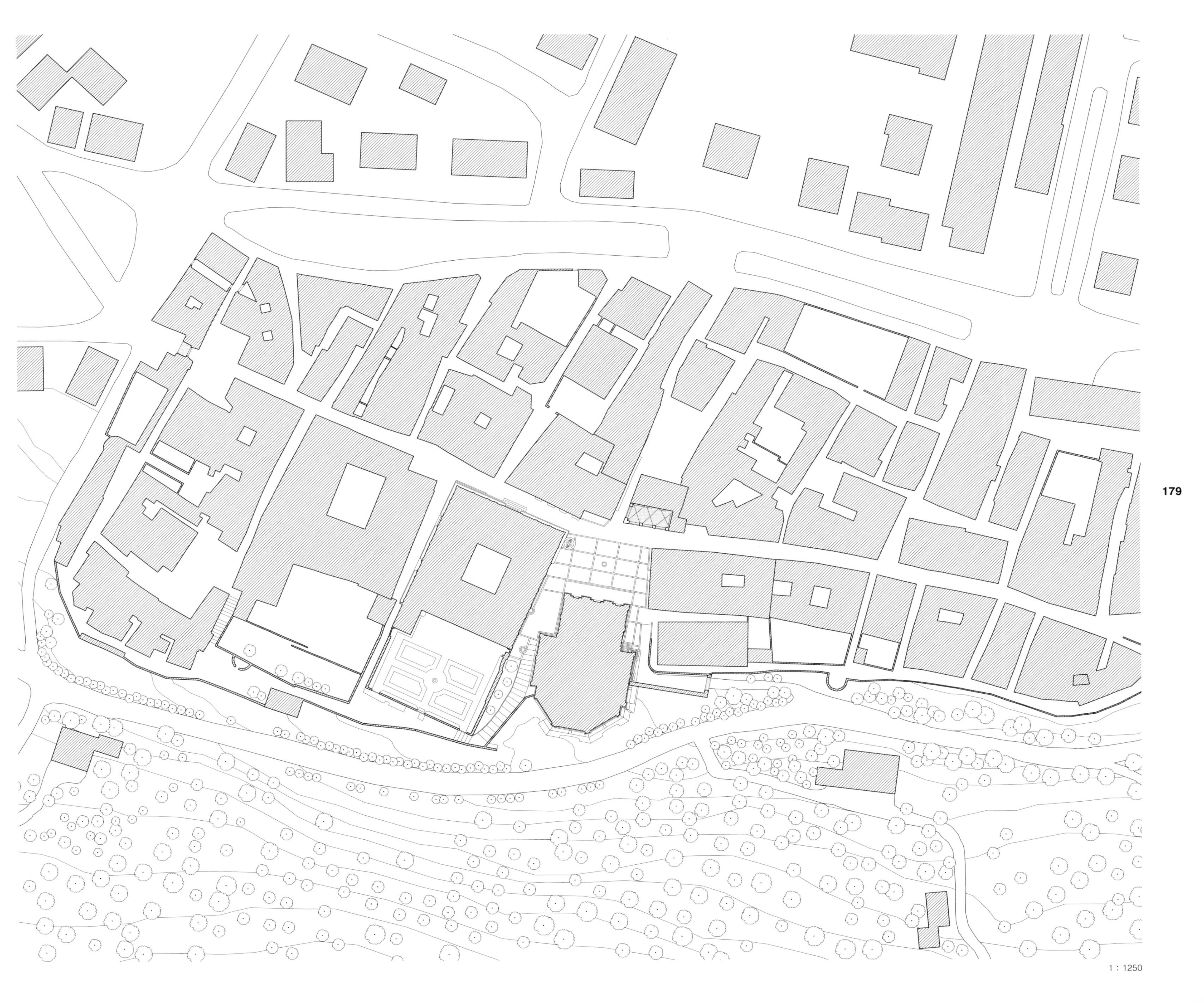
1 : 1250

老城广场

捷克，布拉格

老城广场是历史名城布拉格的主要广场，各式各样的建筑毗邻而建。在市政厅的塔楼上可俯瞰广场全貌，塔楼本身也是一种文化片段融合的载体。具有华丽巴洛克式风格的圣尼古拉斯教堂曾经位于广场的角落里，现在却因二战后建造的公园而显露在外面。巴洛克风格和新巴洛克风格的联排别墅，以及一座哥特式的建筑，共同围合出一个U形框架，泰恩教堂的尖顶塔从整体的建筑背景中凸显出来。泰恩教堂右侧一座巴洛克式的宫殿稍微向前斜伸入广场，圆形的边角处理立即削弱了它在广场中的主导地位。不同风格的建筑和谐地共处于同一个城市公共空间中。相对于相邻建筑的高度来说，老城广场算是相当大了，采用略微凸出的曲线形成一个场地连续不间断的密集轮廓。这种曲度确保入口通道被巧妙遮挡，尽管在古代广场就是因道路交叉而形成的。另外，装饰精美、色彩淡雅的建筑立面与联排别墅的山墙起伏相连，环绕着整个广场空间。这恰恰填补了市政厅和教堂之间的空隙。

位置：布拉格，老城区

时间：中世纪，巴洛克时期

规模：22 800 m²，长150～180 m，宽约140 m，屋檐高达20 m，泰恩教堂的高度约为80 m

主要建筑：市政厅，始建于14世纪，天文钟约建于1410年；泰恩教堂，14世纪到1511年；泰恩学校，1560年；圣尼古拉斯教堂，1732—1735年，由克利安·伊格纳茨·丁岑霍菲设计；金斯基宫，1755—1765年，由克利安·伊格纳茨·丁岑霍菲、安塞姆·卢瑞格、伊格纳茨·普雷则（主要负责雕塑）设计

地面铺装和设施：路面，市政厅和圣尼古拉斯教堂之间栽有树木的侧广场；扬·胡斯纪念碑，1915年由拉迪斯拉夫·萨卢恩设计

1 : 5000

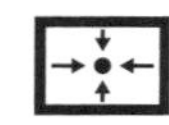

1 : 1250

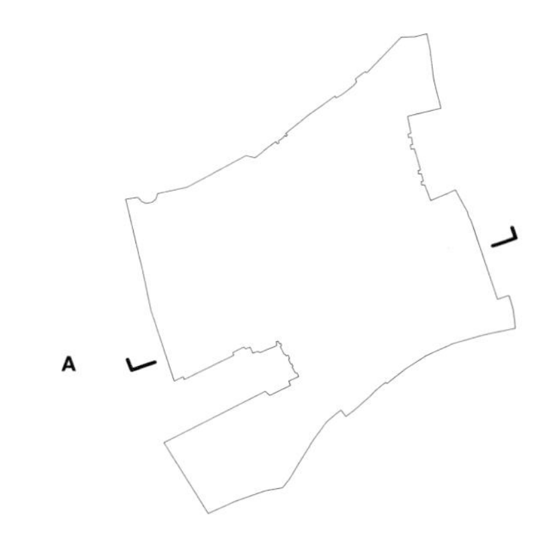

1 : 1250

1 : 1250

玛利亚广场

德国，拉芬斯堡

玛利亚广场有一个特殊的起源——曾经作为防御工程的一部分，在现在的空间结构中仍然清晰可见。护城河将其分为下游的下城部分和上游的上城部分，每一部分都有各自的教堂和集市。因此，如今这个广场会让人想到奥伯施塔特山下那条沿同一等高线延伸的几百米长的裂隙。上部分的城市结构由贵族和商人的大房子组成，下部分的城市，通过小的工匠商铺组成的网格布局来形成自身的空间格局。由于广场沿同一条等高线布局，所以它呈现略微弯曲的S形。因此，你永远无法仅从一个角度看到整个广场的全貌。而它的外形更像是加宽的街道，由若干空间序列组成，每个空间序列都由沿着广场排列的历史建筑主导，例如沿广场建造的市政厅或谷物仓库。这个空间序列的中心，由市政厅、老瓦豪斯酒店、布拉塞图姆（曾经的防御观测塔）和历史建筑莱德豪斯组成。

位置：拉芬斯堡，老城区

时间：1330—1370年，拆除旧防御工事后的创造，1985—2009年重新设计

规模：15 000 m²，长约450 m，平均宽度30 m，檐高6.5～15 m，市政厅山墙高约为28 m

主要建筑：市政厅，14—15世纪，多次改造；瓦豪斯酒店，1498年建造，19世纪改建；旧谷仓，14—15世纪（如今的市政图书馆）

路面铺装和设施：鹅卵石路面、沥青、石制品；牲口集市喷泉

1 : 5000

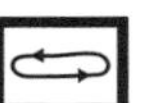

1 : 1250

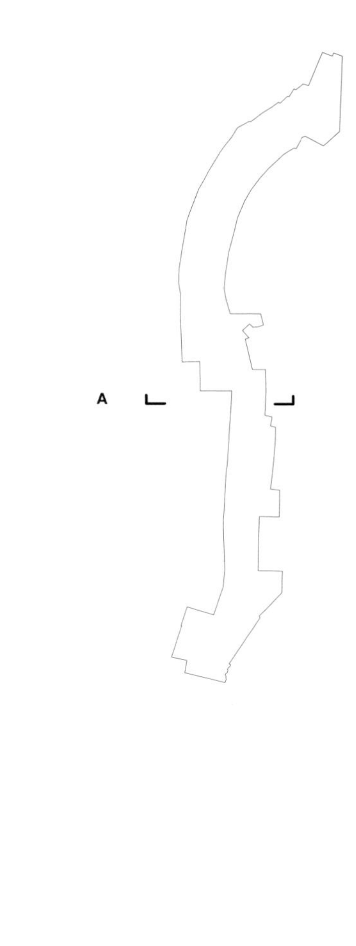
A

A

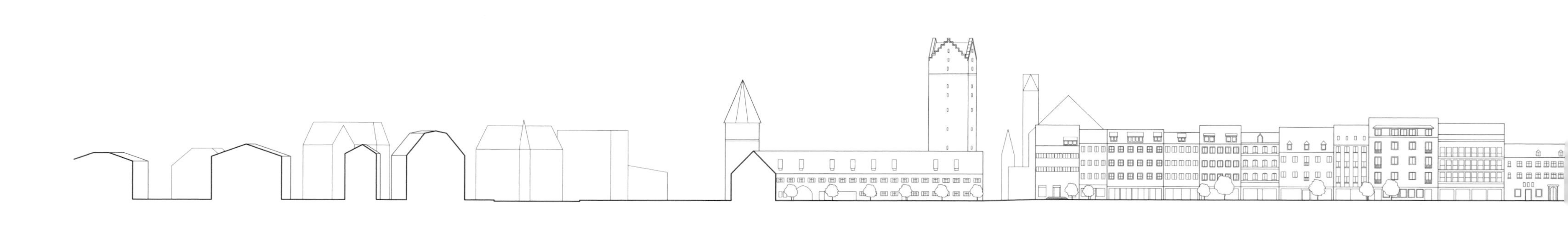

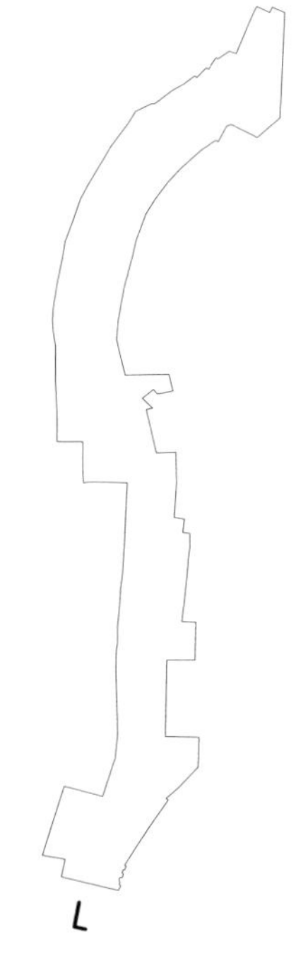
B

B
1 : 1250

1 : 1250

海德广场

德国，雷根斯堡

这个广场以前是一个普通的绿地（古德语为Haid），如今位于城市历史区域中心，呈现在街道和小巷之间，仍然显得宽阔。作为街道和广场系统中的多种枢纽之一，它从狭窄的街道轮廓持续地发展，形成广场，与局促的街道相比，阳光能够洒落到广场地面和周围建筑的外墙上。在广场的另一侧，若要到达城市其他广场和集市，则又要穿过既黑暗又狭窄的小巷。广场周边被著名的历史建筑包围，阳光把简单的边界交会空间强化成明亮的广场空间，从阴暗的小巷中浮现出来，让人们流连忘返。广场的中心除了喷泉，没有其他任何装饰。广场有时会被用于举办露天音乐会等公共活动。特别是在夏天，餐馆摆放的遮阳伞、桌子和椅子组成了一个紧凑的、富有生活气息的围合场所。

位置： 雷根斯堡，老城区

时间： 自罗马时代以后

规模： 3500 m²，长120 m，宽6.5～50 m，建筑高度为12.5～20 m，塔高约为33 m

主要建筑： 贵族城堡，1250年修建；新秤量房，约1300年修建（现在的地方法院）；金色克鲁兹酒店，约1520年修建；索恩 · 迪特莫宫殿，1809年修建

地面铺装与设施： 鹅卵石路面；正义女神喷泉和正义女神雕像，1659年，由利奥波德 · 希尔默设计

1 : 5000

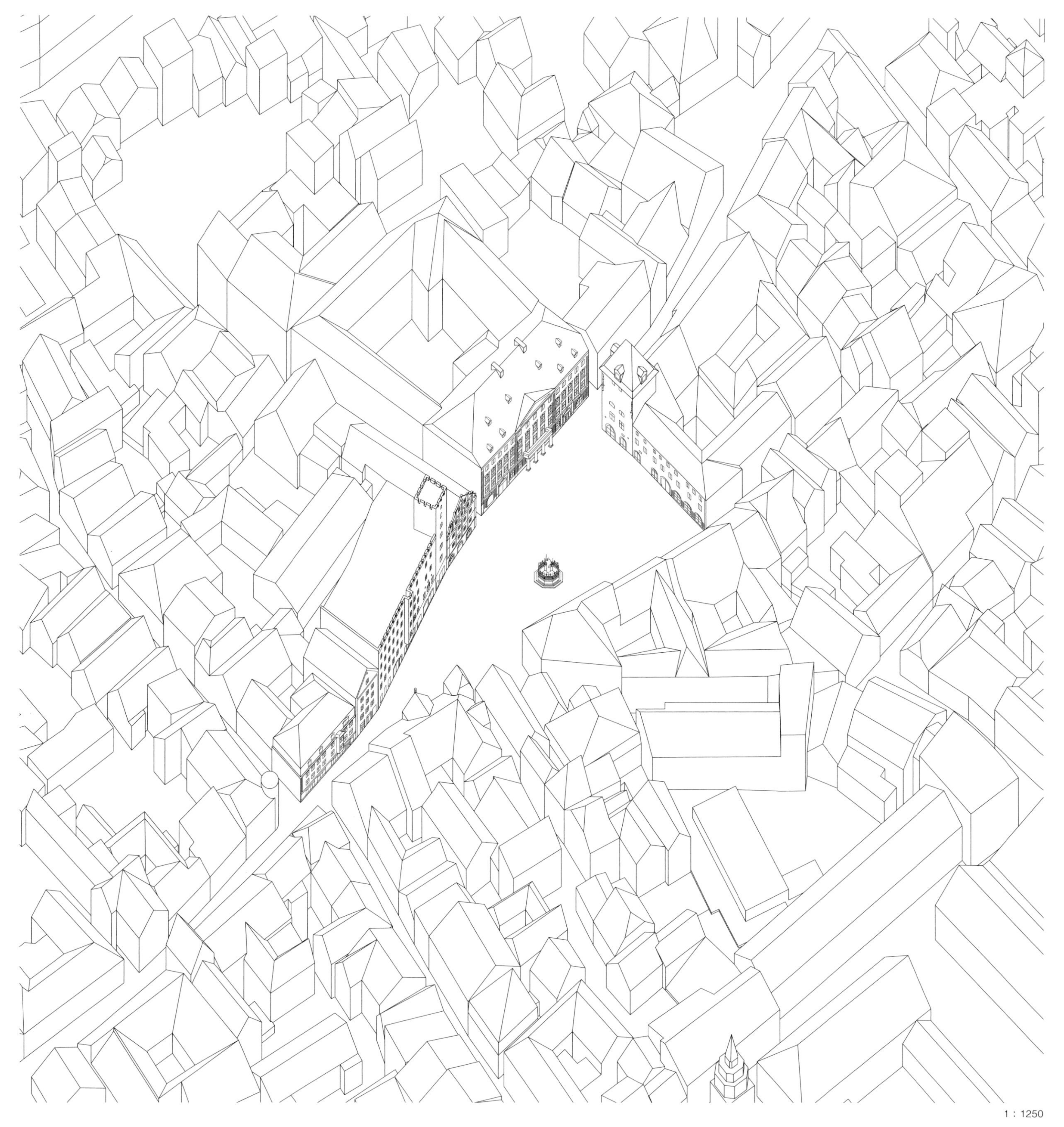
1 : 1250

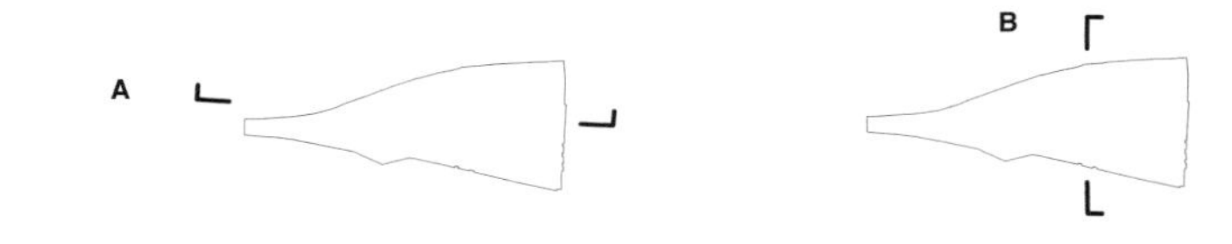

192

1 : 1250

1 : 1250

卡比多广场

意大利，罗马

卡比多广场位于罗马7座山之一的卡比多山顶，由科尔多纳塔大台阶拾级而上，穿过设有隔离矮墙的入口，被殿宇围成梯形的广场即映入眼帘。卡比多广场与山后的古罗马广场（Forum）遥相呼应，各自从相反的方向朝向城市。尽管建筑立面各自独立，但它们仍以一种特殊的方式共同塑造了广场。保守宫和其对面的新宫面对着广场，就像舞台背景一样，并通过两条轴线延伸到广场的角落。从西面进入的游客在进入广场之后能明显感觉到空间的封闭，这正是由广场的梯形构图所导致的。

与此同时，阶梯的布局也纠正了透视中近大远小的视觉感受，因此削弱了广场中间元老院空间的进深感，从而让它看起来高耸瘦削。利用铺有星状图案的椭圆构图来将纵向的轴线和马尔库斯·奥列里乌斯骑马雕像的中心进行几何形状上的整合。下沉的椭圆形几何图案象征着全球的中心，也就意味着卡比多是世界的中枢。

位置：罗马，坎皮特利区

时间：1538年

建筑师：米开朗琪罗·博纳罗蒂

规模：4 200 m²，长86 m，宽40～62 m，建筑高度为20～28 m

主要建筑：保守宫,1544—1575年，由米开朗琪罗·博纳罗蒂设计；元老院，16世纪，由米开朗琪罗·博纳罗蒂设计，1573—1605年，由贾科莫·德拉·波尔塔、吉罗拉莫·拉伊纳尔迪继续修建，1578—1582年，由老马蒂诺隆吉继续修建；新宫，1571—1654年修建

地面铺装和设施：明亮的石灰石星形铺装图案、布满了灰暗色调的铺装，马尔库斯·奥列里乌斯马术雕像（古罗马雕塑的副本）

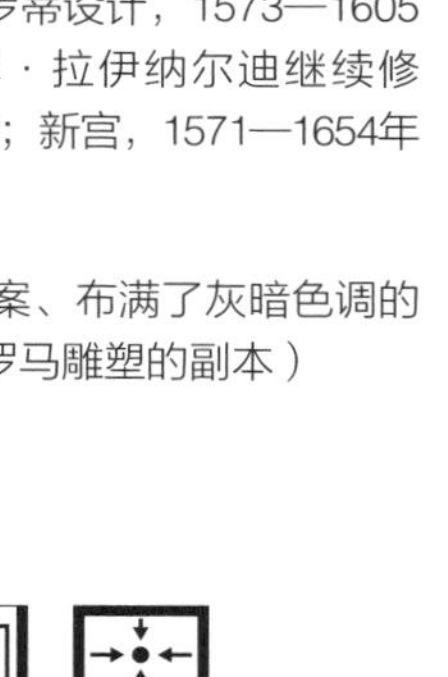

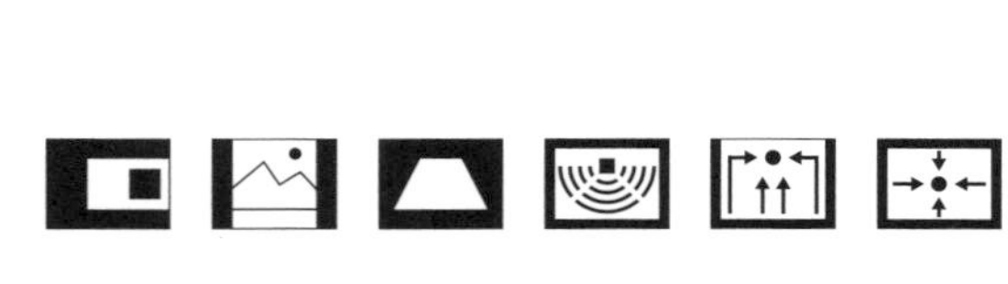

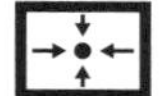

1：5000

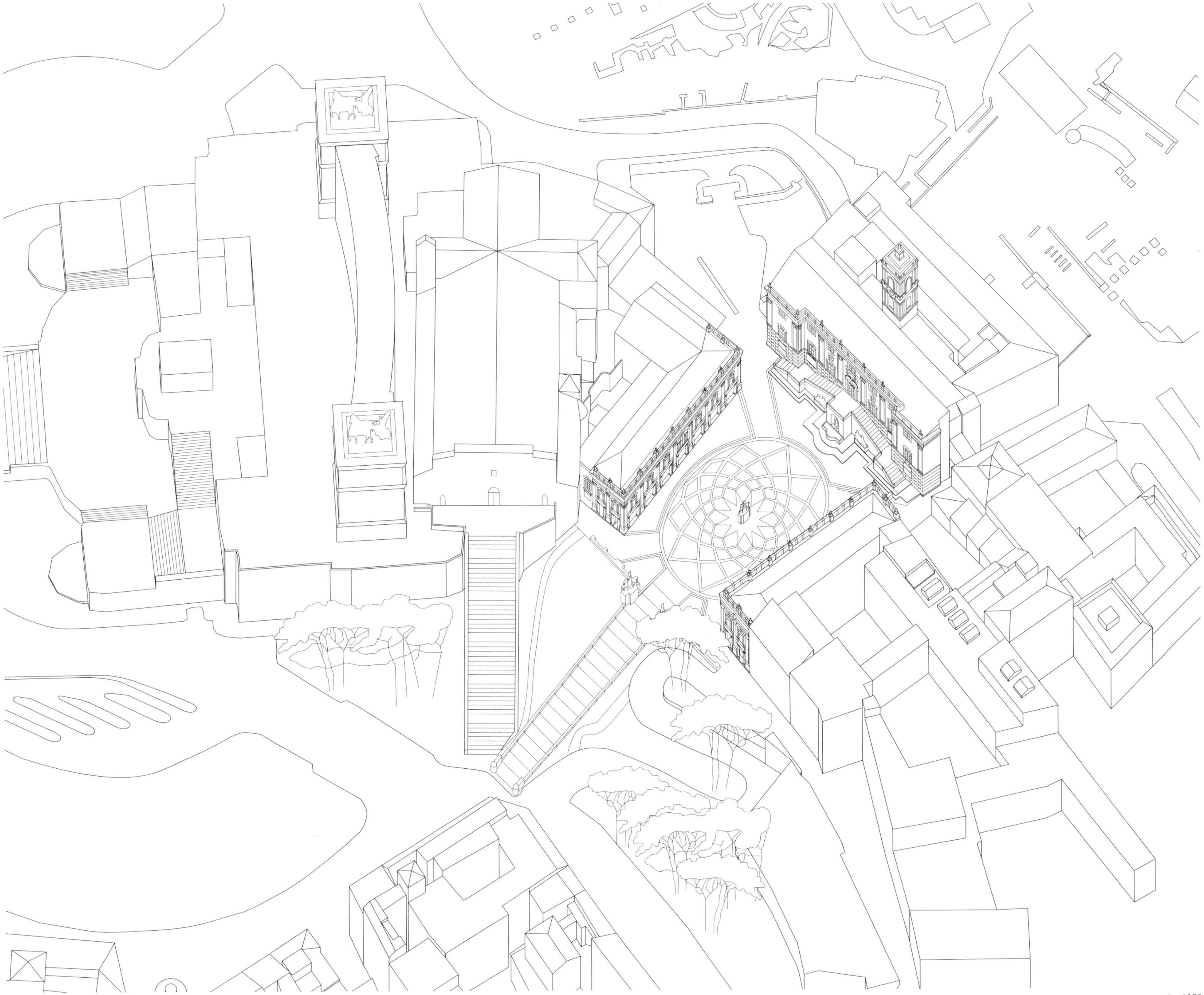

1 : 1250

196

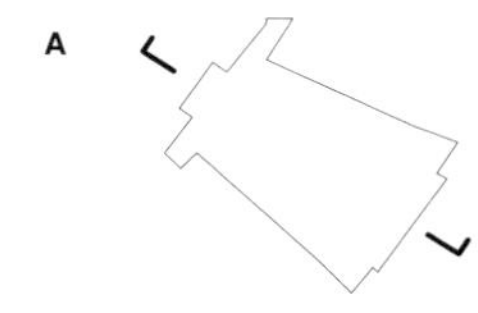

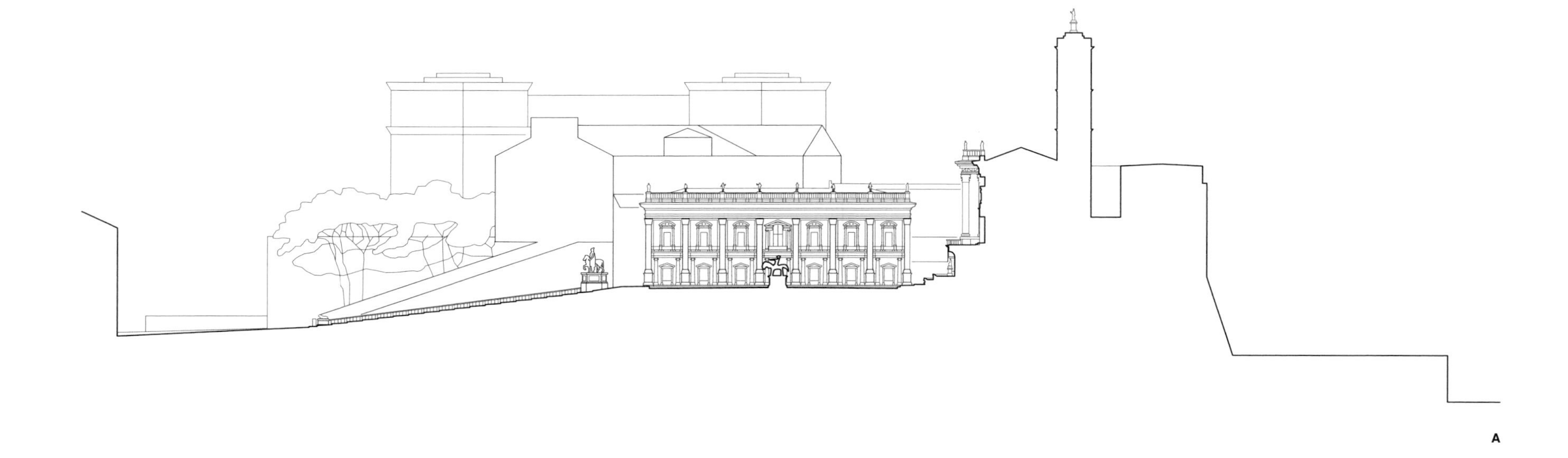

1 : 1250

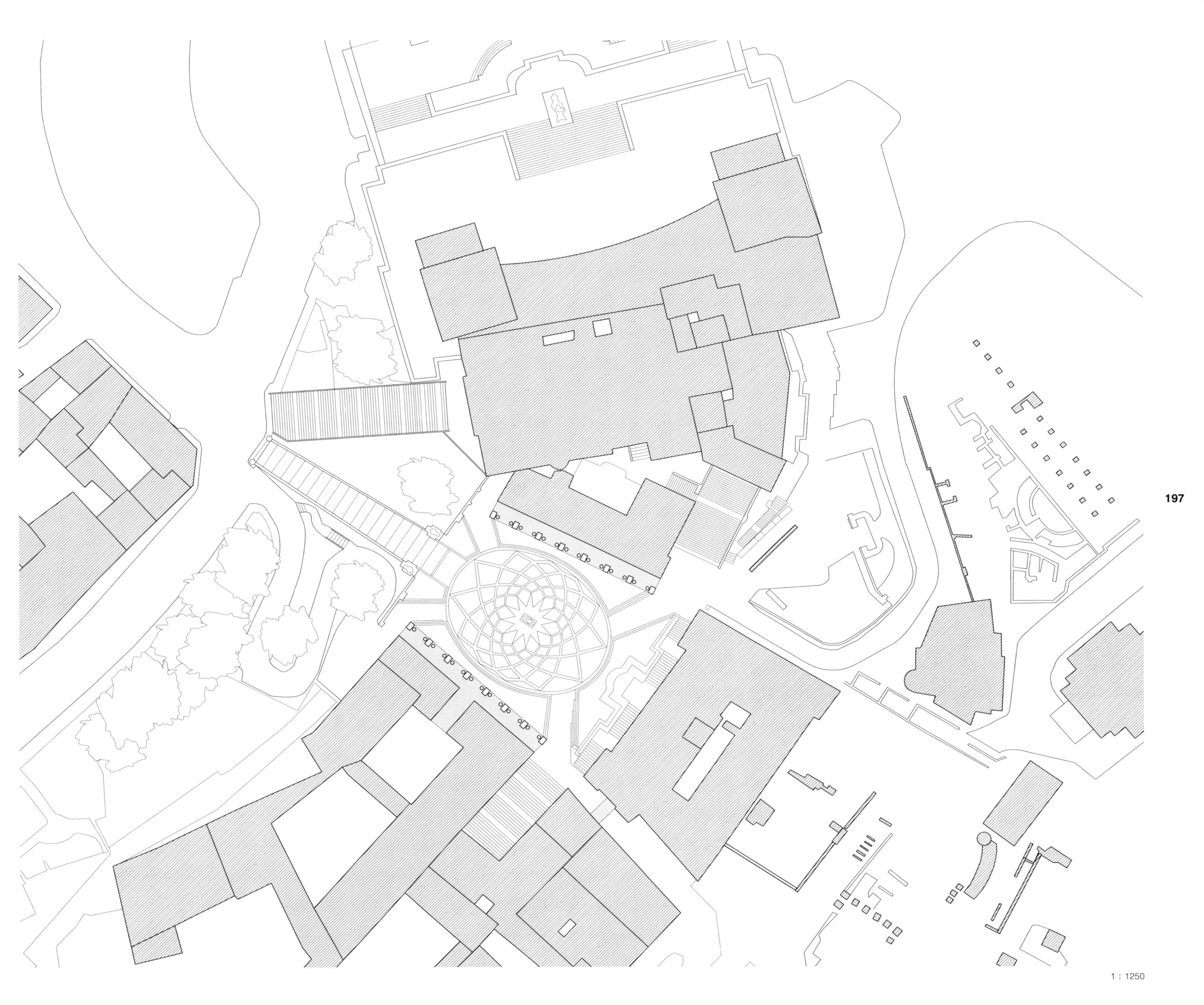
1 : 1250

法尔内塞广场

意大利，罗马

法尔内塞宫在这个封闭、紧凑的广场中处于主要地位。相比之下，周边其他建筑则成了陪衬。迄今为止，宫殿依然是广场上规模最大的建筑物，占据了整个广场的西南部。广场和宫殿通过诸多特征建立了彼此之间的紧密联系。轴线对称不仅塑造了建筑立面，而且通过两个对称布置的纪念性喷泉给广场带来了秩序。从鲜花广场可以进入法尔内塞广场东北边缘近乎中心的位置，这是一条人们最常出入的通道，并且利用轴线将视线引导至宫殿的入口。广场上统一、均匀的铺装一直延伸到宫殿，没有任何其他结构处理及边缘或场地地形的变化。人们坐在宫殿墙基的凸起处，脚放在广场地面上，这种方式似乎为广场和宫殿建立了某种联系。

位置： 罗马，第七区

时间： 1516—1534年

建筑师： 见主要建筑部分

规模： 3900 m²，长73 m，宽52 m，屋檐的高度为15—18 m，法尔内塞宫的高度为28 m

主要建筑： 法尔内塞宫，1516—1534年，由小安东尼奥 · 达 · 桑加洛、米开朗琪罗 · 博纳罗蒂设计修建

地面铺装和设施： 卵石路面、两座花岗岩喷泉

1：5000

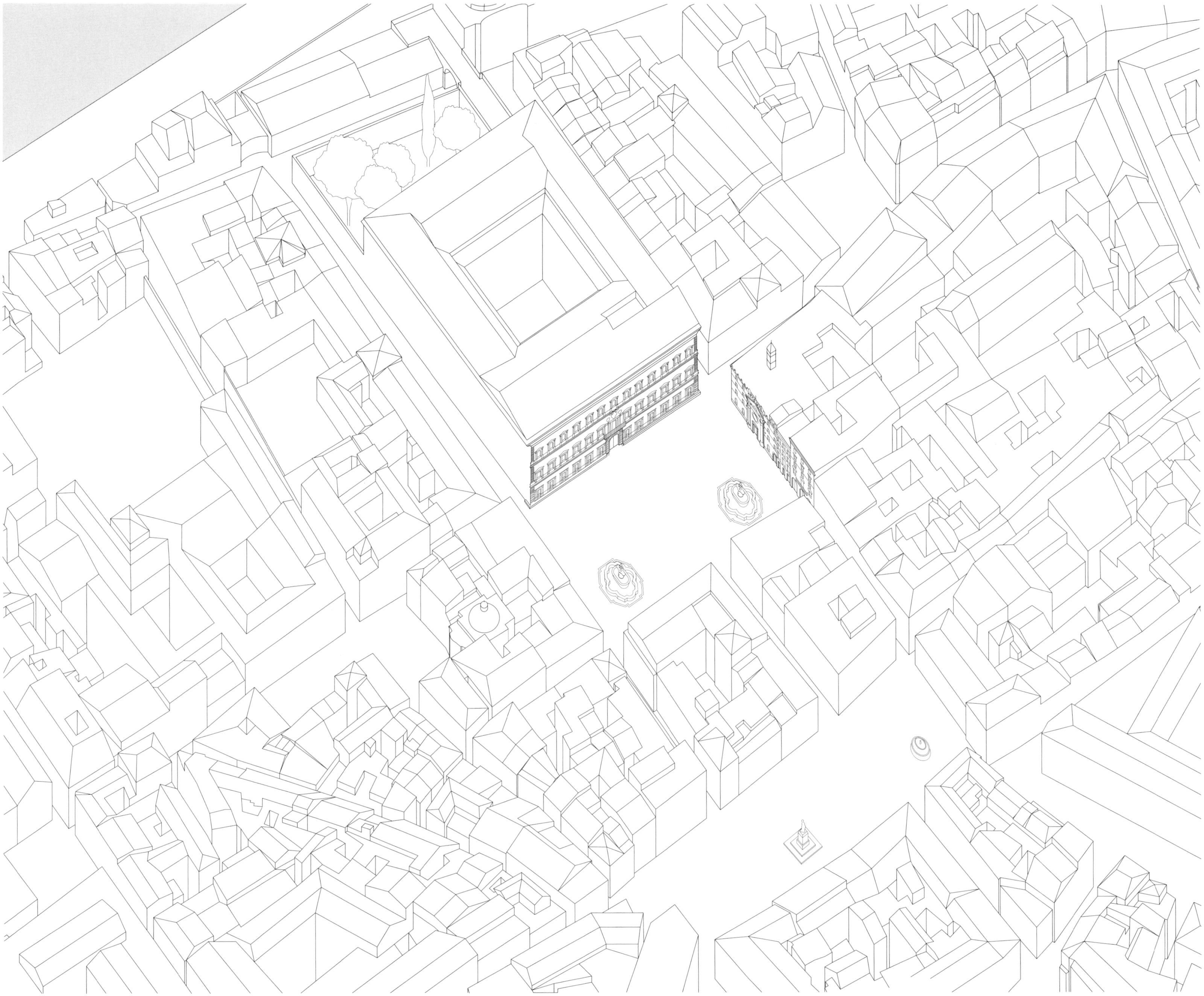

1 : 1250

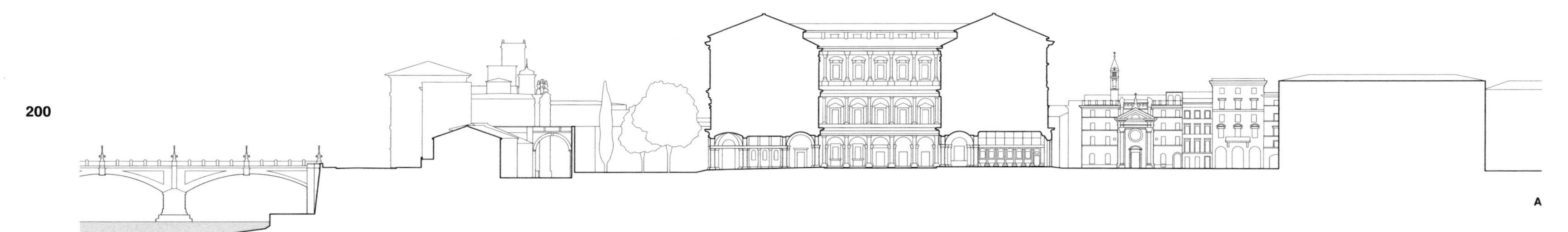

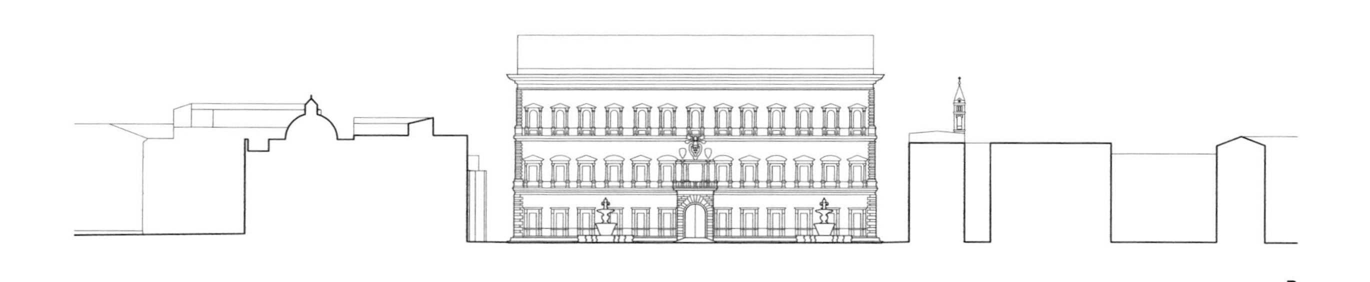

1 : 1250

1 : 1250

纳沃纳广场

意大利，罗马

广场极其细长的比例源于曾经建于此处的古罗马竞技场。现如今这种古代竞技场形式的广场依然影响着行人的户外活动，广场上人流熙熙攘攘，尤其是在晚间人们出门悠闲散步的时候，许多室外餐厅成为人们社交聚会的场所。广场以一种特殊的方式，将纵向的矩形与圣阿涅塞教堂前宽大的方形相结合。事实上，教堂通过它的圆顶和对称的塔楼控制着广场空间，在很远的距离都能看到。建筑立面的后退让广场稍微向外扩展，除此之外，广场被清晰地勾勒出来，通过狭窄的入口来严格划分空间，从而在广场的外部空间和教堂的内部空间之间创造了一种联系。教堂作为广场中的核心纪念建筑物，大约位于广场西部边缘的中心位置。然而，四河喷泉占据了整个广场的几何中心，是广场上另一个重要的纪念构筑物。由于缺少一个共同的轴线，导致纵向的走势和横向的轴线顺序有所偏移。

位置：罗马，第四区

时间：公元92年（体育场）；1644—1655年形成目前的状态

建筑师：见主要建筑部分

规模：12 000 m²，长240 m，宽55 m，屋檐的平均高度为25 m，圣阿涅塞教堂的圆顶高度为70 m

主要建筑：圣阿涅塞教堂，1652年，由吉罗拉莫·拉伊纳尔迪设计修建，1653—1657年，由弗朗西斯科·博罗米尼继续修建，1662—1672年，由卡洛·拉伊纳尔迪继续修建；圣母圣心堂，1450年，由贝尔纳多·罗塞利诺(立面)设计；兰斯洛蒂托雷斯宫，1542年，由弗朗西斯科·达·沃尔泰拉、卡洛·马代尔诺设计；潘菲利宫，1644—1650年，由吉罗拉莫·拉伊纳尔迪设计；布拉斯奇宫，1790—1871年，由科西莫·莫雷利设计

地面铺装和设施：鹅卵石路面；摩洛喷泉，1574—1576年，由贾科莫·德拉·波尔塔设计修建，1652年，由吉安·洛伦索·贝尔尼尼建造；海神喷泉，1574年，贾科莫·德拉·波尔塔设计修建；四河喷泉，1648 年，由吉安·洛伦索·贝尔尼尼设计修建

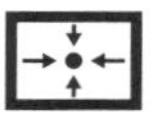

1:5000

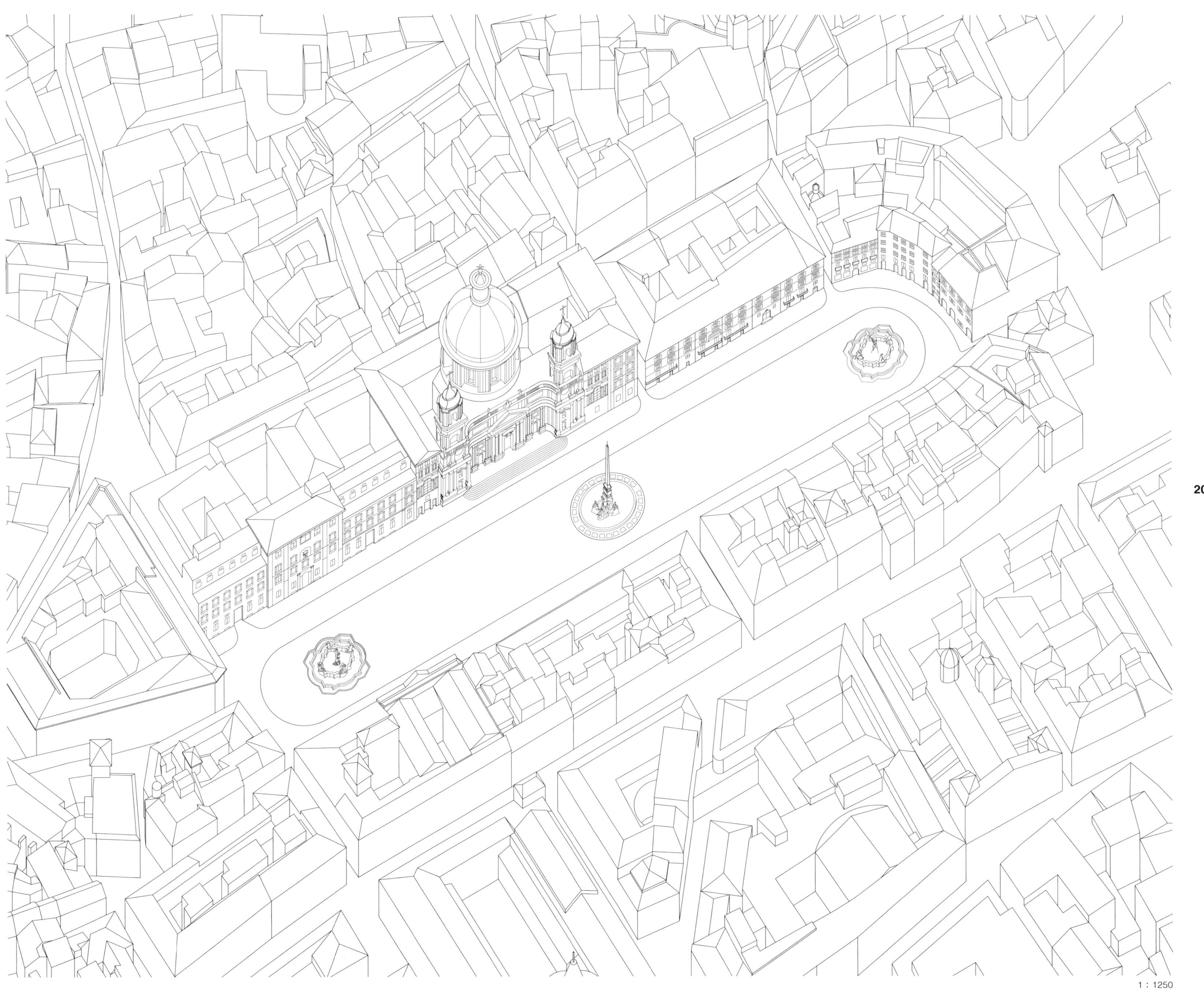
1 : 1250

1 : 1250

1 : 1250

罗马人民广场

意大利，罗马

该广场能同时满足多个空间功能的需求。它既是罗马城墙内的迎宾场所，位于波波洛城门处（旧时城市的入口），是以前进入城市的门户，也是许多道路的交会点；它还建立了不同视觉轴线和空间序列间的相互关系。广场入口处两侧的开敞式交流空间热情地欢迎着每一位来宾，目前，城外的人们依旧沿着古老的军用道路到达此处。一对带圆顶的教堂似乎形成了城市正面的大门，并与实际大门处较小的圆顶相呼应，同时也引导人们从宽阔的广场进入密集的城市。南侧的三条放射状的城市街道在广场上汇集，广场中心处的方尖碑成为远处视线的聚集点。侧面一条升高的横轴通过广场中心将附近，台伯河上的桥与绿色的品奇欧山丘连接起来，山丘顶部是梯田。因此，罗马人民广场不仅是连接城市内部空间与外部空间的通道，同时也联系了不同高度的河流与山、城市与公园。

位置： 罗马，第四区战神广场

时间： 1793—1824年

建筑师： 基赛匹 · 维拉迪尔

规模： 17 000m²，长约190 m，宽约150 m，屋檐的高度为17～20 m

主要建筑： 波波洛城门（人民城门），1561—1563年，由南尼 · 迪 · 巴乔 · 比乔设计修建，1655年，吉安 · 洛伦索 · 贝尔尼尼修建了广场一侧的立面，1816年，基赛匹 · 维拉迪尔修建了小圆顶；双子教堂（圣山圣母堂和奇迹圣母教堂），1661—1679年，由卡洛 · 伦纳迪、卡洛 · 丰塔纳、吉安 · 洛伦索 · 贝尔尼尼设计修建

地面铺装和设施： 修建于1589年的古罗马方尖碑，石围墙，两座喷泉；平丘斜坡上观景台

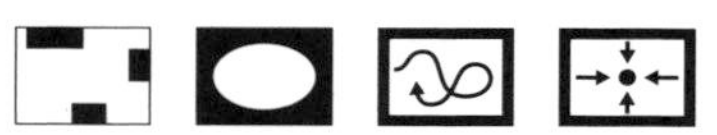

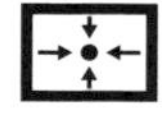

1：5000

1 : 1250

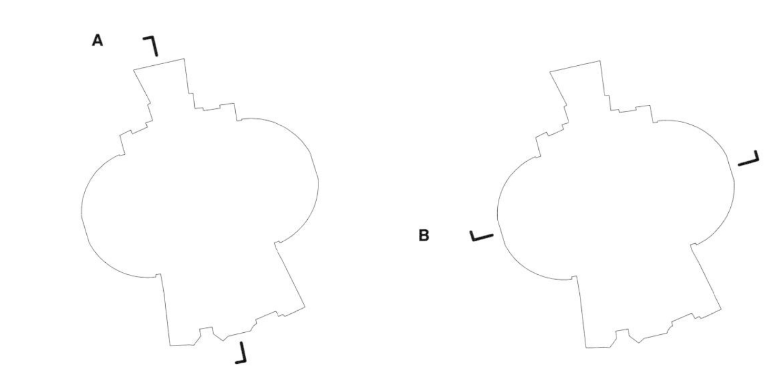

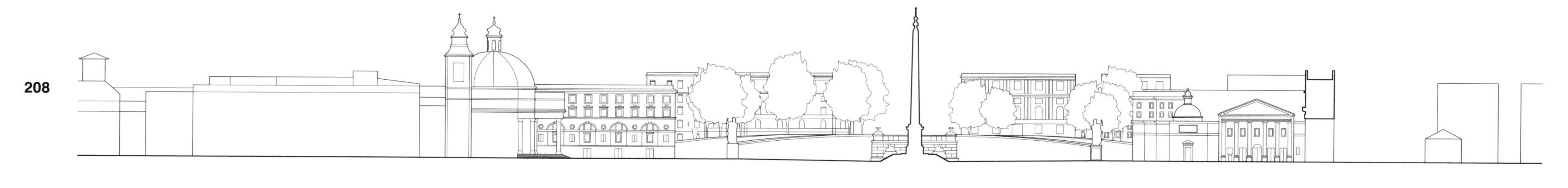

A

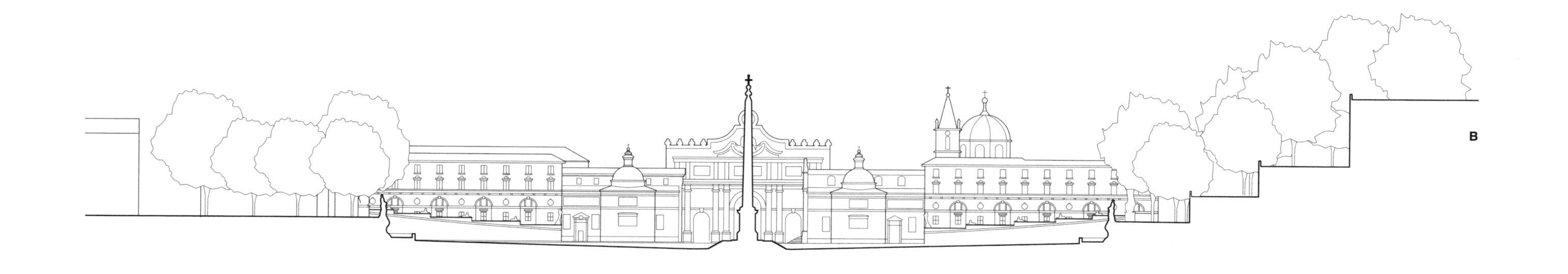

1 : 1250

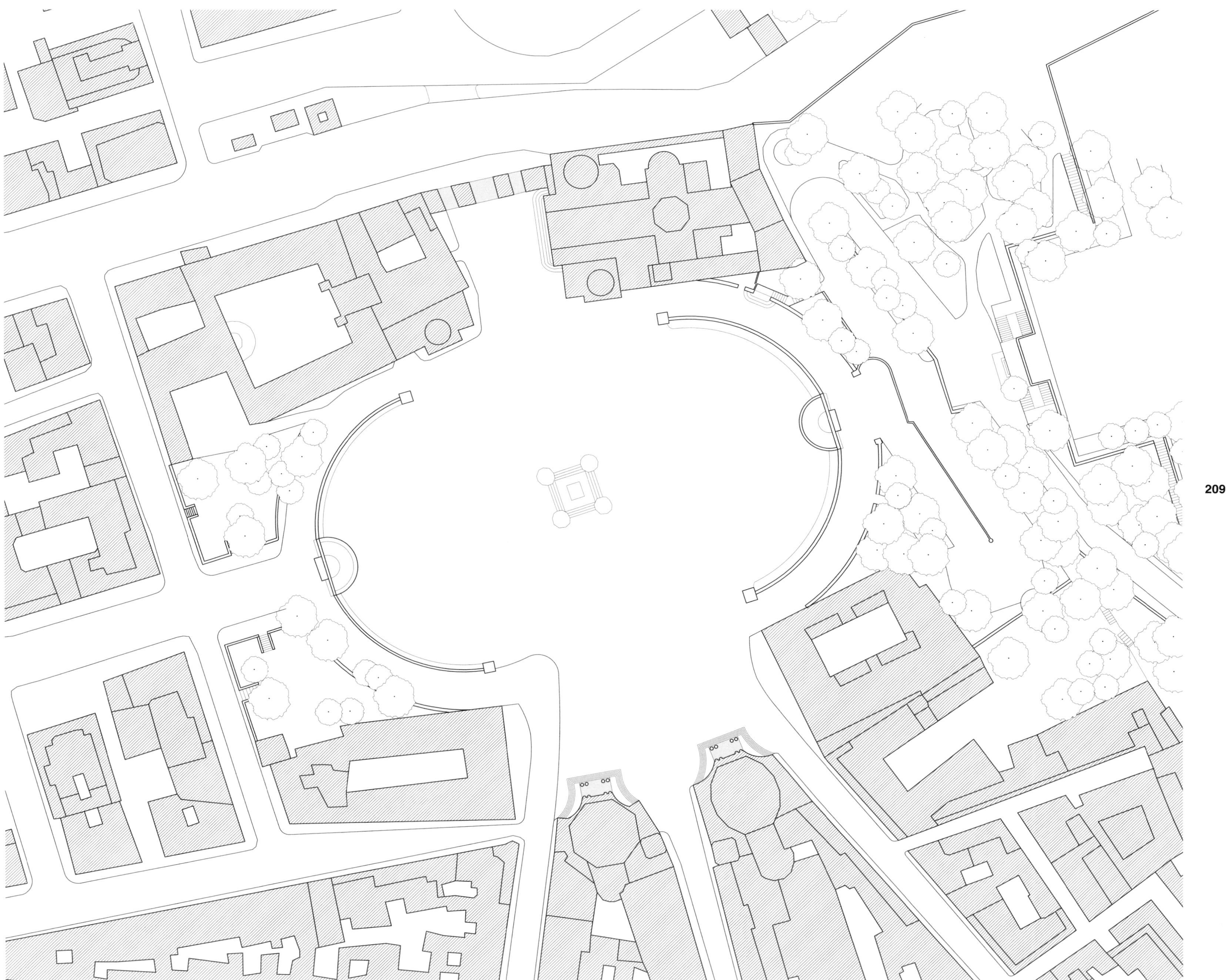
1 : 1250

罗通达广场

意大利，罗马

在罗马历史区域中心紧密的街道之间，人们会不经意地发现这个小广场。没有明显的通向广场的路，但宽敞的万神庙作为广场背景从城市结构中突显出来，并间接地宣告了广场的存在。万神庙前广场的开敞空间、穹顶的内部空间及其前面的柱状大厅组成了三位一体的空间序列。这个开放空间被建筑包围而显得狭小，像天空下的一个房间一样，与建筑内部的房屋面积相同，从建筑屋顶的开口处人们可以直接看到天空。居中的门廊作为建筑和广场之间的大厅，同时连接了两者。门廊内部既不像室内，又不像室外，也不是两者兼有的感觉。3个空间用一条轴线贯穿，另外，方尖碑喷泉位于该轴线上，略微偏离广场的中心。

位置： 罗马，第九区，皮尼亚

时间： 历史上多次改建

规模： 4400 m²，长约60 m，宽40～70 m，屋檐高度为17～23.5 m，万神庙圆顶的高度大约为43 m

主要建筑： 万神庙，118—128 年修建

地面铺装和设施： 大理石喷泉，1575年，由贾科莫 · 德拉 · 波尔塔、莱昂纳多 · 索尔马尼设计修建；古埃及方尖碑建造于1711年

1 : 5000

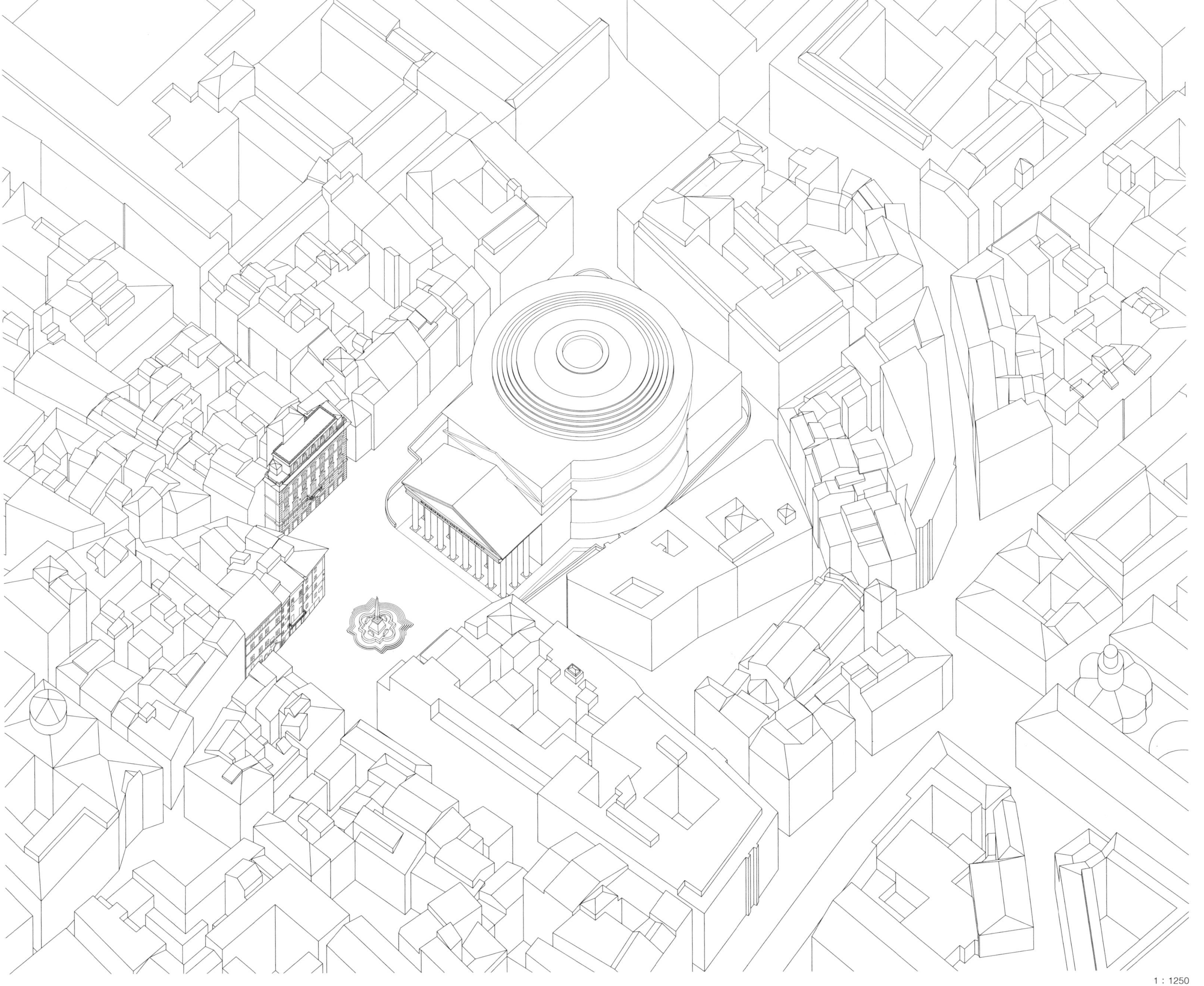

1 : 1250

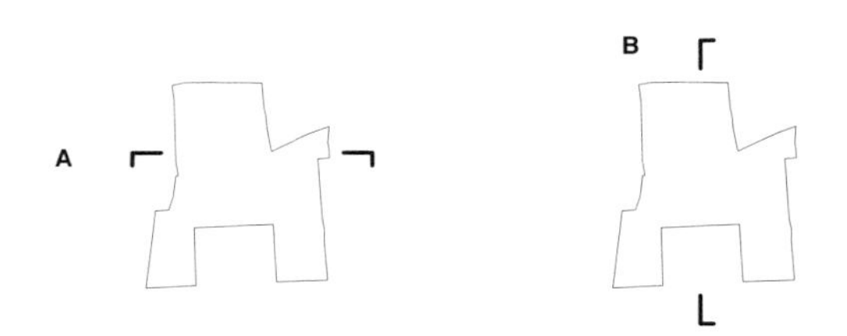

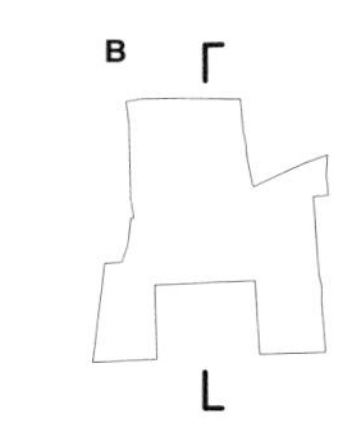

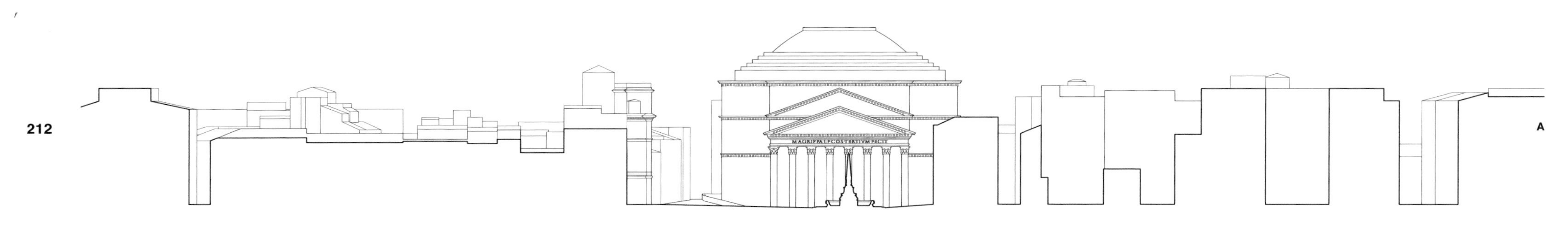

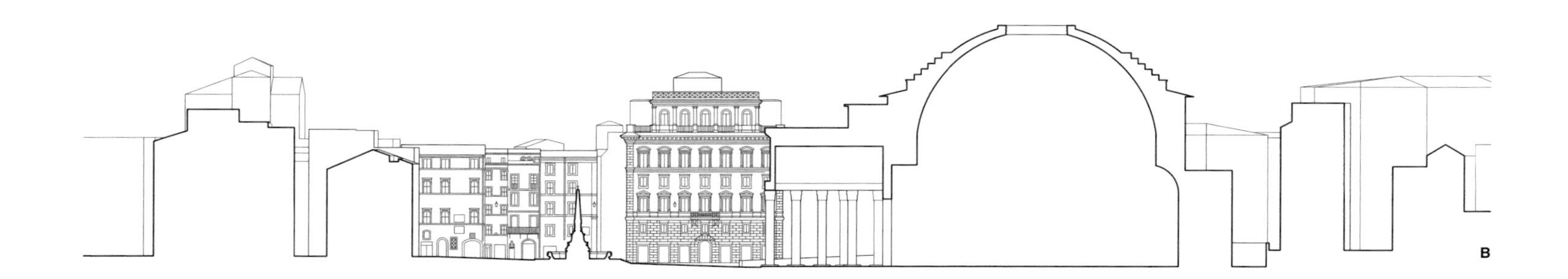

1 : 1250

1 : 1250

213

圣彼得广场

意大利，罗马

圣彼得广场两翼的柱廊像翅膀一样环抱着广场，广场的地面向中心倾斜，整体展现了欢迎的姿态。在旧时，城市通过狭窄的小巷蜿蜒扩张，同时沿着中央大道的轴线延伸至圣彼得大教堂的前庭。两侧圆弧形柱廊利用其平滑的曲线使博利卡广场的椭圆形轮廓更加完整。一方面，柱廊的环状结构可供穿行，人们可以从四面八方的廊柱间进入广场；另一方面，柱廊形成围合空间，柱子犹如森林密密匝匝。只有站在两个半圆的中心视线才可以不被柱子遮挡，广场景色一览无余，并且从这一视角观看，所有的柱子都是精确对齐的。巨大广场的边界因位于教堂方向的梯形列塔广场而完整。一段宽阔的台阶占据了列塔广场内地面抬升的空间。这种梯形的构图是为了从视觉上减小圣彼得大教堂立面的宽度。因为人的眼睛可以将梯形修正为正方形，所以自东向西观看，教堂前面巨大的宽度减小到梯形的短边。两梯形广场地面较低的两侧通过连续的檐口将其与曲线的柱廊连接起来。

位置：罗马，十四区，博尔戈

时间：1656—1667年

建筑师：吉安 · 洛伦索 · 贝尔尼尼

规模：38 500 m²，总长度273 m，博利卡广场（包含柱廊）宽241 m，列塔广场宽99 ~ 117 m，柱廊的高度为20 m，教堂立面的高度（从台阶的顶部）大约为45 m

主要建筑：圣彼得大教堂，1506—1590年，由多纳托 · 布拉曼特、拉斐尔、巴尔达萨雷 · 佩鲁兹、小安东尼奥 · 达 · 桑加洛、米开朗琪罗 · 博纳罗蒂、贾科莫 · 巴罗齐 · 达 · 维尼奥拉、贾科莫 · 德拉 · 波尔塔、多梅尼科 · 丰塔纳设计修建,1607—1626年，由卡洛 · 马代尔诺修建；柱廊，1656—1667年，由吉安 · 洛伦索 · 贝尔尼尼设计

地面铺装和设施：古埃及方尖碑，建造于1586年；两座喷泉，楼梯、装饰性铺装和圆柱标记的圆形中心

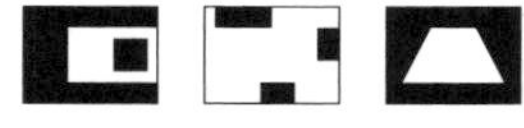

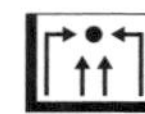

1 : 5000

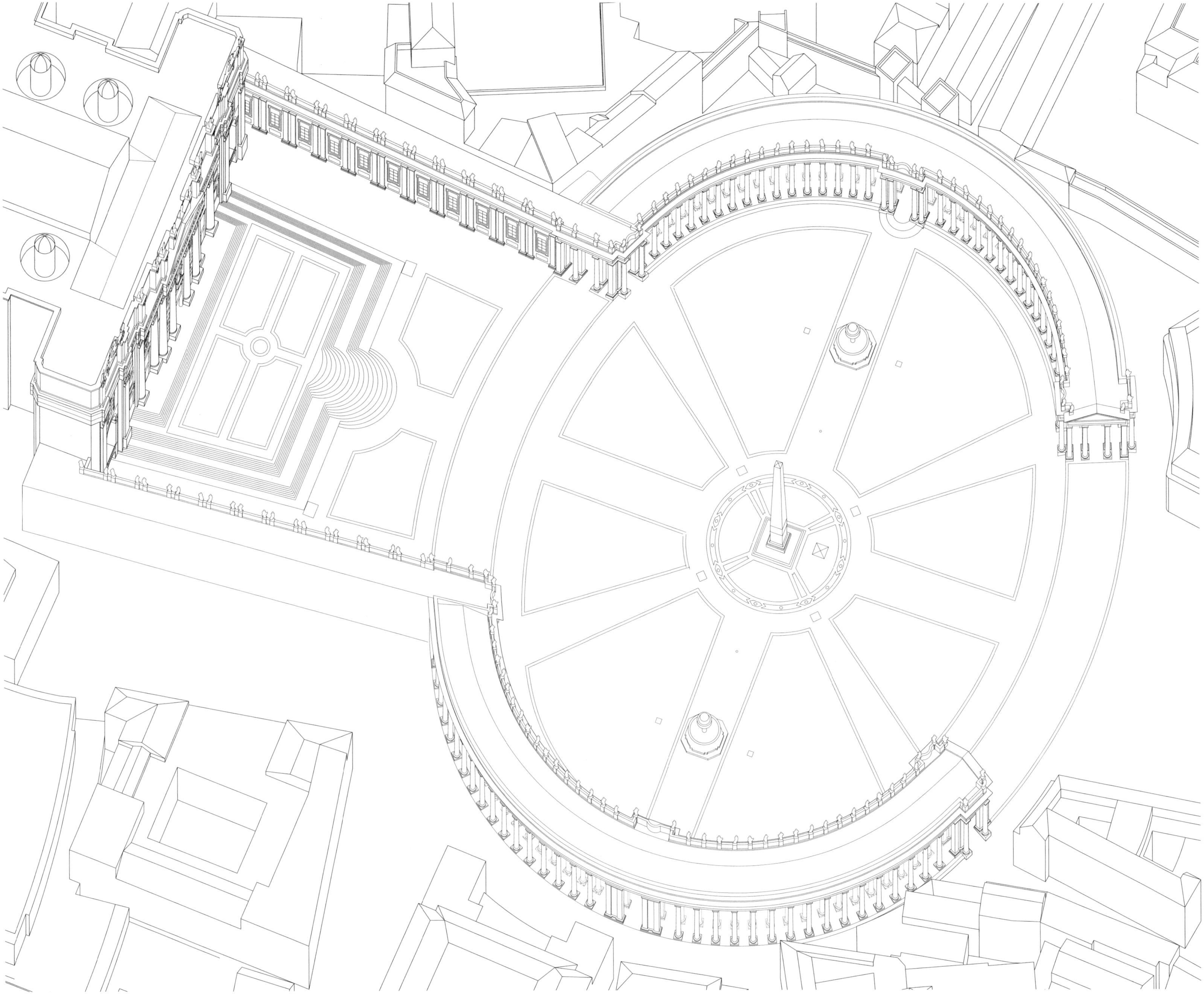

1 : 1250

A
IN HONOREM PRINCIPIS·APOST PAVIVS·V·BVRGHESIVS·ROMANVS·PONT MAX·AN·MDCXII·P
A

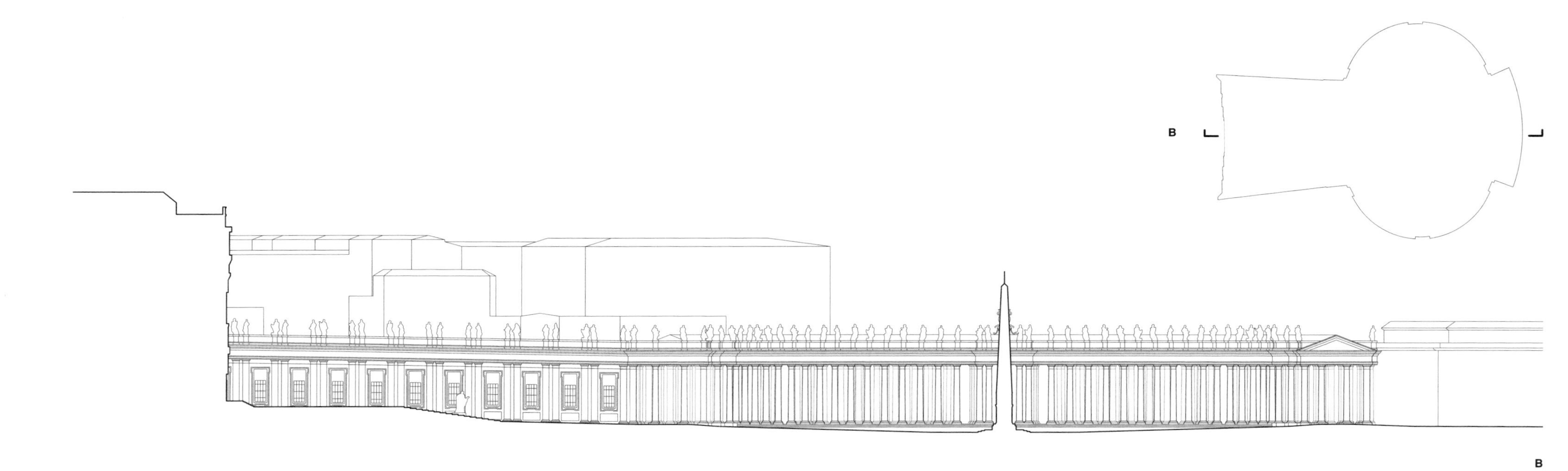
B
B

1 : 1250

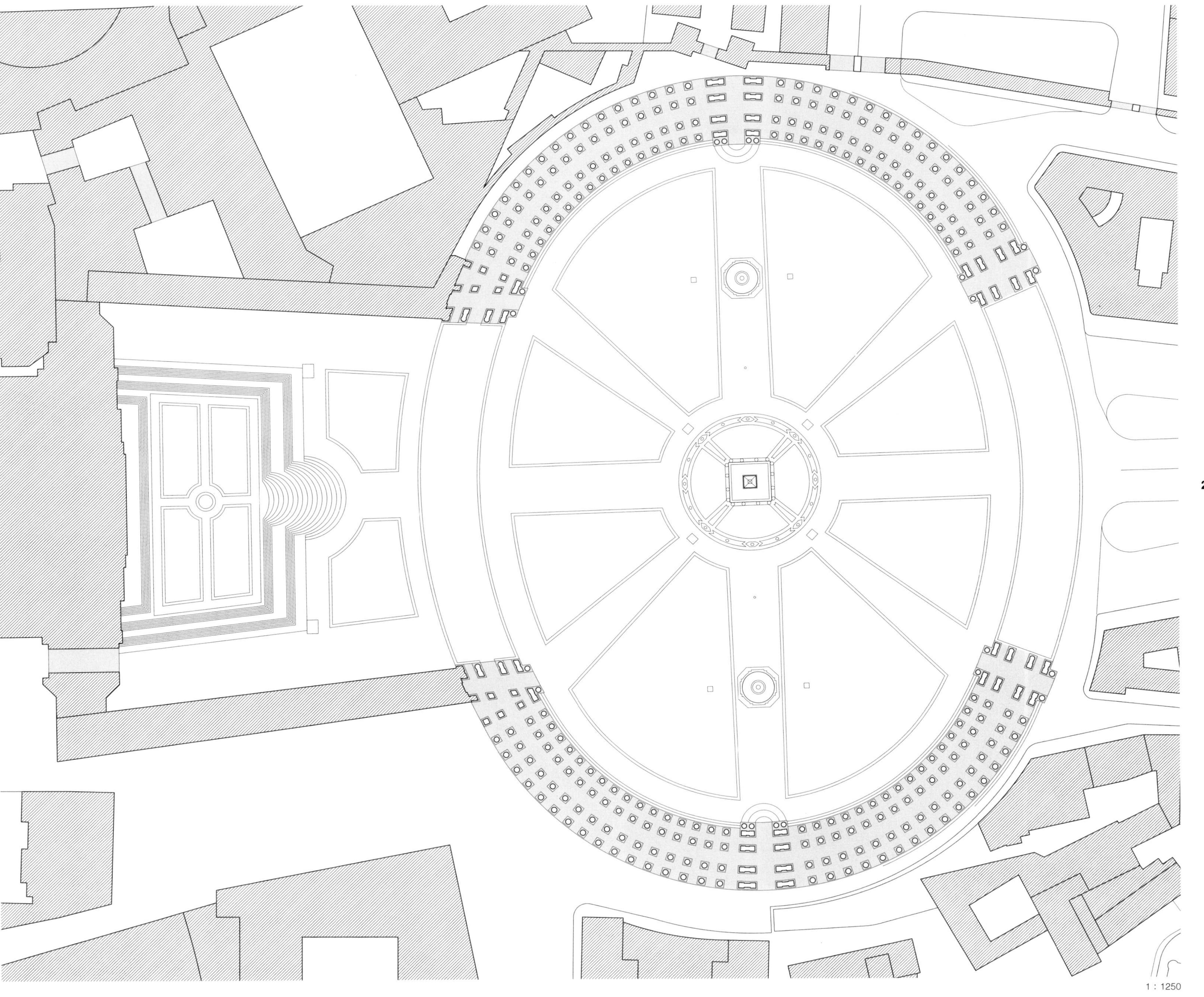
1 : 1250

西班牙广场

意大利，罗马

西班牙广场位于著名的西班牙阶梯的底部，由两个倾斜的三角形顶角相对并相互融合构成。通过西班牙阶梯的连接，广场体系一直延伸到山上23 m高的天主圣三教堂前院。两个不同的高度建立了远距离的关系：在底部广场，从远处就能看到罗马人民广场上的方尖碑，而在上部广场，在教堂前的方尖碑直接对准圣玛丽亚大教堂，从而形成了该轴线的视觉焦点。从孔多蒂街到大台阶最高处的平台都可以看到方尖碑，从孔多蒂街也可以看到台阶上方的方尖碑，此时台阶和教堂似乎形成了封闭街道的一堵墙。在台阶的底部，破船喷泉形成了连接台阶与广场的纽带。广场的空间体系被巧妙整合、错动，该体系还是具有高度变化和流线的戏剧性舞台。此外，它还连接了朝圣者和现代游客的行进路线。

位置：罗马，第四区，战神广场

时间：17世纪始建，1723—1725年，建造西班牙大台阶

建筑师：1723—1725年，弗朗西斯科 · 德 · 桑克蒂斯

规模：约17 300 m²，长约255 m，宽17～70 m，屋檐高度为18.5～29 m，西班牙大台阶长80 m×宽50 m，高差为23 m

主要建筑：天主圣三教堂，1502—1587年，由贾科莫 · 德拉 · 波尔塔设计修建；传信部宫，1644年，由吉安 · 洛伦索 · 贝尔尼尼负责立面设计；西班牙宫殿、梵蒂冈的西班牙大使馆，1653年，由安东尼奥 · 德尔 · 格兰德、弗兰西斯科 · 波洛米尼设计修建

地面铺装和设施：鹅卵石路面、天然石材；破船喷泉，1626—1629年，由彼得 · 贝尔尼尼设计建造；方尖碑，建立于1789年；圣母纯洁之柱，1857 年，由路易吉 · 波莱蒂设计建造

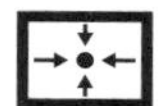

1：5000

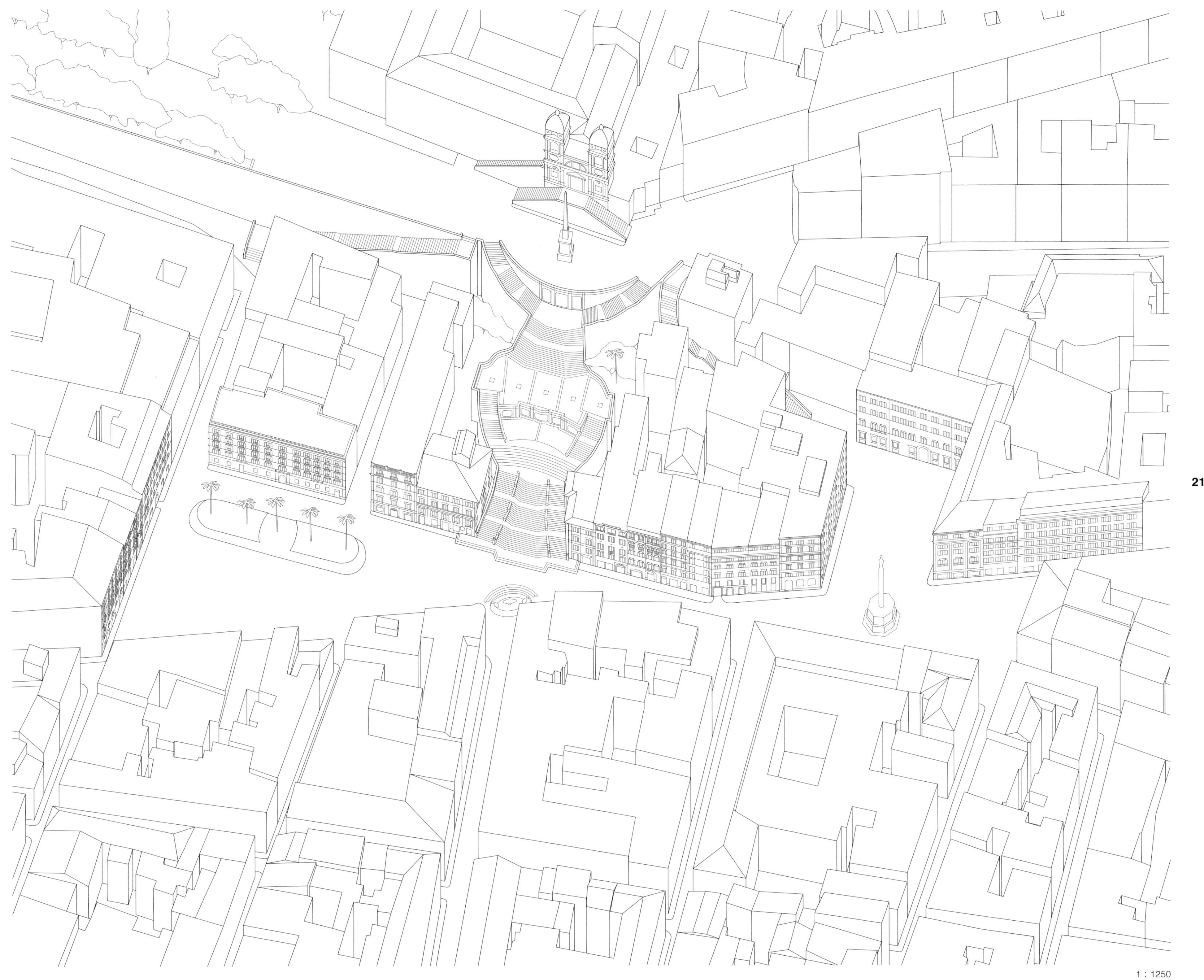

1 : 1250

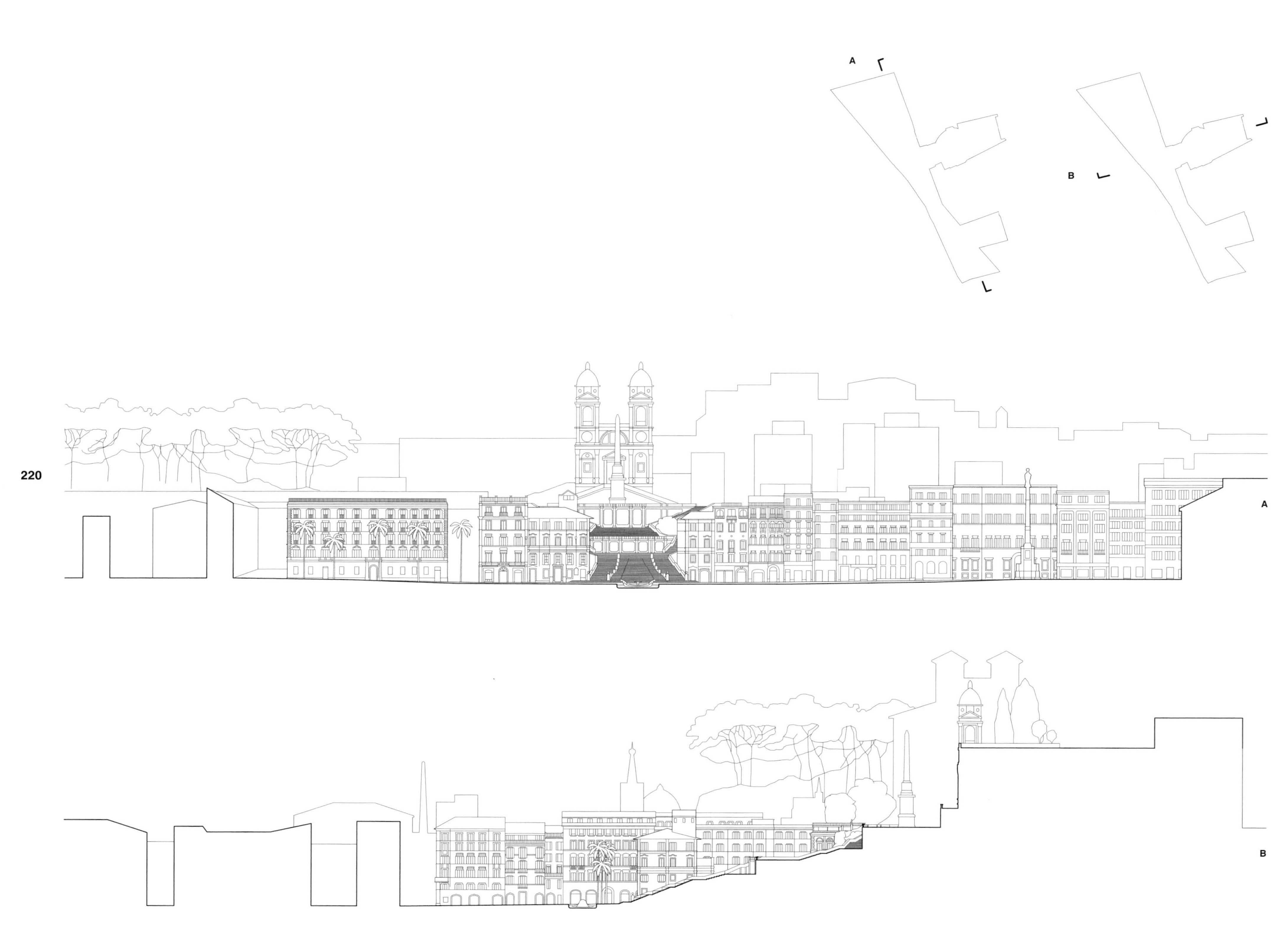

1 : 1250

1 : 1250

马克思-约瑟夫斯广场

德国，罗森海姆

马克思-约瑟夫斯广场的南端非常狭窄，近乎街道的尺度，1854年以前，一道城门阻隔着马克思-约瑟夫斯广场和路德维希大街，是二者明确的分界线，而现今，它们已经毫无障碍地融合在一起了。相较于南端，在宽度逐渐缩小到类似一条街的轮廓后，北部的中门成为广场明确边界的终点。著名的历史建筑在广场两侧排列，从而形成一个统一的整体。作为广场界面的建筑都有共同的特性，比如斜屋顶后面的浅色墙面。因此，建筑的正立面形成整体感和连续性。在这里，独栋建筑只能扮演次要的角色。这种严格统一的高度控制和材料运用营造出一种类似大礼堂的仪式感。教堂被拉到建筑墙体的后面，而古老的市政厅却很好地融入其中，只有北部设有通往临近街道的开口。窗台、粉刷外墙还有两侧的柱廊，构成了广场与建筑之间的过渡区，从而避免孤立感的出现。

位置：罗森海姆市，老城区

时间：始于城镇建设初期，1234年；1984 年改造为步行区

规模：4 700 m²，长160～216 m，宽13～40 m，屋檐的高度为10～18 m

主要建筑：联排别墅，15—17世纪

地面铺装和设施：花岗岩鹅卵石路面，柱廊下的石板；内波穆克喷泉和内波穆克雕塑，1773年，由弗兰兹·德·波拉·希兹尔设计修建；六角形水池，19世纪中期建造

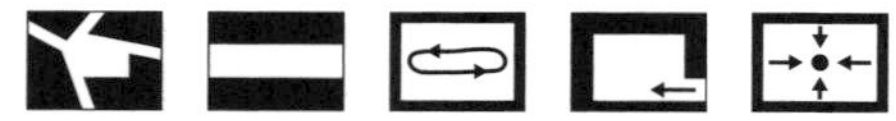

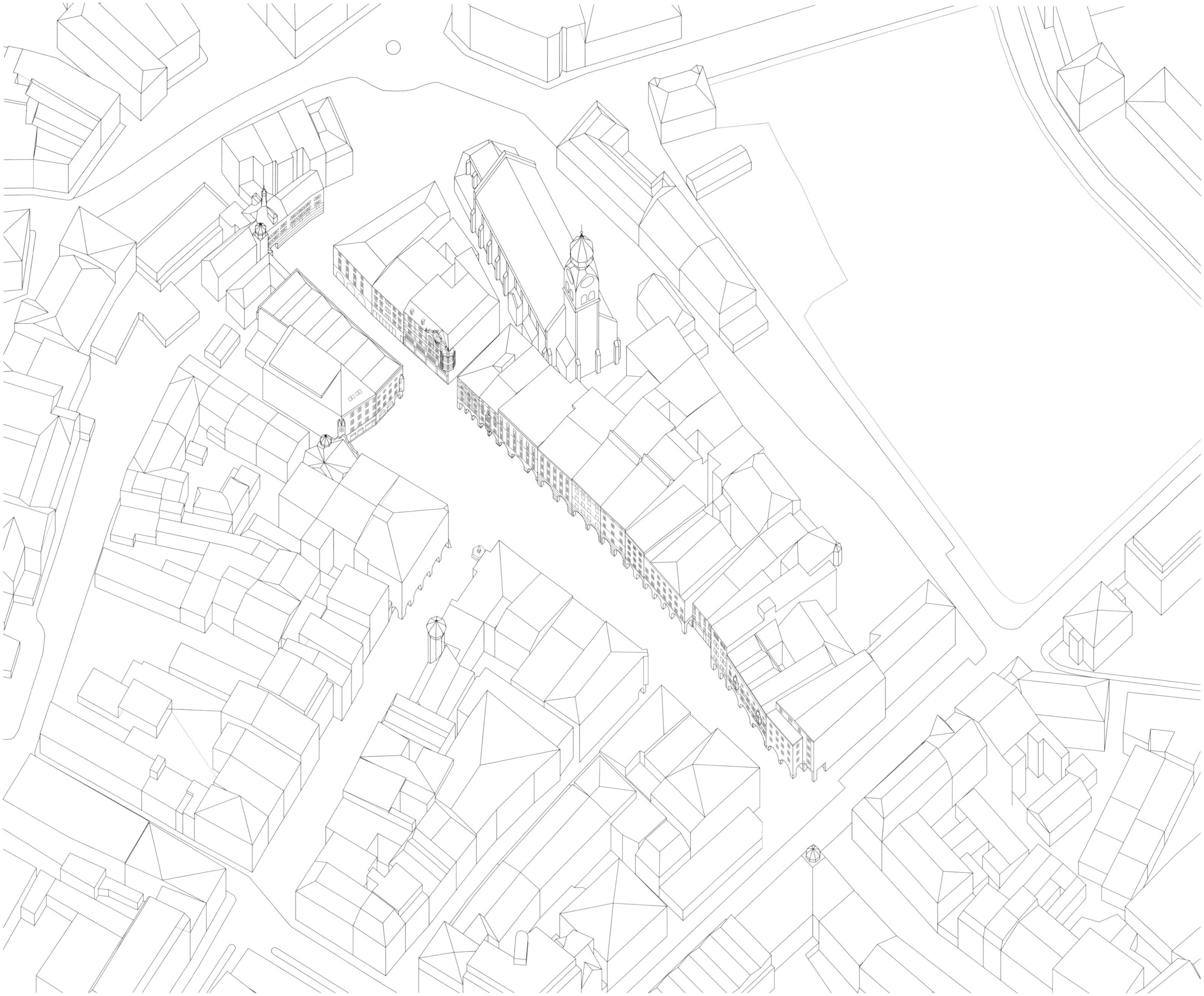

1 : 1250

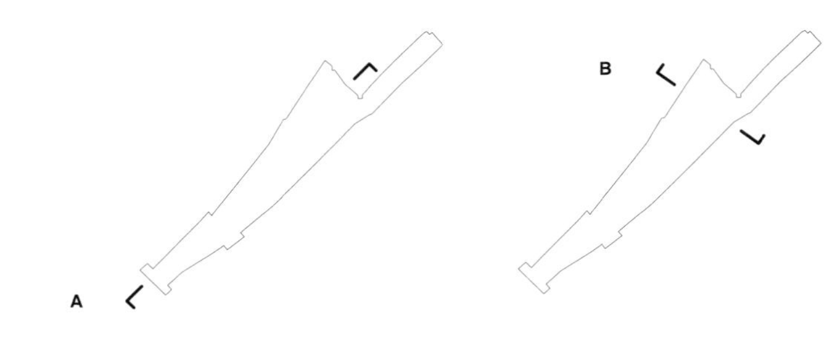

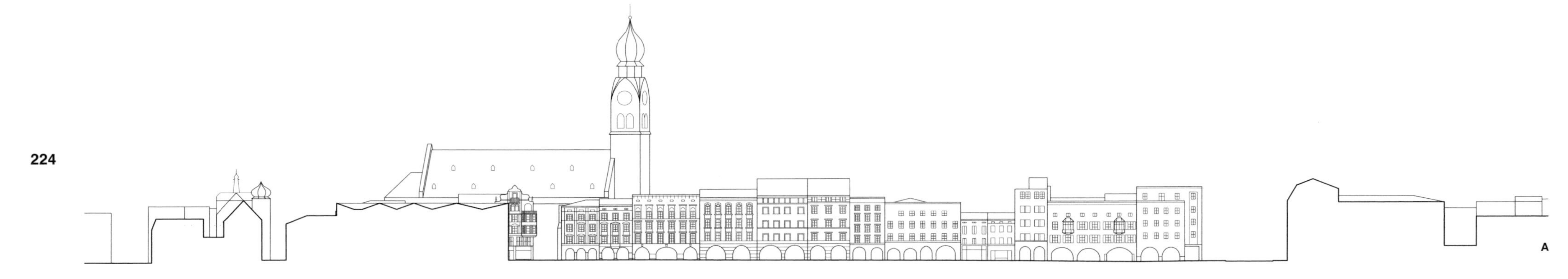

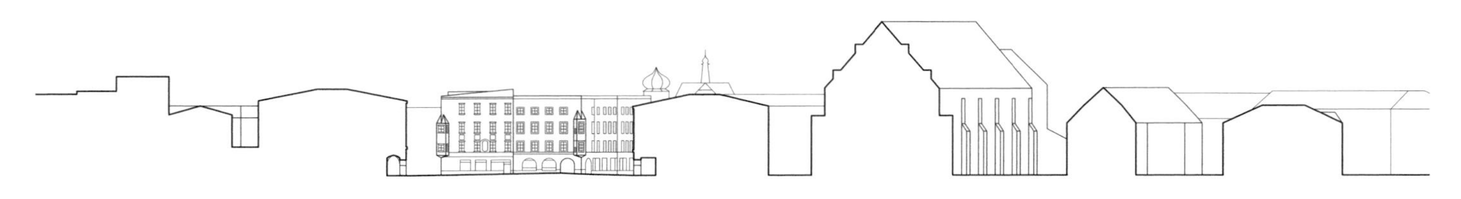

1 : 1250

1 : 1250

马约尔广场

西班牙，萨拉曼卡

西班牙最具活力的马约尔广场被认为是最具有代表性的案例，它从历史悠久的城镇中心的结构中凸现。无规律的网状街道围绕着广场的外部，而内部围合了一个规则几何形的露天大厅。外立面的平滑轮廓通过高耸的双开拱门清晰可见，几乎没有被通道打断。甚至以装饰华丽的正面而闻名的市政厅，也被其中一个通道横穿。落地窗户及阳台栅格这些元素的重复强调了通道之上3层建筑的宁静统一，沿屋檐设置的栏杆重复着拱廊柱子的韵律，所有细节都有助于塑造整体的形象，欢乐愉悦的氛围是该广场最为人称道的地方，这主要是由于独具当地特色的红色石灰石铺装使得整体空间环境沉浸在温暖、柔和的光线中，这种气氛的营造不仅让人们饶有兴致地在周边咖啡厅小憩，甚至会在光秃秃的石头铺装的路面上休息。

位置：萨拉曼卡，城市中心

时间：1729—1755年

建筑师：阿尔贝托·丘里奎拉，安德烈斯·加西亚·德·奎诺斯

规模：6 400 m²，长76～82 m，宽80 m，建筑屋檐的平均高度为14 m

主要建筑：市政厅（市政府），由安德烈斯·加西亚·德·奎诺斯设计修建（立面）

地面铺装和设施：石材路面、4个烛台、石座

1 : 5000

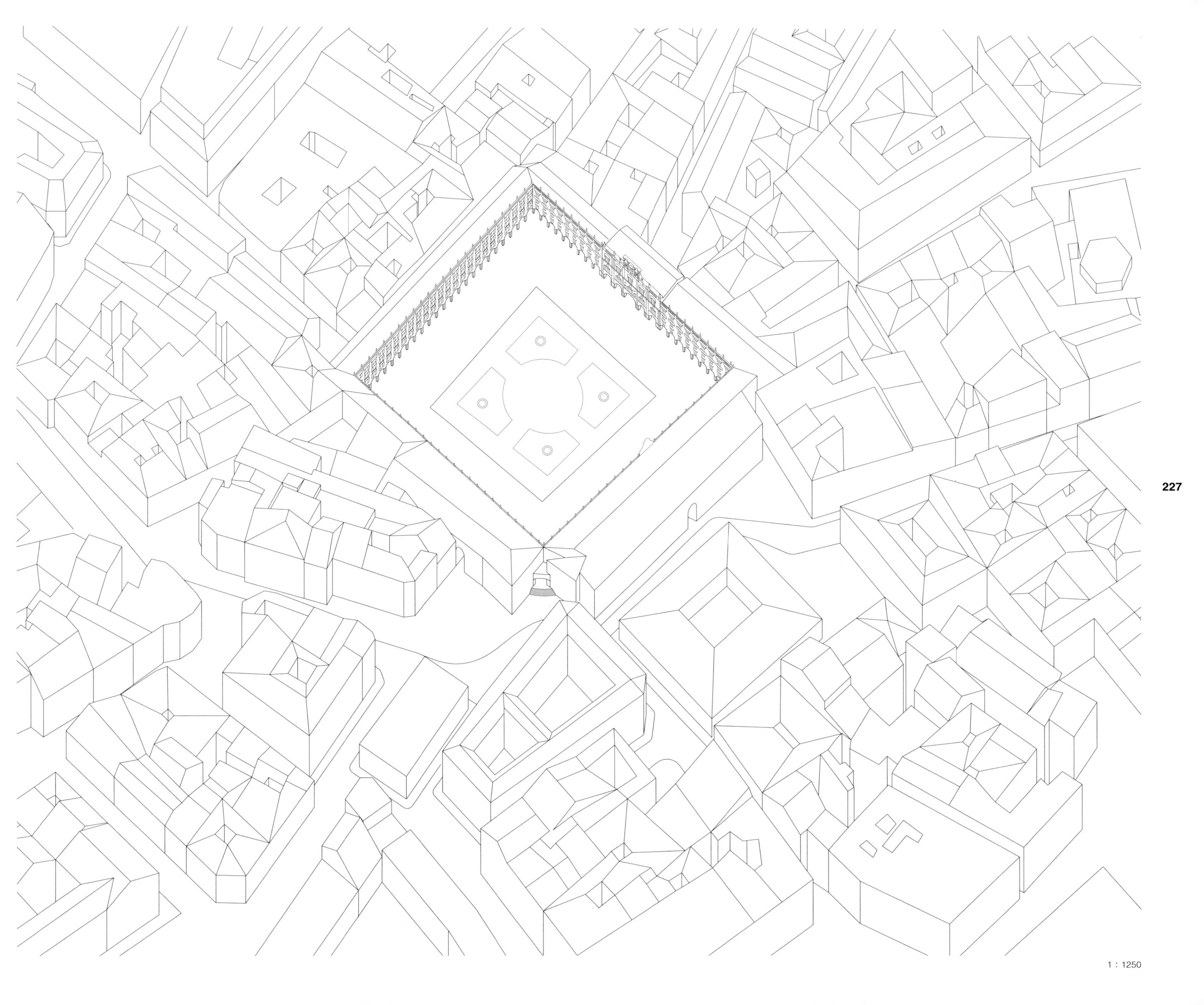
1 : 1250

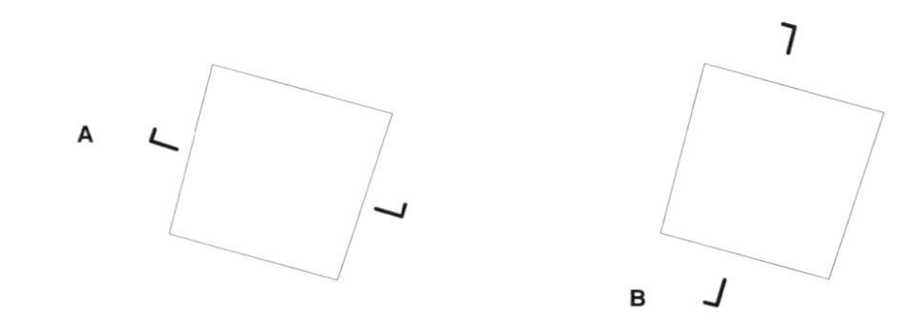

A

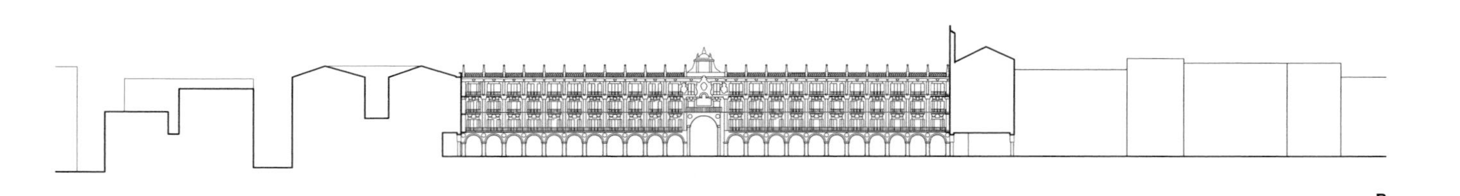

B

1 : 1250

1 : 1250

主教宫广场、大教堂广场、卡比第广场

奥地利，萨尔茨堡

巴洛克式广场的巨大尺度与被紧紧包围的中世纪建筑形成鲜明对比，大教堂连同周边建筑和广场之间有着近乎平衡的图底关系。主教宫广场是最大的广场，它位于老主教宫与新主教宫之间。北部边缘由圣迈克尔教堂和几个私人住宅构成。在南部，广场毗邻庄严的大教堂外墙，教堂在该侧不设入口。为了进入大教堂广场和大教堂，游客必须穿过多姆博根柱廊。大教堂广场更像是一个私人的院子，被大教堂和令人印象深刻的立面所投下的大面积阴影所覆盖。由于广场相对较小，所以大部分空间都在大教堂立面的控制之下，站在广场上只能以仰视的姿态看向大教堂。穿过西南部的多姆博根柱廊，到达卡比第广场，从这里望向城堡山时，会感到广场更加宽敞舒适。

位置： 萨尔茨堡，老城区

时间： 1614—1628年

建筑师： 见主要建筑部分

规模： 主教宫广场面积为9 600 m²，长约120 m，宽约80 m，屋檐的高度高达21 m；大教堂广场面积为4 220 m²，长74 m，宽57 m，拱廊的高度大约为14 m，钟楼的高度大约为72 m；卡比第广场面积为7 460 m²，长96 m，宽80 m，屋檐高度为17～20.5 m

主要建筑： 大教堂，1614—1628年，由文森索·斯卡默基、桑提诺·索拉里设计修建；圣米高教堂；老主教宫和新主教宫

地面铺装和设施： 主教宫广场：从萨尔茨河中挑选的鹅卵石、沥青地面；公寓喷泉，1656—1661年，由托马索·迪·迦罗娜修建；大教堂广场：沥青地面；圣玛丽柱，1766—1771年，由沃尔夫冈和约翰·哈格诺埃设计修建；卡比第广场：沥青地面，卡比第喷泉，1732年，由弗朗茨·安东·当莱特设计修建

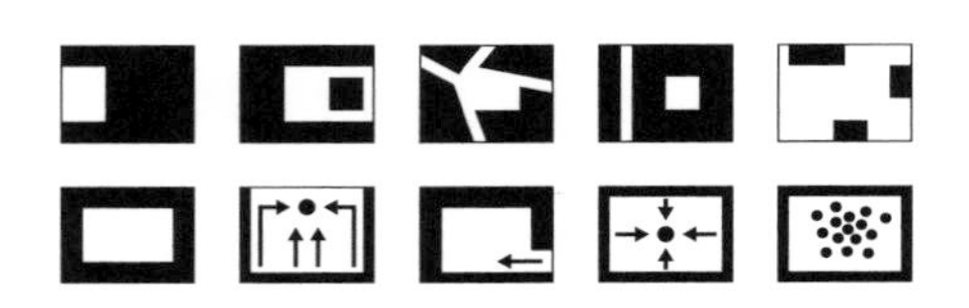

1:5000

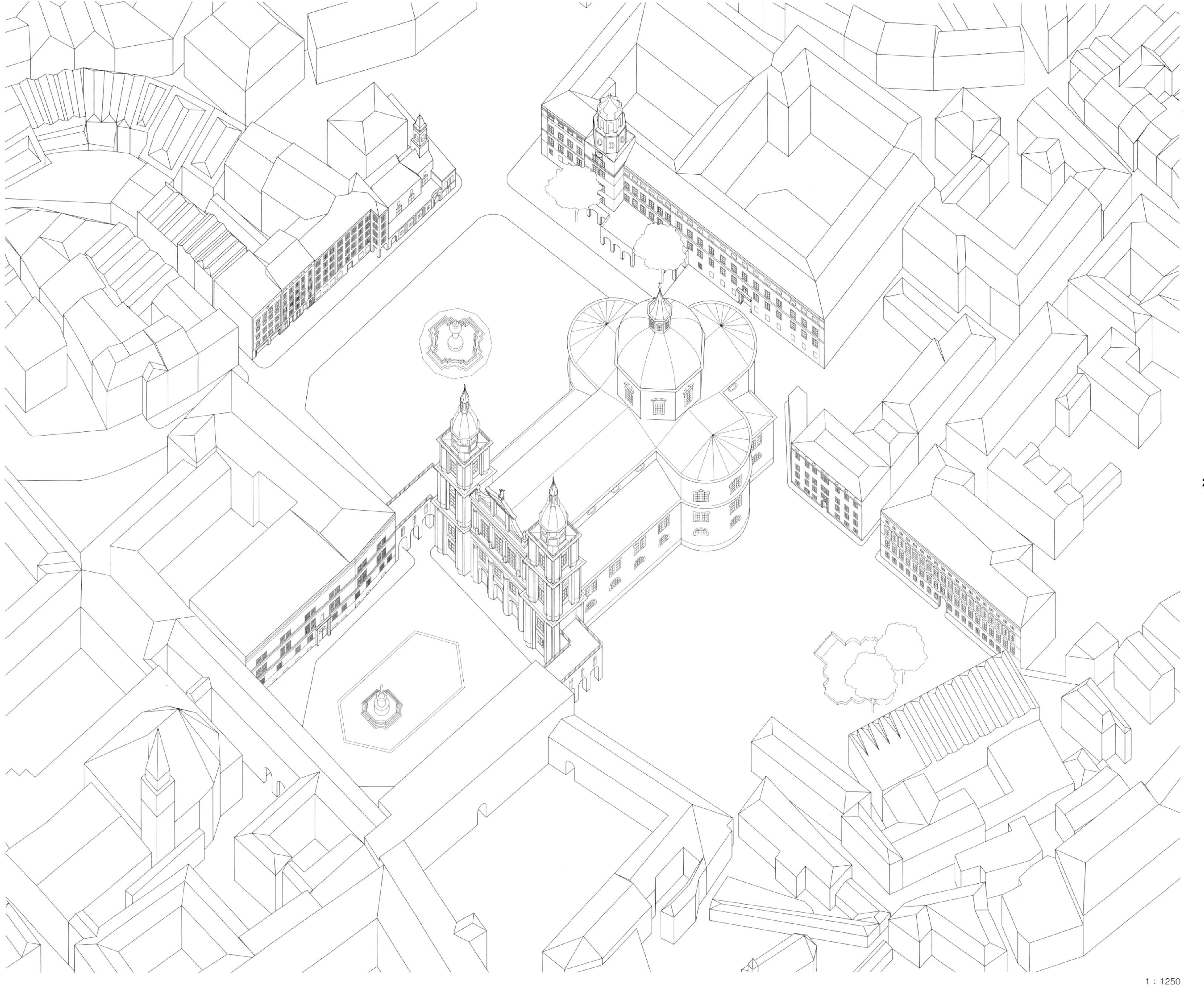

1 : 1250

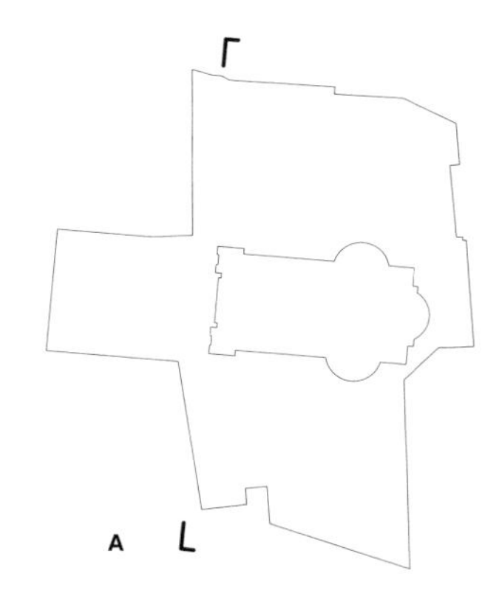

1 : 1250

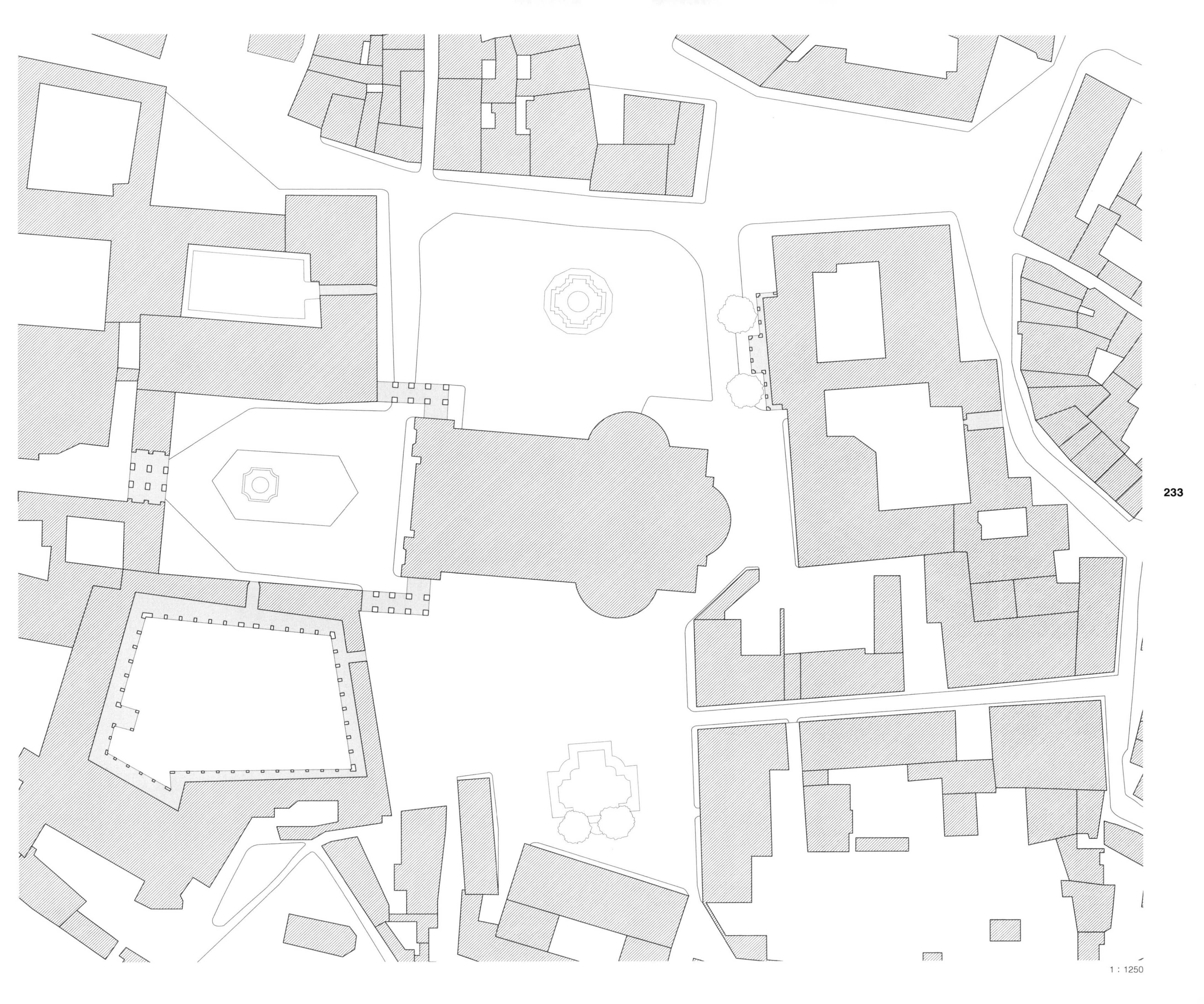
1 : 1250

田野广场

意大利，锡耶纳

在环绕锡耶纳小城的3座山与锡耶纳这所历史悠久的小城之间的山谷里，田野广场形成了一个集会中心。就像在城市结构中主要道路会集于一点一样，广场本身的形状是由放射状和同心结构构成，有一种向中心内聚的效果。一方面，它仿佛巴洛克式的剧院，建筑立面像围绕着的座椅彼此相叠，所有的窗户都朝向中心，市政厅就是广场舞台的背景。放射状的石板路沿着倾斜的地势朝着市政厅方向顺势而下，最终会聚到排水口。站在广场周边的建筑前，整个广场一览无余，一条城市干道从广场边缘经过。另一方面，同心圆的环形小路包围着广场，主要道路围绕着整个广场的外部边缘。在其内部，尽管被环形的人行道分隔，陡直的建筑还是围合了贝壳状的广场。人行道可供人们散步，偶尔也会用作帕利奥赛马场地。这种斜坡的砖地面设计与建筑立面上温暖的红色和谐统一，让游客感觉舒适，人们在广场上坐着，感觉就像在草坪上一样。

位置：锡耶纳，历史区域中心

时间：自1279年始建，1327—1349年铺装

规模：11 400 m²，长约125 m，宽约100 m，屋檐高为14～21 m，曼吉亚塔楼高度为102 m

主要建筑：紧邻曼吉亚塔楼的市政大厦，1297—1342年，1680年；广场小教堂，1352—1468年，由多梅尼科·迪阿戈斯蒂诺，安东尼奥·费德里希设计；桑塞多尼宫，1216—1339年，由乔瓦尼·奥古斯丁设计

地面铺装和设施：砖路面，石板地面将表面分为9个部分，石柱；欢乐喷泉，1414—1419年，由雅各布·德拉·奎尔恰修建

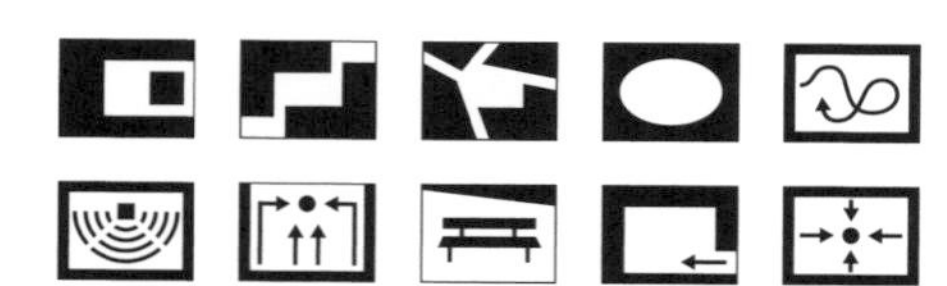

1 : 5000

1 : 1250

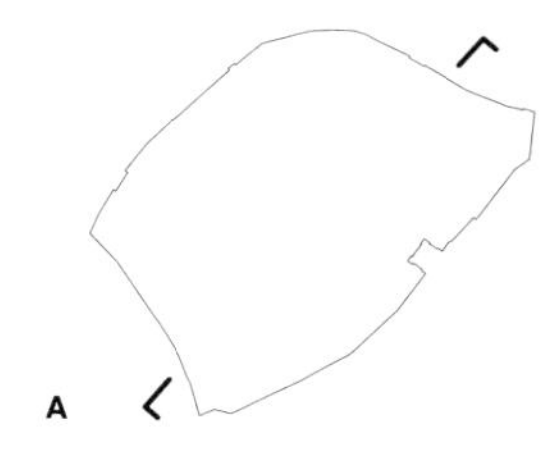

1 : 1250

1 : 1250

王宫广场

德国，斯图加特

斯图加特市位于内卡河谷地，市中心的王宫广场巨大而宽阔。新王宫环抱荣誉庭院，广场对面建在台阶上的柱廊形商业建筑——国王大厦与其遥相呼应。与德国其他商业街区不同的是，这里的商业空间与广场空间毗邻。行人可以远离购物区的喧嚣，而静心体会这一开敞的公共空间。尽管广场被主体建筑环绕，但是广场的边界却是通过更远处的山体界定。只有从山坡的尺度考量，才会发现广场中大部分区域之间的连续性。一对喷泉和一根30 m高的柱子在巨大的广场之中并不起眼，但它们却对空间进行了微妙的划分。在广场南侧，行人进入步行街前，仍可驻足再一次欣赏山坡上的壮丽景色。

位置：斯图加特，城市中心

时间：1775—1778年

建筑师：莱因哈德·斐迪南德·海因里希·费舍尔

规模：51 000 m^2，王宫广场长173～200 m，宽212～242 m，屋檐高度为14～21 m，老城堡的高度为34 m，荣誉庭院长90 m，宽90 m，屋檐的平均高度为19 m

主要建筑：新王宫，1746—1807年，由莱奥波尔多·瑞特、菲利普·德·拉·格皮埃尔、莱因哈德·费迪南德·海因里希·费舍尔、尼古拉斯·弗里德里希·冯·图雷设计修建；国王大厦，1855—1859年，由约翰·迈克尔·克纳普、克里斯蒂安·弗里德里希·莱恩设计，1958—1959年，由卡尔·施瓦德勒设计；旧宫殿，1553—1578年，由阿伯林·特雷奇、布拉修斯·伯瓦特设计修建,1947—1969年，由保罗·施米特纳尔等设计修建；艺术中心，1909—1913年，由特奥多·费舍尔设计修建，1956—1961年，由保罗·波纳兹，甘特·威廉设计；斯图加特艺术博物馆，1999—2005年，由Hascher& Jehle建筑事务所设计

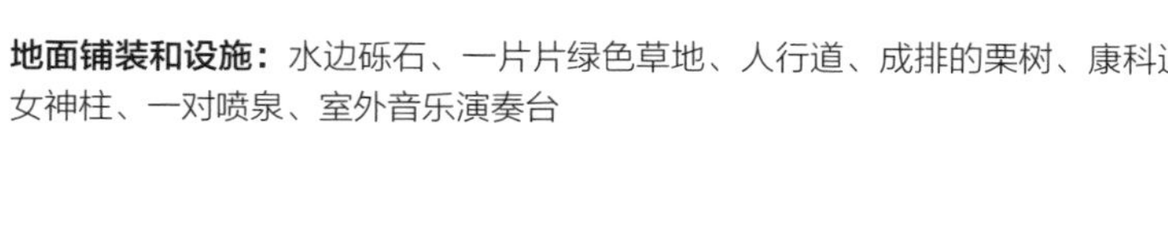

地面铺装和设施：水边砾石、一片片绿色草地、人行道、成排的栗树、康科迪亚女神柱、一对喷泉、室外音乐演奏台

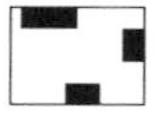

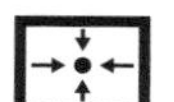

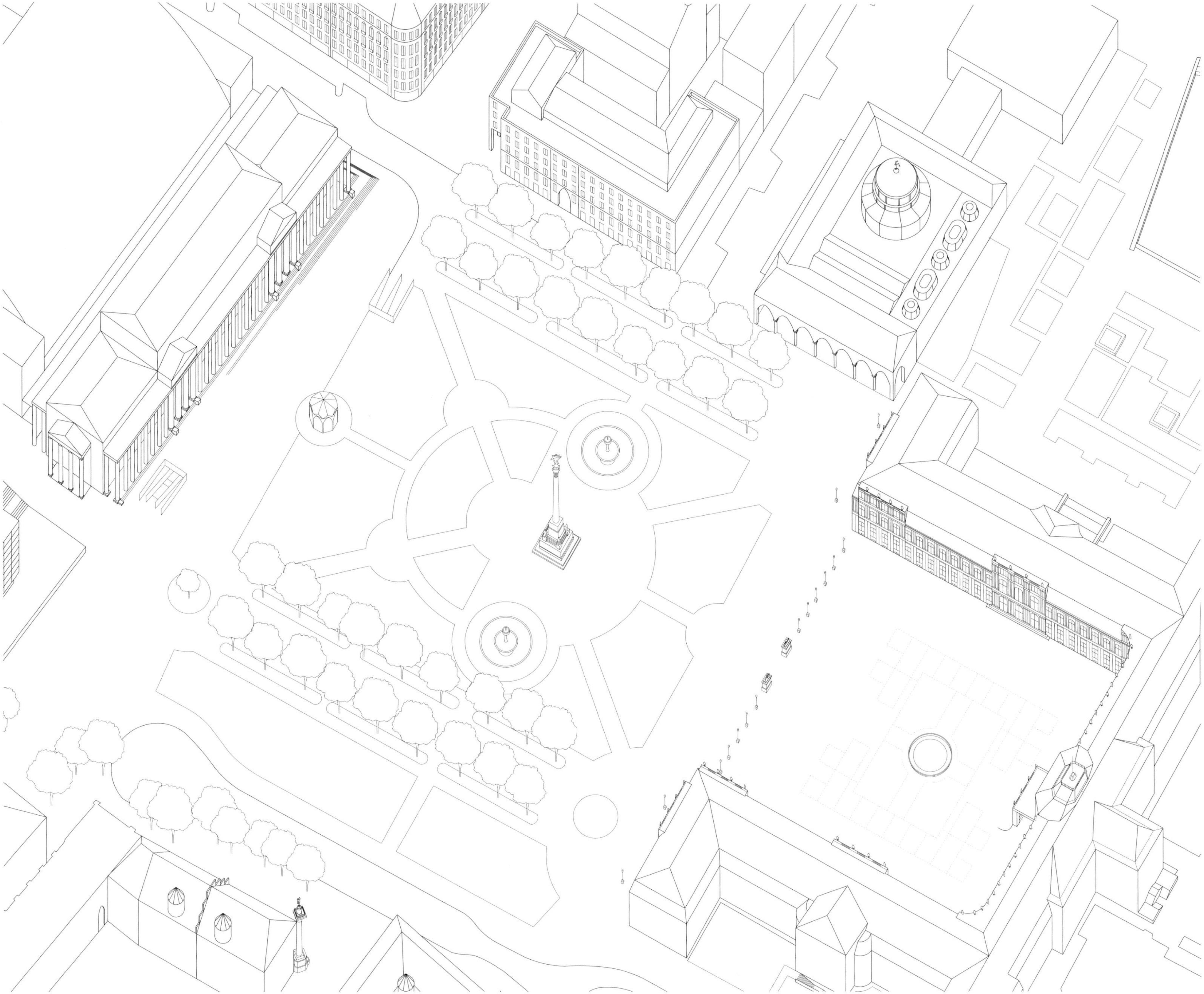

1 : 1250

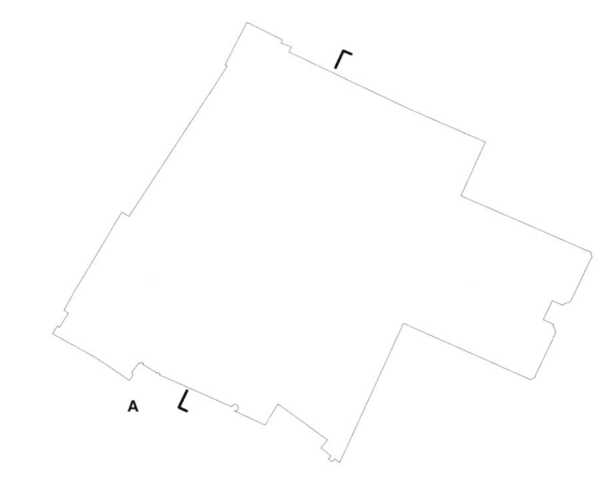

240

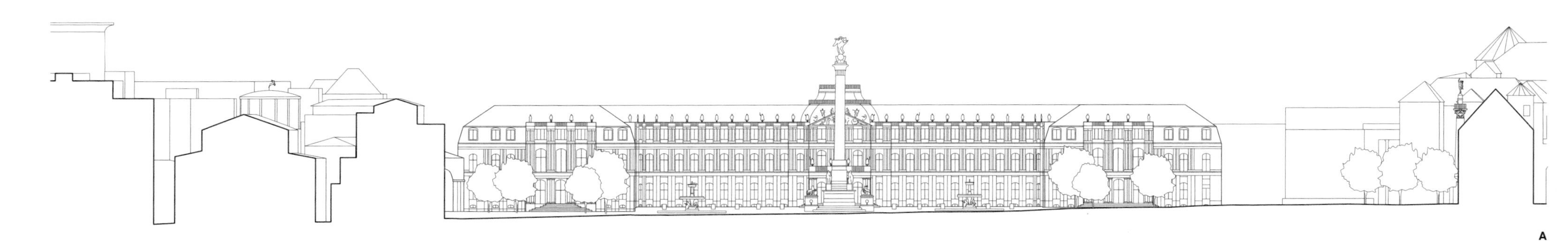

1 : 1250

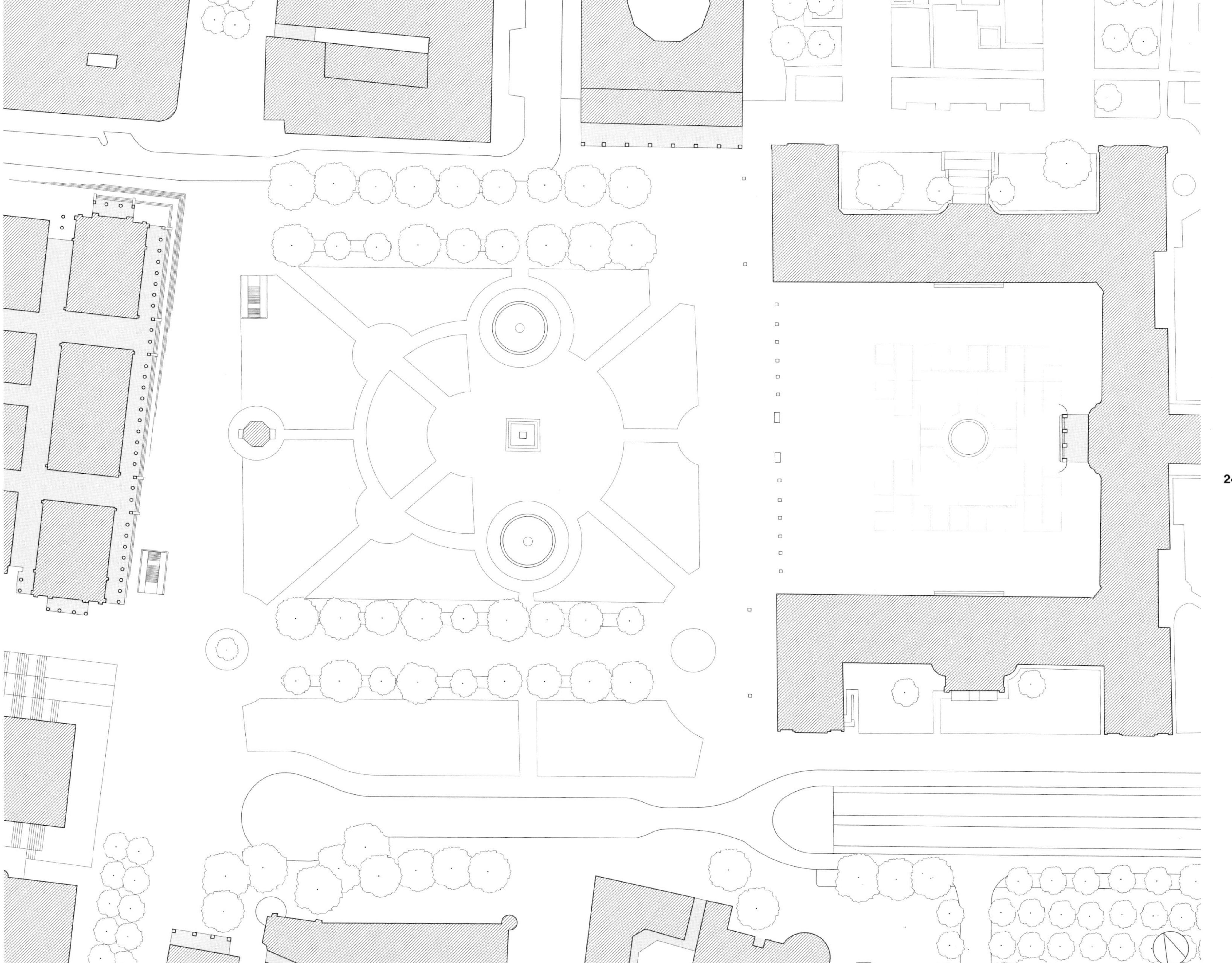
1 : 1250

卡比托勒广场

法国，图卢兹

卡比托勒广场是一个从城市周边结构中清晰分离出来的广场。为了达到理想的对称性和均匀性，满足人们对广场的需求变化，跨越了几个世纪，广场被不断重新设计，逐渐形成了朝向大剧院的布局，大剧院内部有市政厅和市政厅剧院。广场是空旷的：除了停车库入口外，没有任何永久性建筑。广场地面采用浅色石板拼出粗细不同的线条，组成了网格铺装图案。广场中心嵌入了十字架形状的铺装。广场三面临街，由路桩环绕，而靠近市政厅正面的一侧却禁止车辆通行，所以广场与市政厅的关系更加紧密。周边的立面给人统一和封闭的空间印象，因为它们具有相似的比例、尺度，以及节奏和色调。市政厅对面的建筑立面颇具特色，贯穿整个立面的柱廊被遮蔽在楼宇之下，诸多的咖啡馆、餐厅置于其中。

位置：图卢兹，卡比托勒一区

时间：1676—1851年，广场和相邻建筑增加开发；1730—1760年，重新设计市政厅立面和广场；1972年和1995年重建，包括停车库

建筑师：1730 —1760年，吉约姆 · 卡玛斯、安托尼 · 利瓦兹；1800年后，雅克 · 帕斯卡 · 维本

规模：12 200 m²，长130 m，宽94 m，屋檐高度大约为18 m

主要建筑：市政厅，1738—1739年，由吉约姆 · 卡玛斯进行立面设计

地面铺装和设施：花岗岩、大理石、有十二星座标志的十字架地板装饰品，由雷蒙德-莫列蒂设计

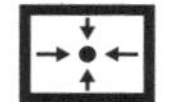

1 : 5000

1 : 1250

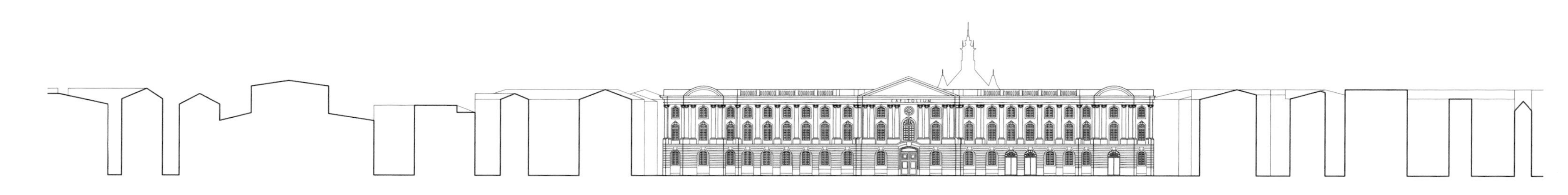

1 : 1250

1 : 1250

统一广场

意大利，的里雅斯特

的里雅斯特作为一个港口和滨水城市，其主要广场也邻水设置。广场紧临亚得里亚海，视野开阔，海景一览无遗，广场的设计呈现的横向视野也充分体现了大海的一望无际。虽然海滨大道将大海与广场隔开，但是二者在视觉景观上融为一体，只有一组旗杆暗示着广场边界。蓝色的地灯散布在广场北部，蓝色的柱状灯穿过街道，延伸至海滨长廊。夜间，地灯和柱状灯组成了蓝色的发光体连接起广场和大海。巨大的喷泉在广场的另一端，来自市中心的道路在此会聚。周边始建于19世纪的行政大楼通过辉煌的建筑风格诉说着帝国的历史。明亮的灯光，加上建筑立面的夜景照明及空间的开阔感，使广场弥漫着别样的气氛。

位置：的里雅斯特，历史区域中心

时间：1870年始建

建筑师：见主要建筑部分

规模：16 700 m²，长约200 m，宽80～85 m，建筑高度为16.5 m～22 m，市政厅塔的高度大约为38 m

主要建筑：市政府，1872—1875年，由朱塞佩·布鲁尼设计；佩莱纳里奥·彼特里宫，1780年，由莫罗设计；布鲁尼酒店，1873年，由金尼奥·盖林格尔、乔瓦尼·里盖托设计；特里埃斯蒂诺宫，1880—1883年，由海因里希·凡·费斯特设计；政府大厦，1901—1905年，由埃米尔·阿尔特曼设计；莫德洛宫，1871—1873年，由朱塞佩·布鲁尼设计

地面铺装和设施：石板、轻型框架线；查理六世的荣誉柱，1728年，由洛伦佐·法诺力设计；四大洲喷泉，1750年，由乔瓦尼·马佐莱尼设计；两个巨大的旗杆，1933年阿蒂利奥·赛尔瓦制作的雕塑；两列各四根灯柱；蓝色地板灯

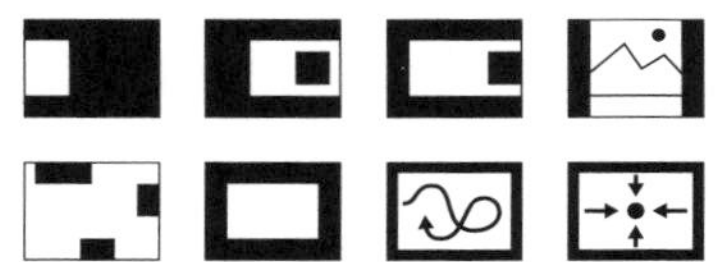

1:5000

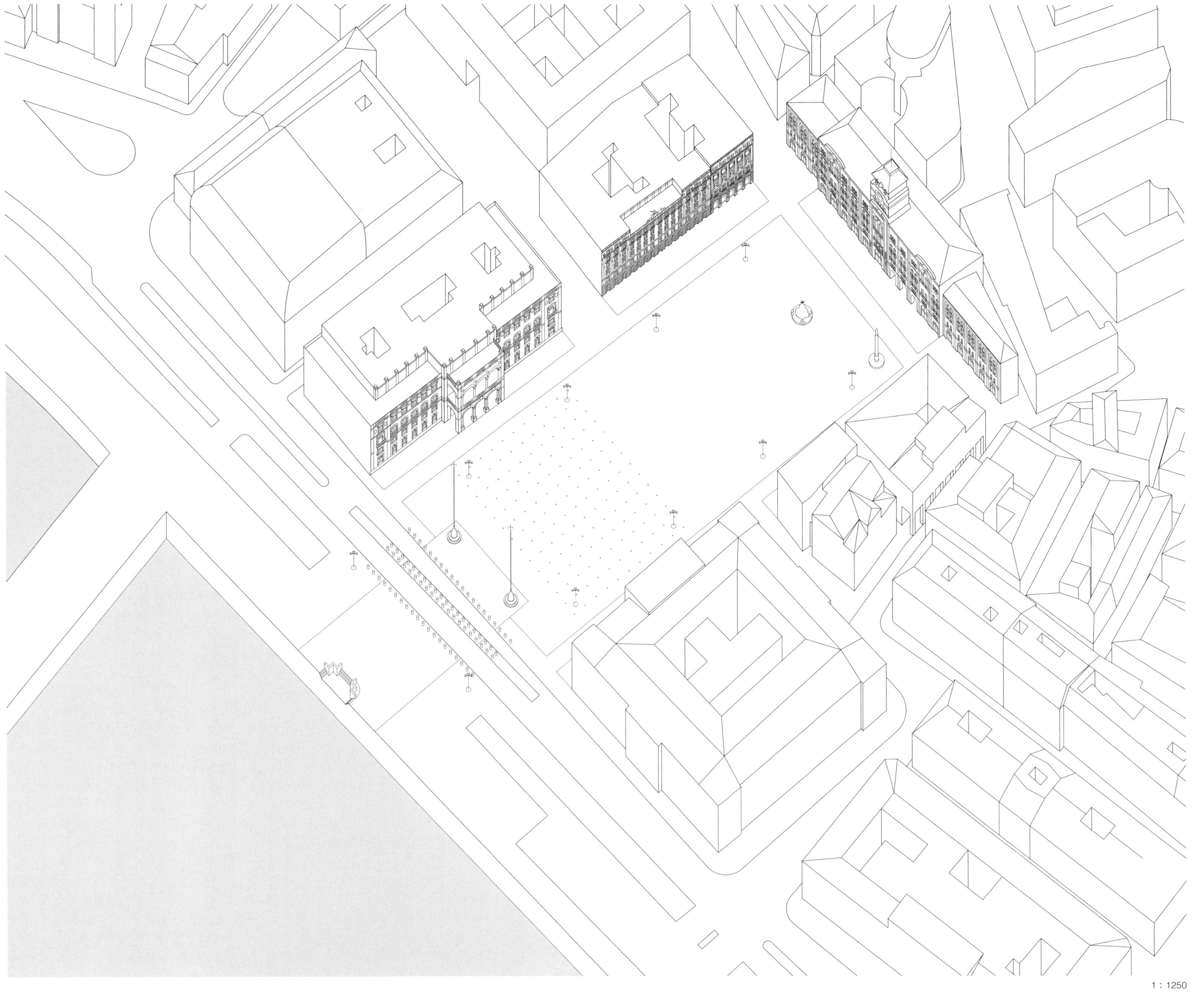

1 : 1250

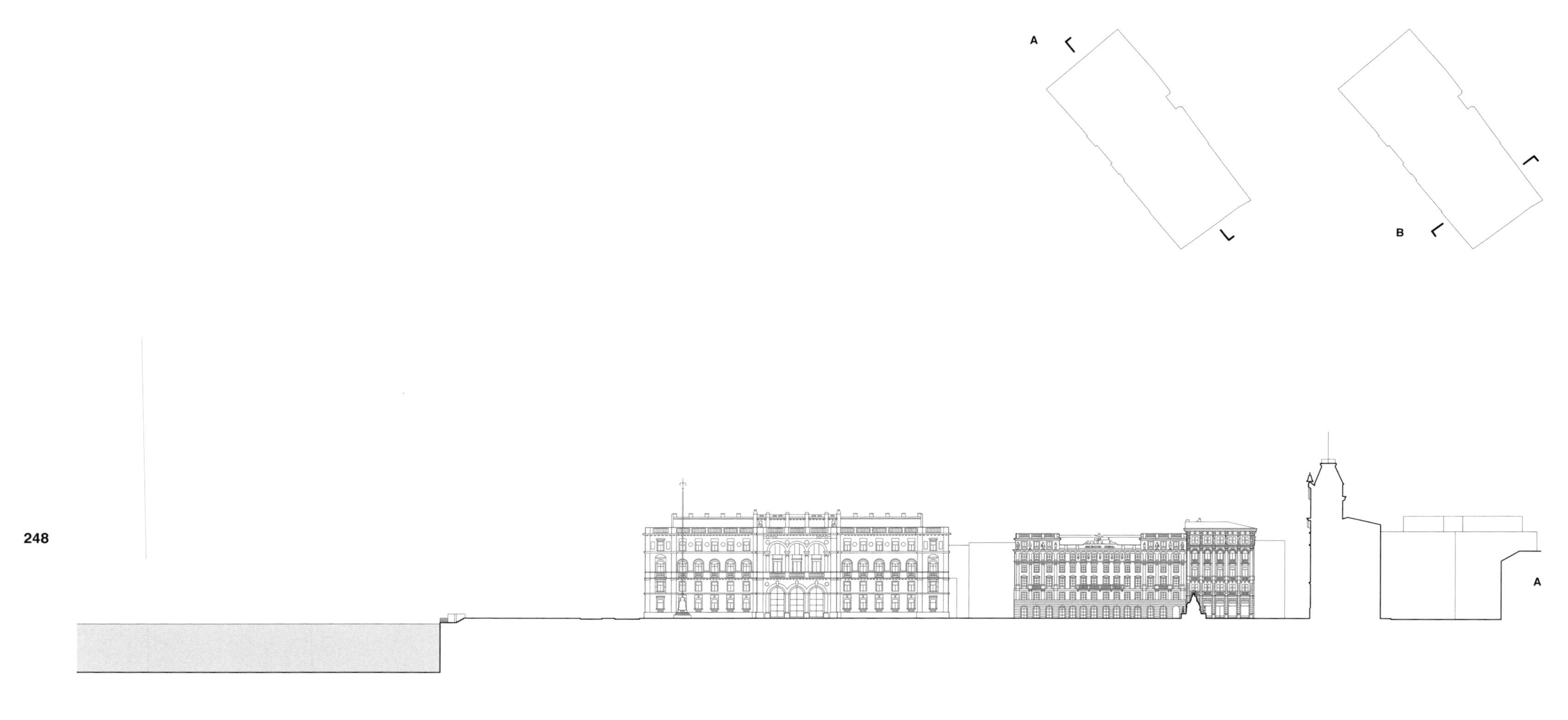

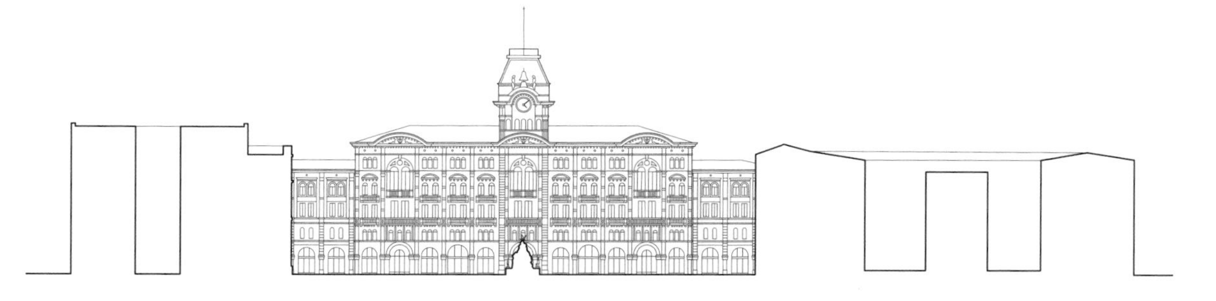

1 : 1250

1 : 1250

自由广场

意大利，乌迪内

乌迪内城堡山脚下的道路交叉口形成了自由广场。广场也可被视为市政宫的前院，被对面的乔凡尼长廊围合。钟塔、山和城堡对远处的景色形成遮挡，但是在市政宫上架起的多通道凉廊处可以眺望远方的景色。广场被限制在一个宽阔的平台内，平台上的柱子、雕塑、纪念碑和喷泉之间建立了多元的空间联系。这打破了广场中央有顶凉廊和开敞平台之间的平衡。因此，广场周边建筑之间多样的联系产生了变化的景象，利用对角、重叠、收缩和水平地形上的差异形成了这一景色：前方一直是风景，而背景渐行渐远，美景布满了城市这块大画布……在广场上，使用者一直在运动，永不停息；人看人即为风景，风景无处不在，也永不静止。

位置：乌迪内，历史区域中心

时间：15、16世纪

建筑师：见主要建筑部分

规模：3800 m²，长约85 m，宽25～63 m，屋檐高达17 m，乔凡尼长廊的高度大约为8 m

主要建筑：里奥奈洛凉廊（市政宫），1448—1456年，由尼科洛·廖内洛设计；乔凡尼长廊，1533—1539年，由贝纳迪诺·达·莫尔科特设计；钟楼公寓，1527年，由乔瓦尼·达·乌迪内设计；两列柱子，1490年、1612年修建；两个巨大的雕塑，1717年修建；喷泉，1542年由乔瓦尼·达·卡拉拉设计修建

地面铺装和设施：鹅卵石、楼梯；柱子、雕像和喷泉的露台；和平纪念碑，和平女神雕像，1819年修建

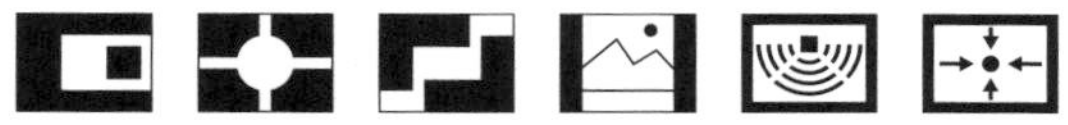

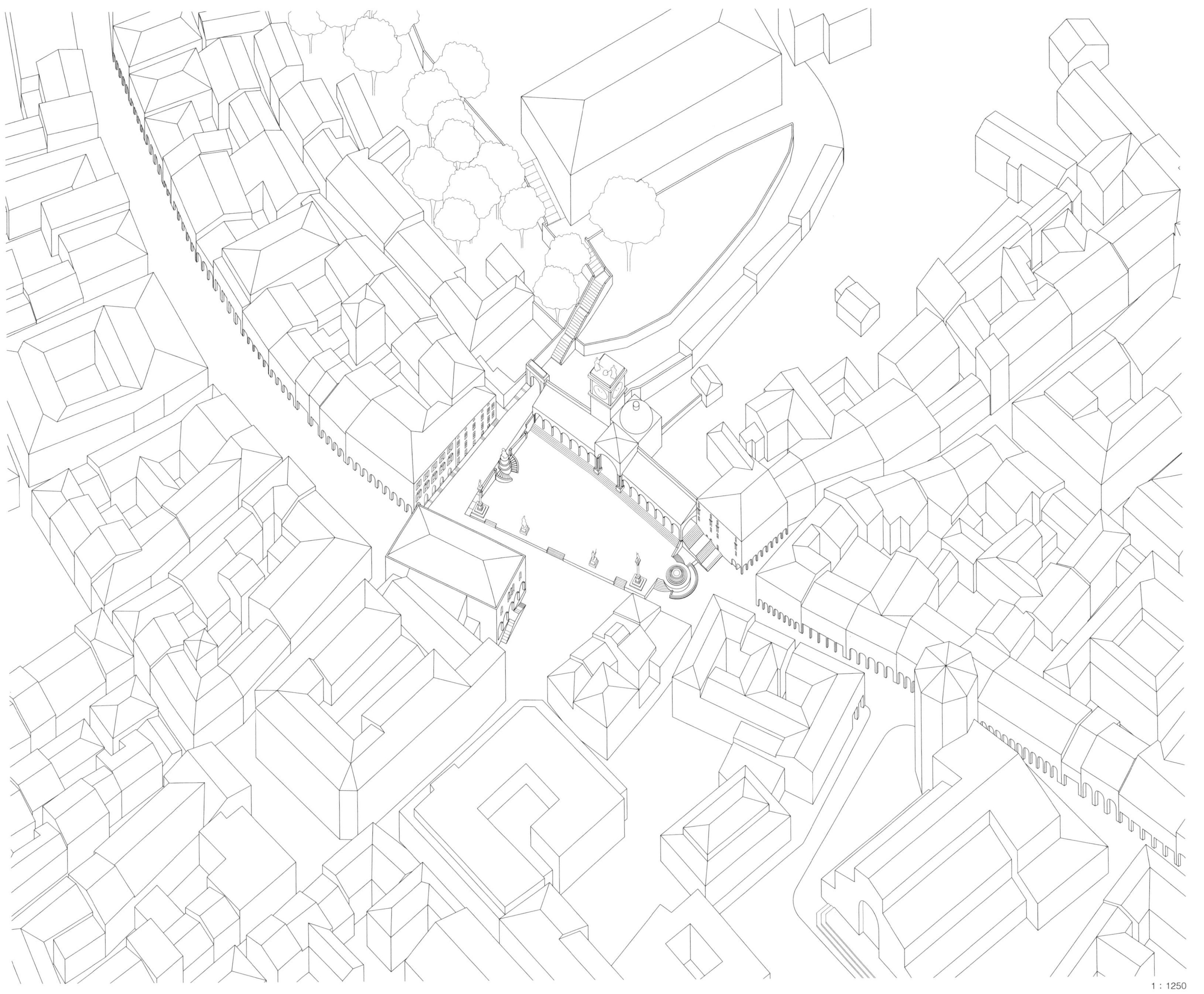
1 : 1250

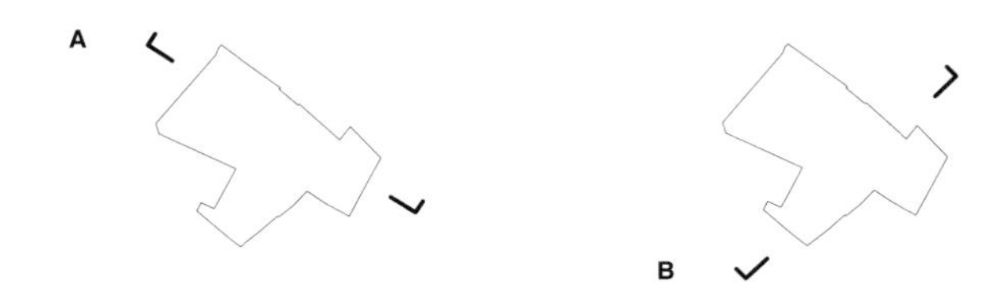

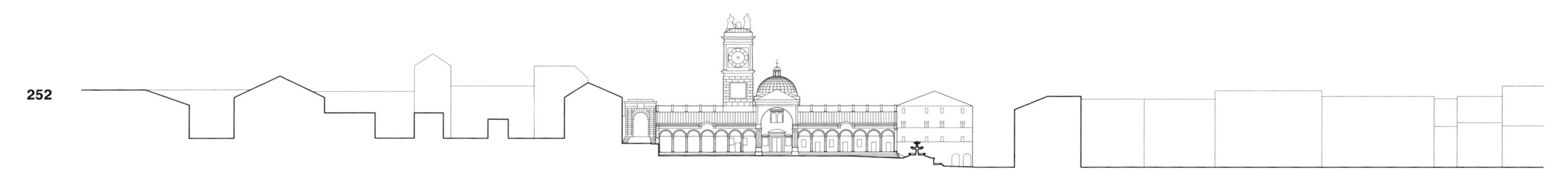

A

1 : 1250

1 : 1250

至美圣玛利亚广场

意大利，威尼斯

该广场的性质很模糊。一方面，教堂与其相邻的几栋建筑之间形成了某种空间结构，其特点由实体建筑与空隙之间的相互作用赋予。因此，由于其凸出的半圆形的后殿，教堂似乎侵占了广场的开放空间。另一方面，广场也正是由于其场地的特点而得以凸显：相比于其他广场，至美圣玛利亚广场通过两个狭窄的端部作为基准线来界定广场的范围，从而使其更加清晰明确。广场的两个界面被独特的宫殿立面占据，使广场同时成为两个对立建筑的前空间，并且它们反过来也控制着广场区域。进入该区域，教堂自身建筑体量占据了广场的一半空间。当人走向广场的另一边，建筑立面对广场的控制逐渐削弱。在这里，广场仅仅只是边界由朴实无华的建筑立面形成的一个场所，好似舞台背景。教堂北面的场所感更加强烈，由于其立面与广场对面宫殿的立面相呼应，形成了统一的空间效果。

位置： 威尼斯，城堡区

时间： 目前的外观主要形成于文艺复兴时期

规模： 5 000 m²，长115 m，宽40～56 m，屋檐的高度为15～17 m，钟楼的高度为40 m

主要建筑： 至美圣玛利亚堂，1504年，由莫罗 · 科杜西设计；几个宫殿

地面铺装和设施： 石板、两个蓄水池

1 : 5000

1 : 1250

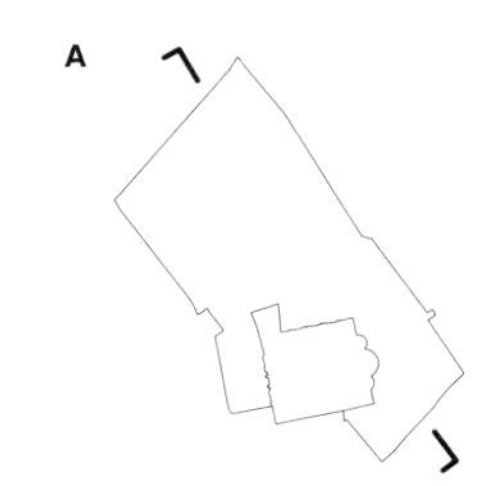

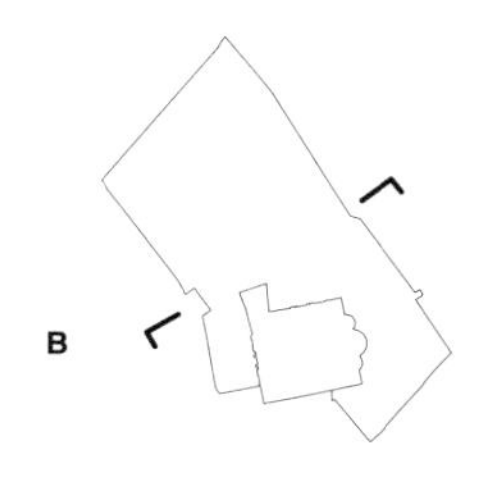

1 : 1250

1 : 1250

圣马可广场

意大利，威尼斯

拿破仑称这个广场是“欧洲最美的客厅”。实际上，这个空间被圣马可大教堂对面的新、旧行政官邸大楼节奏均匀的外墙所限定，它拥有舞厅一样的比例和高贵感。连接圣马可广场的是一个附属的延伸至水边的小广场。小广场朝向潟湖，圣马可教堂和迂回的河流、圣乔治-马焦雷教堂，以及海关大楼的前部共同围合成的水面可以被视为广场巨大的前院。当你像以前的威尼斯国家宾客一样乘船抵达广场时，你会发现接待区就在两个作为大门的立柱之间。相比之下，狮子小广场提供了前往城市密集建筑区的通道。最重要的是钟楼的空间功能，它划分了不同的空间，明确地展现了空间之间的联系——通过视线范围进行空间分隔，并通过重新审视这些空间来进行空间的连接。钟楼的门廊和前廊指向总督府的大门并进入庭院，同时也在钟楼和总督府之间形成对位关系。

位置：威尼斯，圣马可区

时间：11—18世纪

建筑师：见主要建筑部分

规模：19 500 m²，广场长约180 m，宽58 ~ 90 m，小广场长100 m × 宽50 m，狮子小广场长50 m，宽20 ~ 27 m，屋檐的高度为15 ~ 26 m，钟塔的高度为99 m

主要建筑：圣马可大教堂，11—18世纪；总督府，1172年到17世纪初；图书馆，1537—1588年，由雅各布 · 圣索维诺等人设计；钟楼，888—1517年，1903—1912年重新修建；前廊，1537—1540年，由雅各布 · 圣索维诺设计；钟塔，1496—1755年，由莫罗（据推测）、希奥尔希奥 · 马萨里设计；旧行政官邸，1500—1532年，由雅各布 · 圣索维诺等人设计；新行政官邸，1583—1640年，由温琴佐 · 斯卡默基、巴尔达萨雷 · 隆盖纳设计

地面铺装和设施：有曲线图案的石板，1723年，由安荣莉亚 · 提拉利设计；3根旗杆，两根圆形石柱

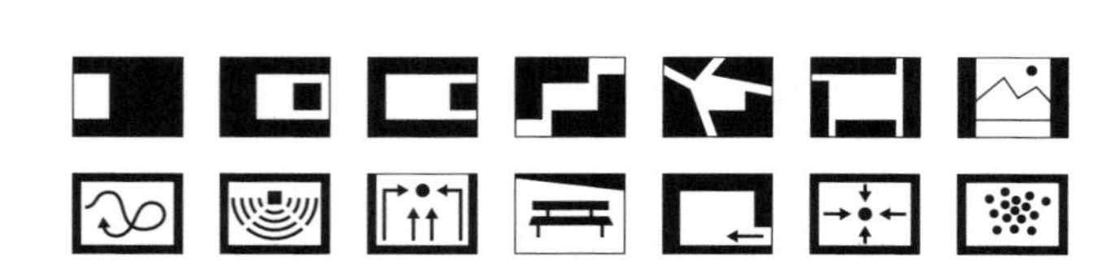

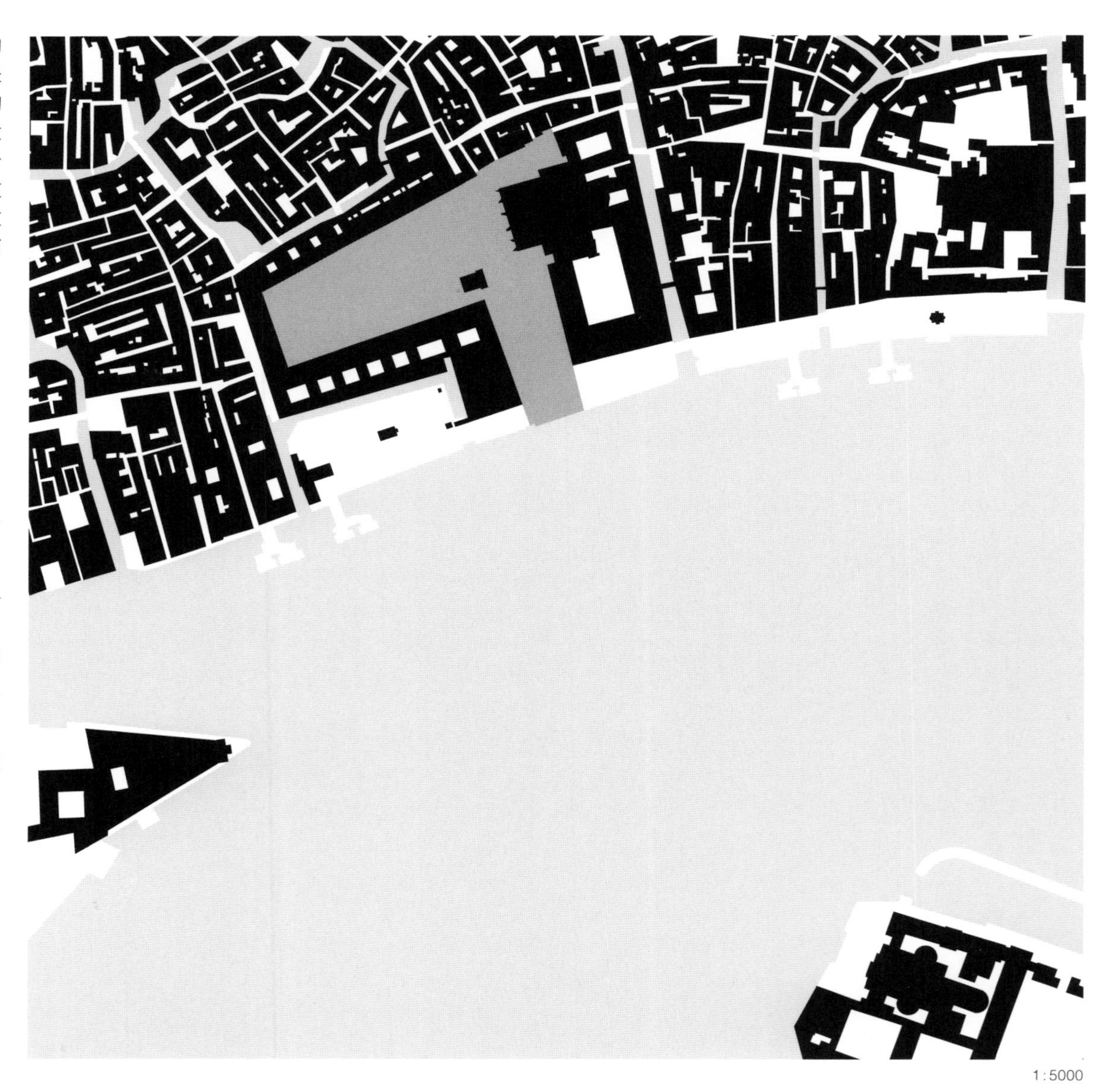

1 : 5000

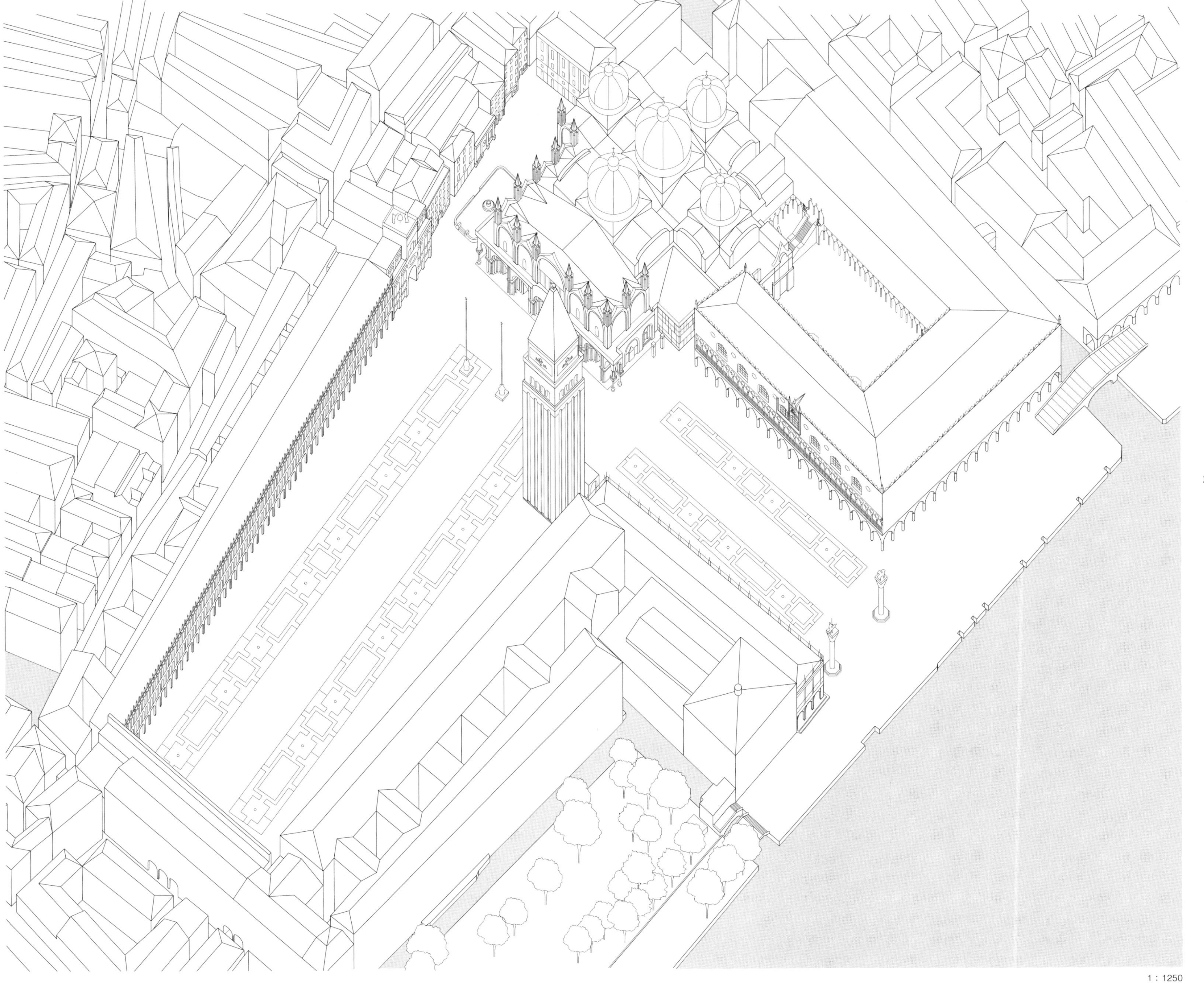

1 : 1250

260

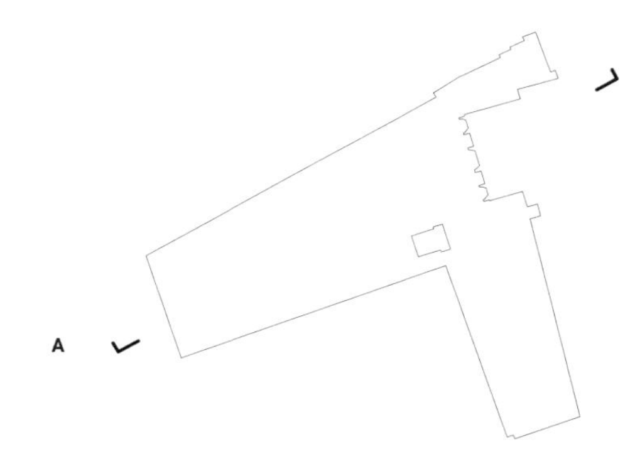

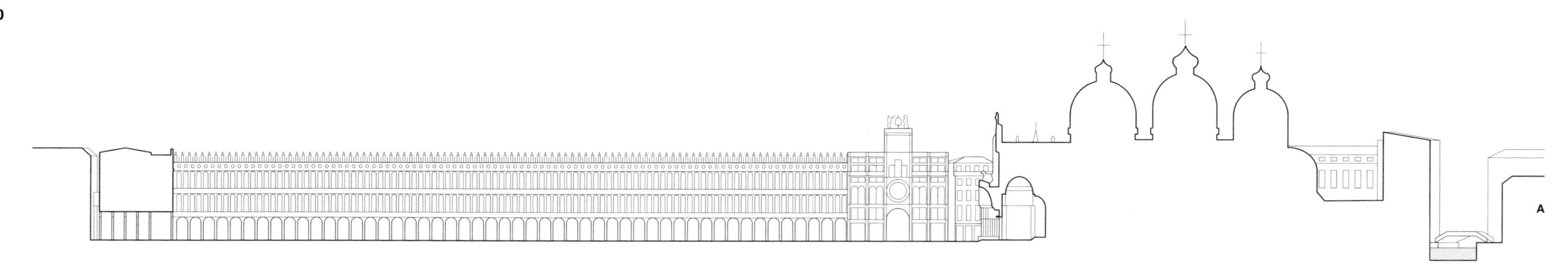

1 : 1250

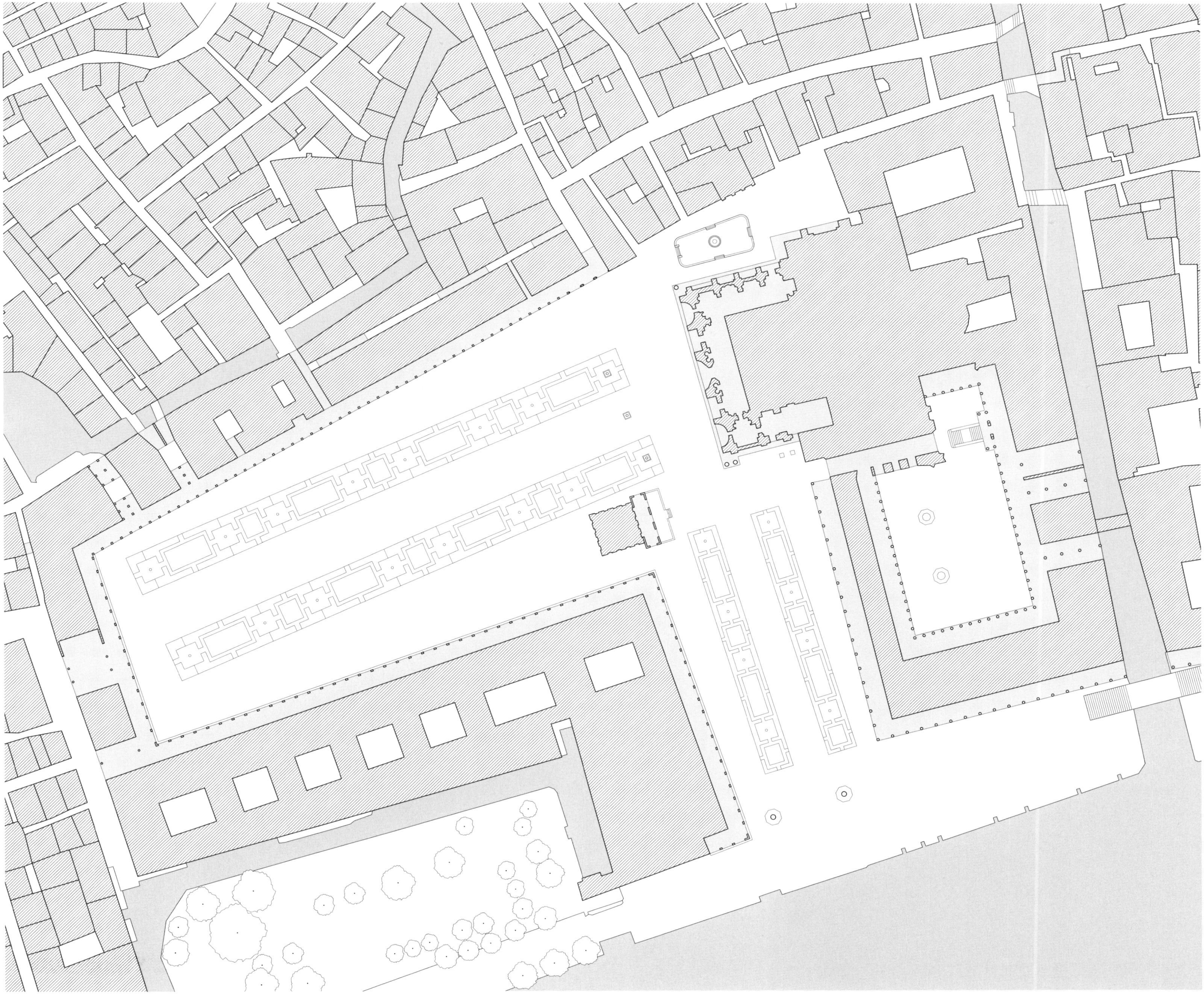

1 : 1250

香草广场

意大利，维罗纳

这个细长的广场具有不规则的形状，并且被很多白色集市遮阳伞所覆盖。除去诸多的遮挡物，露出广场的轮廓，纵观其形，似乎只有背面宫殿的立面明确地界定了广场的边界。然而，从朗贝尔蒂塔上俯瞰，广场只是整体公共空间的一部分，这个公共空间还包括周边的绅士广场和市政宫庭院。宫殿是这些附属空间的核心。几个空间通过拱门下面的门道彼此连接。整体布局基于各个部分的特殊交织。一方面，这些空间可以被当成是一系列比例逐渐紧凑的空间序列。另一方面，这些空间也可以当成通道，游人可以从香草广场途经绅士广场、宫殿的庭院及登塔的一段台阶，从而到达塔的顶部。这一系列的空间顺序逐步从水平转换到垂直，通过一侧高83 m的朗贝尔蒂塔达到水平向和垂直向的平衡。

位置： 维罗纳，历史区域中心

时间： 大约1300年

规模： 5 800 m²，长180 m，宽48 m，屋檐的高度为15～26 m，朗贝尔蒂塔的高度为83 m

主要建筑： 市政宫，1194年始建，19世纪修复；朗贝尔蒂塔，1172年始建，1463年修复；马菲伊宫，1668年修建；加德洛塔楼，1363年修建

地面铺装和设施： 黑石和大理石；集市柱，15世纪建造；圣母喷泉，罗马时代和14世纪建造；商人之家，14世纪建造；集市，1523年建造

1：5000

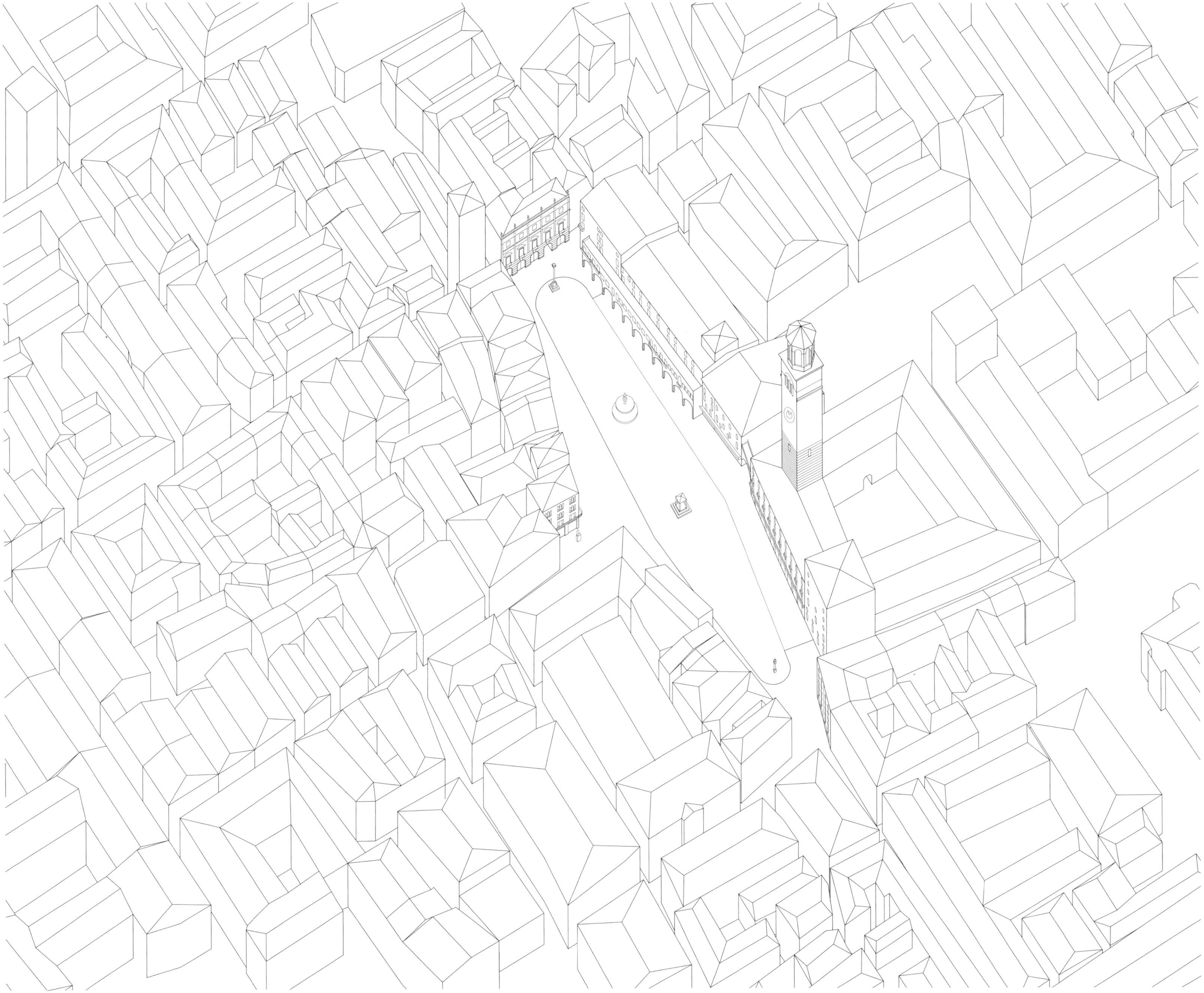

263

1 : 1250

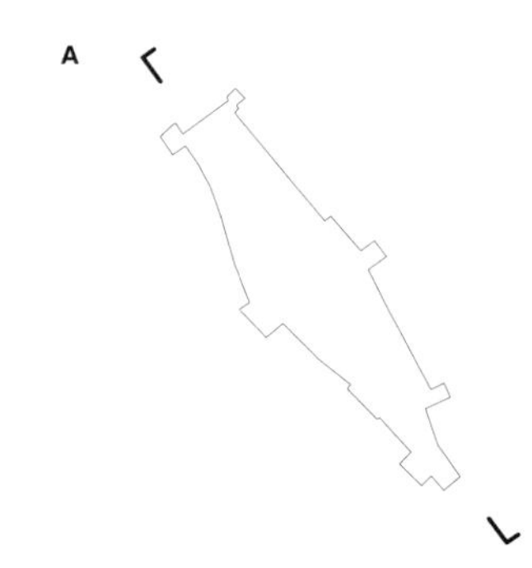

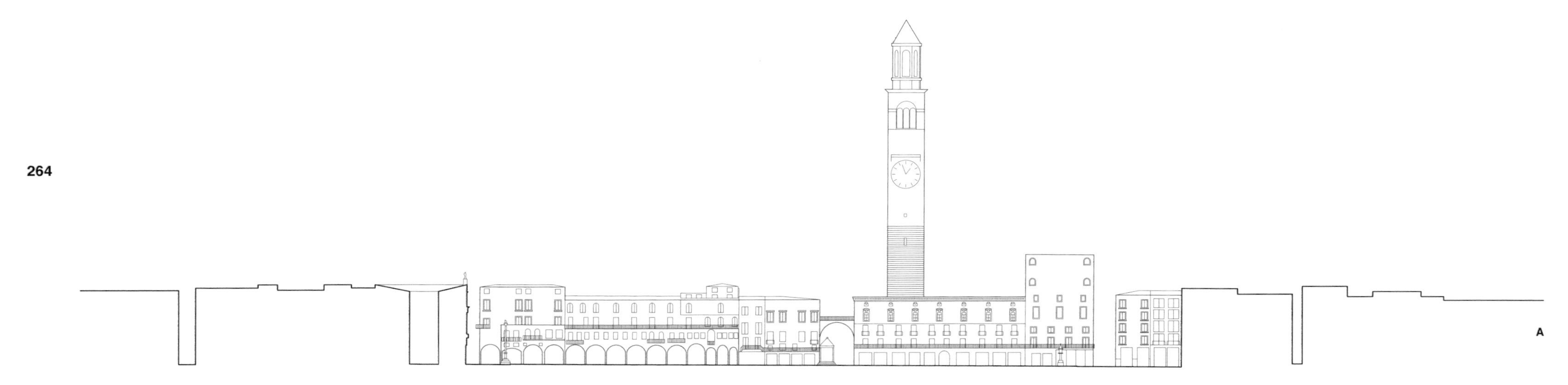

1 : 1250

1 : 1250

绅士（领主）广场

意大利，维琴察

该广场最重要的特点之一是围绕着帕拉迪奥教堂建造而成。帕拉迪奥教堂原来用作市场和法院，因其底层的开放式回廊，也被视为一个公共场所。人们可以从建筑中间穿过广场，建筑与广场是一个整体。广场形状细长狭窄，几乎不比教堂宽多少，它沿着建筑延伸，并在两个独立柱处短暂结束后汇入百草广场。在广场上的著名建筑，如帕拉第奥设计的卡皮塔尼奥凉廊和圣温琴佐教堂立面，与大教堂两层结构的立面相呼应，从而强调了整个广场的一致性。水平延伸的细长广场与垂直方向上高大的钟楼相呼应。

位置： 维琴察，历史区域中心

时间： 古罗马（法庭），中世纪、现代

建筑师： 见主要建筑部分

规模： 7 800 m²，长约160 m，宽约30 m（比阿德广场94 m），屋檐的高度18～21 m，钟塔的高度大约为82 m

主要建筑： 拉吉奥尼宫（维琴察市政厅），1449—1460年，由多梅尼科 · 达威尼斯（据推测）设计，1548—1617年，由安德烈亚 · 帕拉第奥设计修建；卡皮塔尼奥凉廊，1565—1571年，由安德烈亚 · 帕拉第奥设计；圣温琴佐教堂，1387年，门廊1614—1617年，由保罗和彼得罗 · 博宁修建；钟楼，1174—1444年修建

地面铺装和设施： 石板；圣马可狮柱，1464年建造；救世主雕像柱，1640年由安德烈亚 · 帕拉第奥、彼得 · 科特斯设计

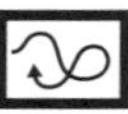

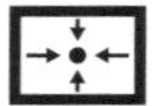

1 : 5000

1 : 1250

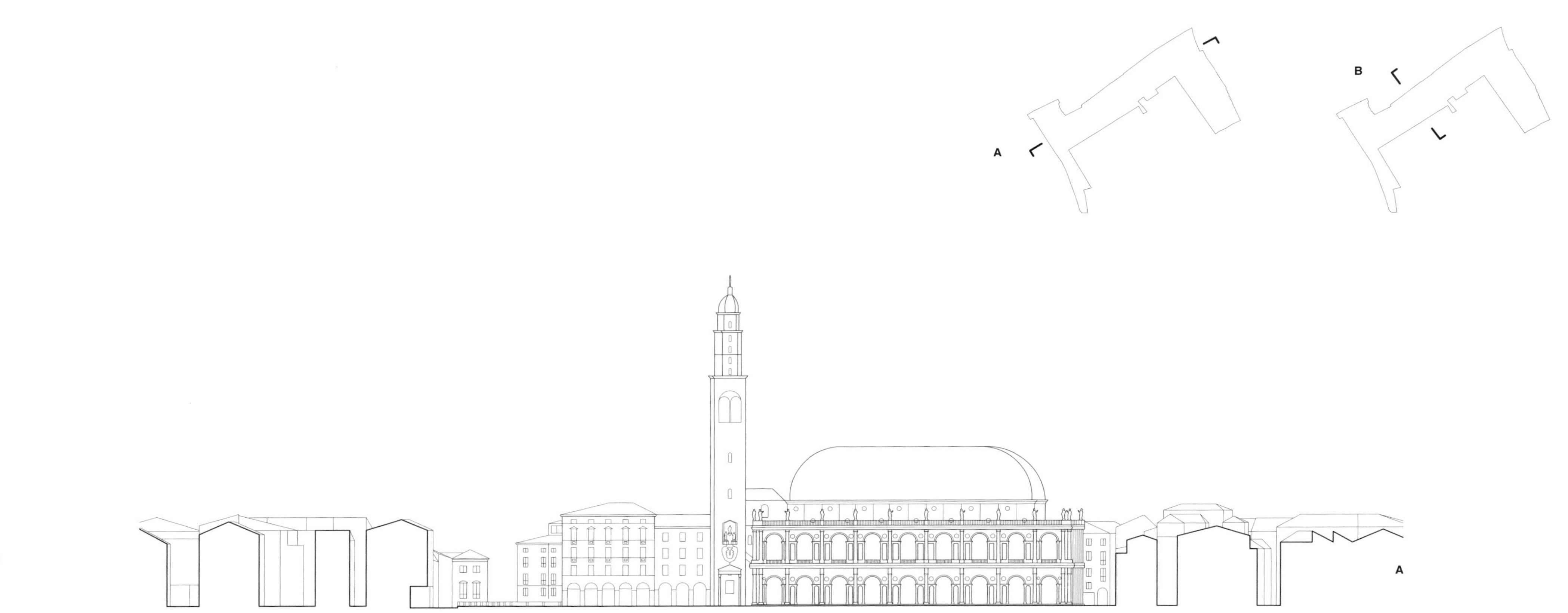

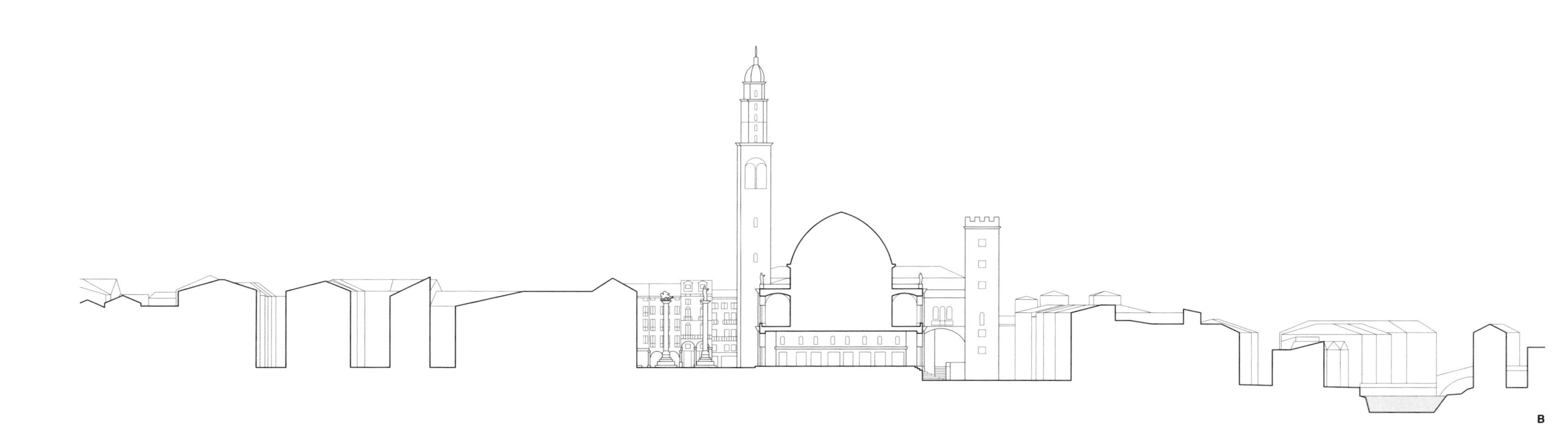

1 : 1250

1 : 1250

玛丽亚·特雷西亚广场

奥地利，维也纳

广场位于维也纳艺术史博物馆和自然历史博物馆之间，这两座建筑的巨大宽度以及华美壮观的对称外观，使得广场呈现出与建筑相匹配的威严气氛。在花园设计中，四个草坪以双轴对称的方式布局，每块草坪均种植被修剪的针叶树，四块绿地通过宽阔的小径彼此分开。花园还为位于中心的玛丽亚·特雷西亚的巨大纪念碑提供装饰，形成了享誉世界的美景。广场除了连接霍夫堡皇宫和博物馆区的两栋建筑以外，在该广场适合开展什么样的活动是有争议的。草坪之间的路是具有宽阔街道尺度的沥青路面。然而，从行人的角度来看，由于茂盛的植被相互遮挡，这个广场很难被看成是一个整体。因此，该广场是为数不多的历史主义时期典型的、鲜有保存的正式装饰性广场。

位置：维也纳，城市中心

时间：1872—1881年第一阶段修建，1884—1888年进行景观设计

建筑师：戈特弗里德·森佩尔，卡尔·冯·哈森瑙尔；1884—1888年，阿道夫·维特尔

规模：27 400 m²，长约170 m，宽165 m，屋檐的高度为25～27 m，炮塔的高度大约为62 m

主要建筑：艺术史博物馆和自然历史博物馆，1871—1881年，由戈特弗里德·森佩尔、卡尔·冯·哈森内尔设计修建

地面铺装和设施：公园；4个海神和仙女喷泉，1887—1890年，由安东·施密格鲁伯、雨果·海尔、埃德蒙·保罗·安德里亚斯·霍夫曼·冯·阿斯伯格设计；玛丽娅·特雷西亚纪念碑，1887年，由卡斯帕·冯 · 祖姆布希设计

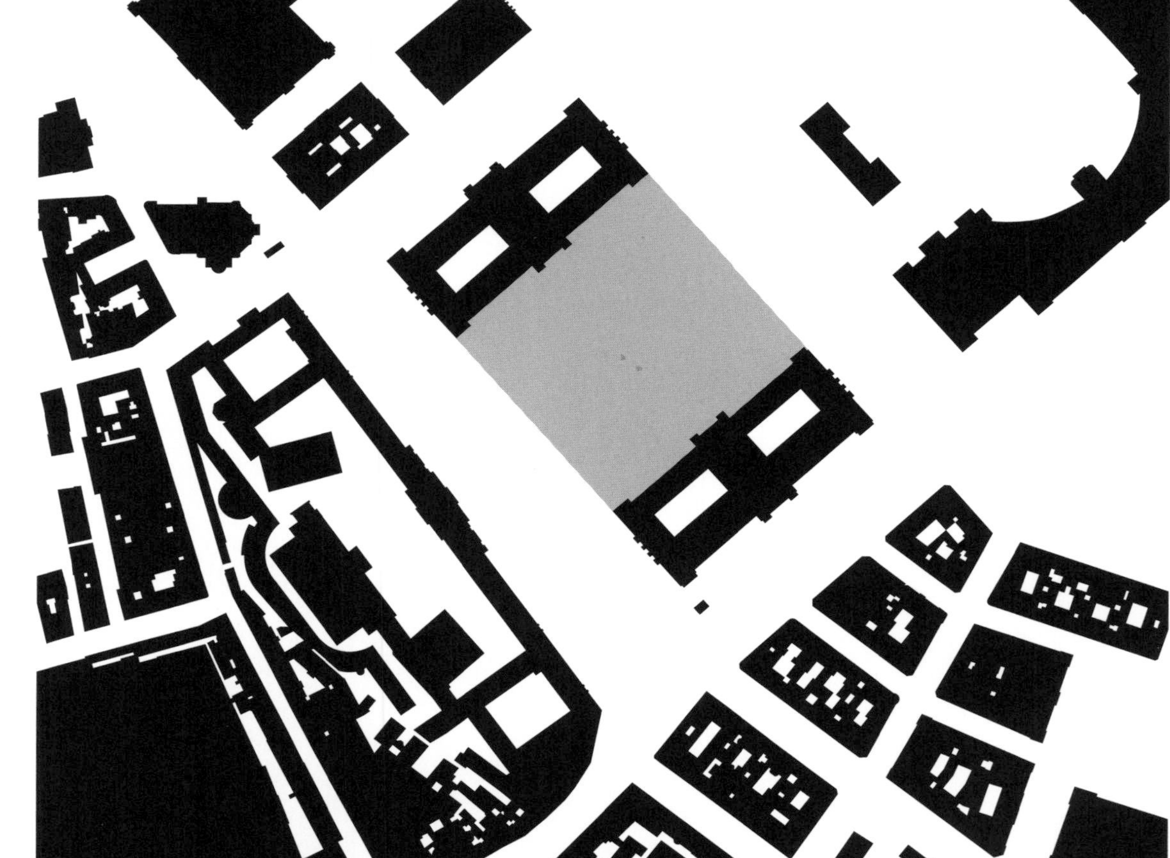

1:5000

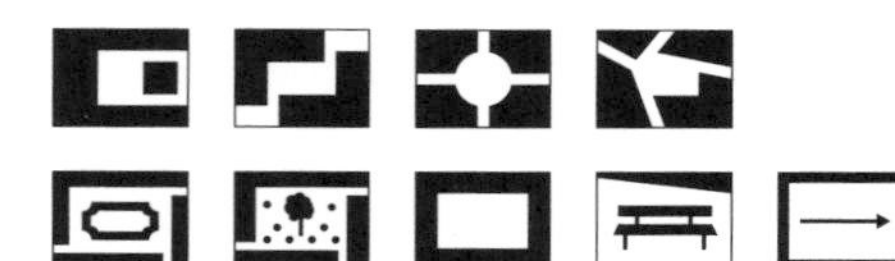

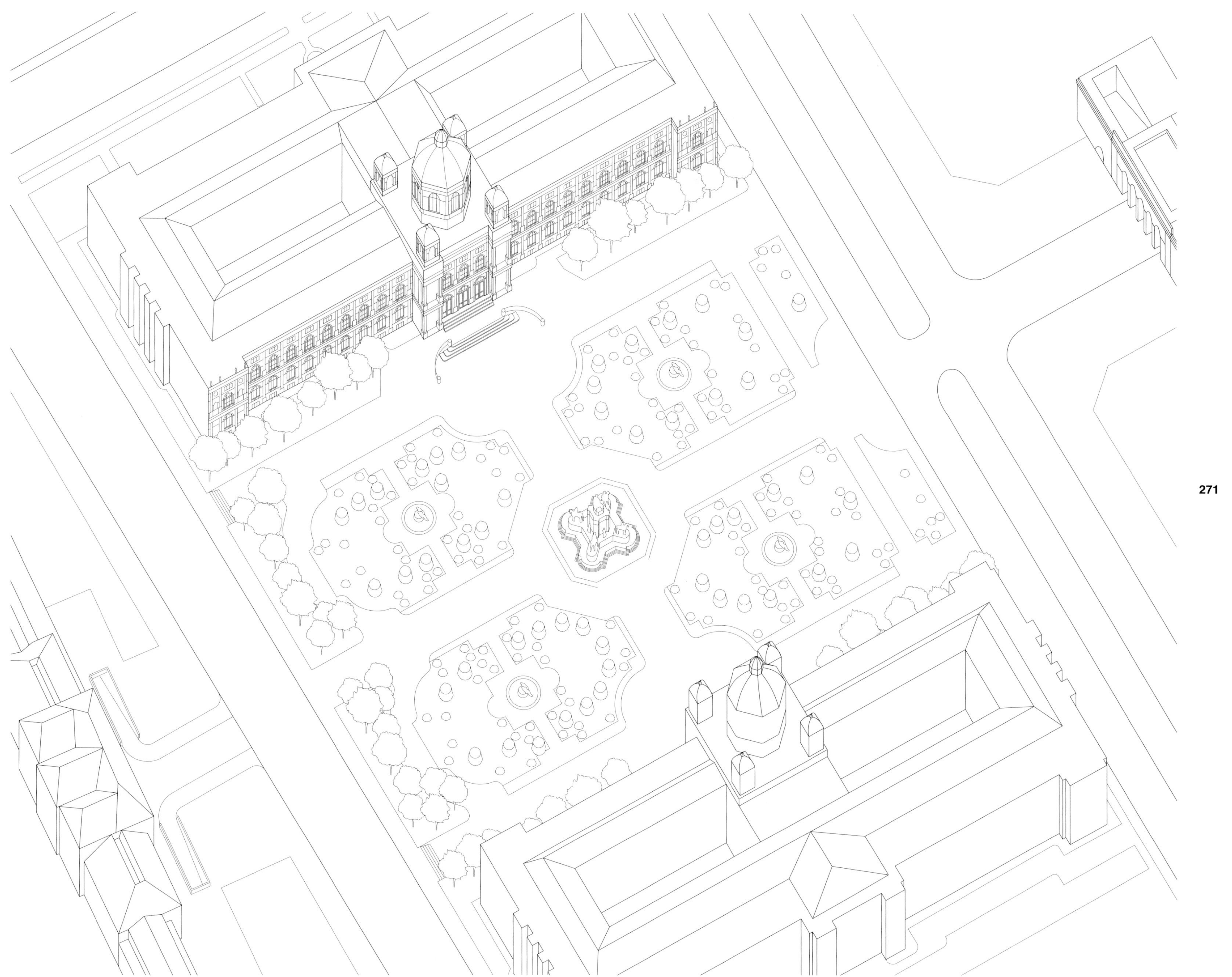

1 : 1250

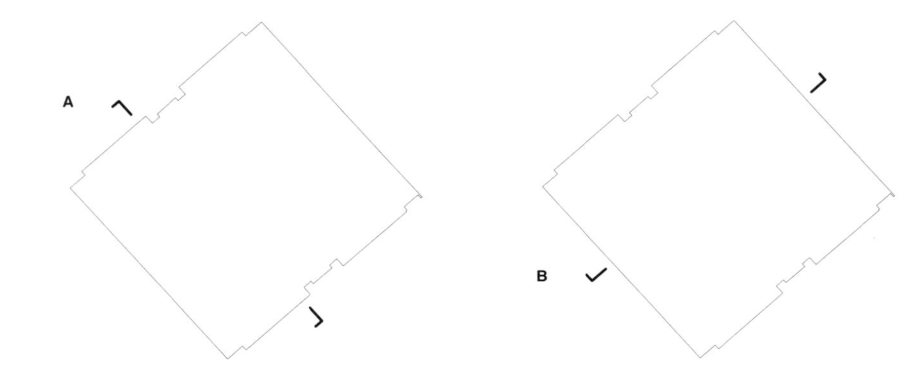

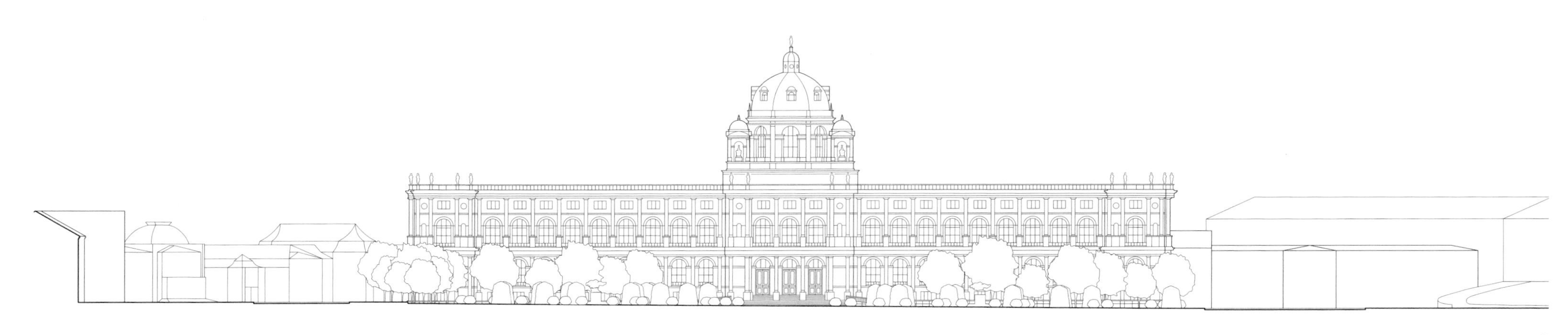

1 : 1250

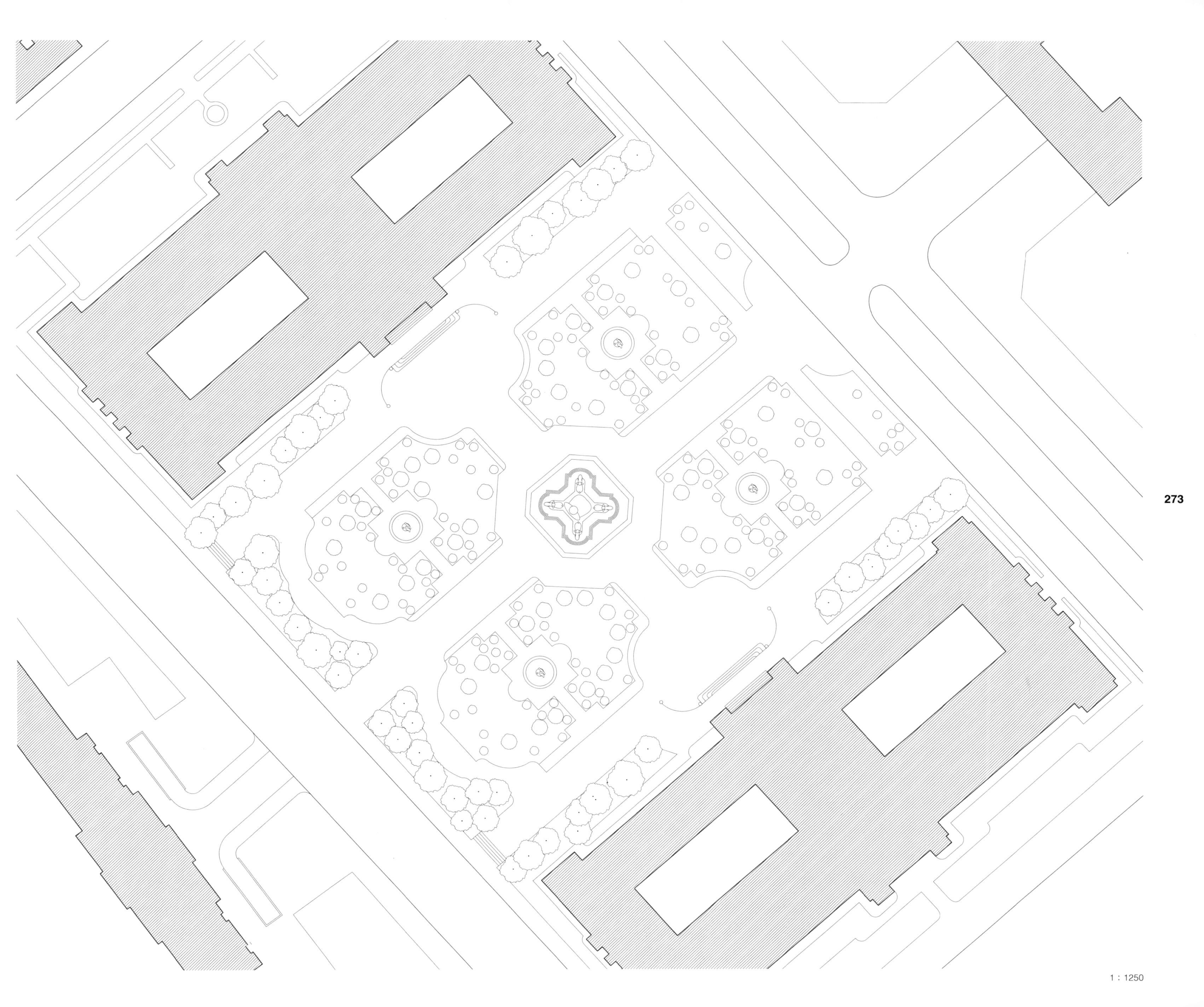
1 : 1250

米歇尔广场

奥地利，维也纳

米歇尔广场可以看作霍夫堡宫的前院：广场周边弯曲的建筑立面围合了环形广场的一半，同时也隐藏了不和谐的元素。由于道路相接处圆角的形状，人们可以很自然地走入相邻的小巷。除此之外，外立面没有区分是面向广场的正立面还是朝向小巷的侧立面。尽管如此，广场仍然被明确界定出了圆形的边界。几条小巷会聚于此，形成了科尔市场街的终点，同时也是霍夫堡宫威严的空间序列的起点。霍夫堡宫的立面像两个翅膀一样朝向米歇尔门。穿过设有巨大圆顶的大门，游客被引导进入宫殿的各个庭院之中。周边建筑与霍夫堡宫具有一样的立面顺序和建筑高度，但并没有抢占霍夫堡宫视线焦点的地位，反而形成了一种恰当的对比关系。

位置：维也纳，城市中心

时间：18—20世纪修建，1991—1992年重建古典式窗户

建筑师：见主要建筑部分；重建，1991—1992年，汉斯 · 霍莱因

规模：4000 m²，直径大约为72 m，屋檐高度为22 ~ 25 m，圆顶圣米歇尔门的高度为54 m

主要建筑：带有圣米歇尔门的米歇尔宫，1724—1893年，由约瑟夫 · 伊曼纽尔 · 菲舍尔 · 冯 · 埃尔拉赫等人设计；大卢斯楼，1720年，乔瓦尼 · 巴蒂斯塔 · 马代尔纳设计；小卢斯楼，1732年建造；圣米迦勒，1792年，由欧内斯特 · 科特负责西立面的设计修建；路斯馆，1909—1911年，由阿道夫 · 路斯修建

地面铺装和设施：砂岩；地表开挖进行铺装、花岗岩板80 cm × 80 cm；4座大力神雕像；两个喷泉：奥地利的海上力量，1895年，由鲁道夫 · 维埃尔设计，奥地利陆上力量，1897年由埃德蒙 · 海勒默设计

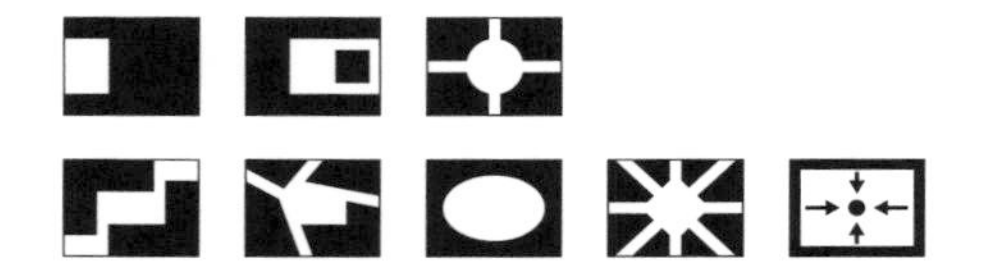

1 : 5000

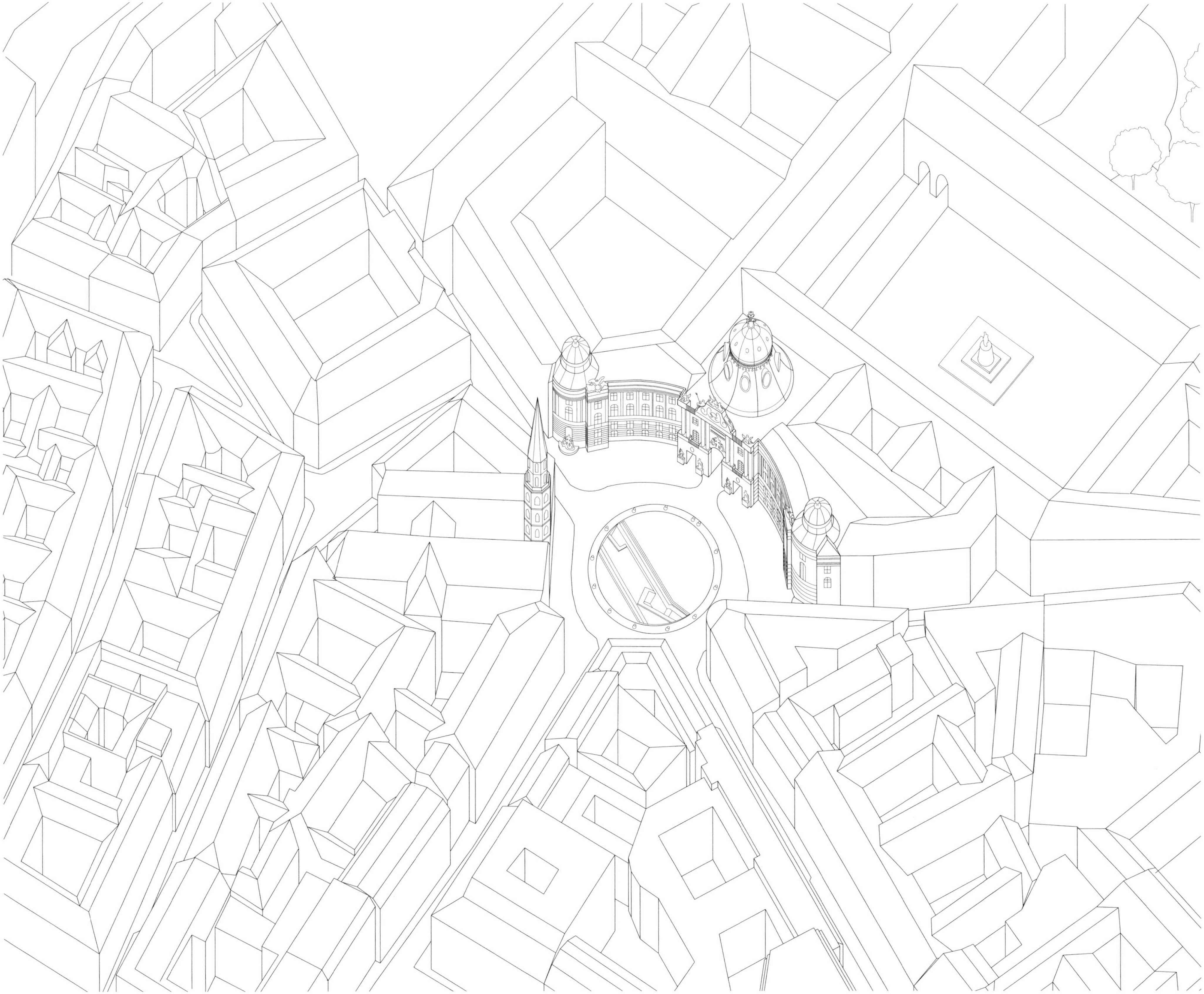

1 : 1250

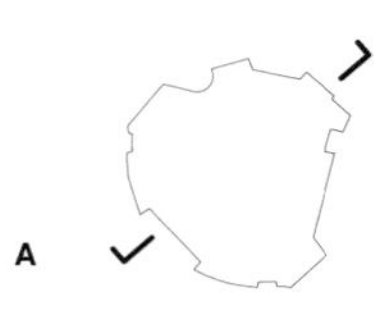

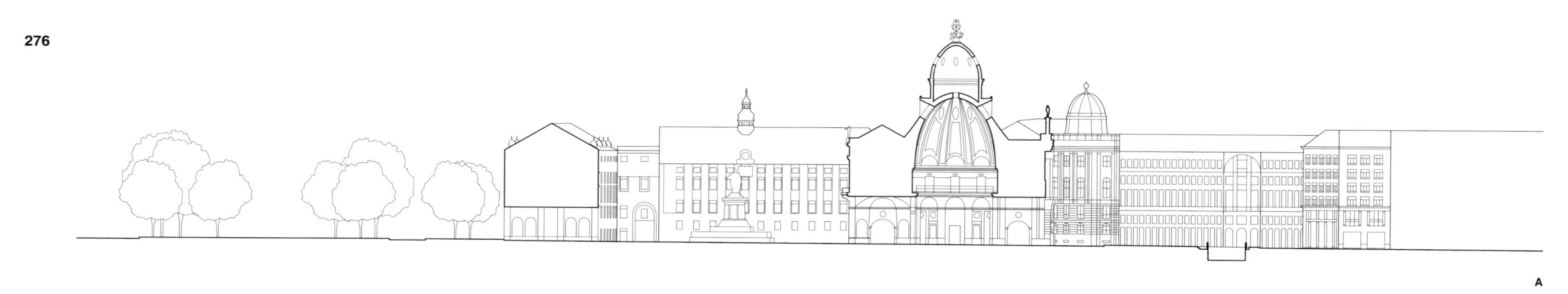

1 : 1250

1 : 1250

博物馆区广场

奥地利，维也纳

维也纳的皇家马厩建筑及扩建的建筑群共同围合了一个庭院群，2001年又增建了3座大型博物馆建筑。行人从旧城区的中心通过霍夫堡宫、维也纳英雄广场和外城堡门，逐渐靠近这个长长的遮挡着内部空间的建筑立面。在背景中，第二次世界大战的高射炮塔从建筑群后面的城市区域中凸显出来。新的博物馆建筑物只有在通过其中一个门进入庭院后才能呈现于眼前，并且庭院内的景观也迥异于大门之外，人们在院子里开展着各种文化活动。专为这个特定地方设计的并且每年都会喷上不同颜色的可移动设施，已成为博物馆的流行景点，受到广大游客的喜爱，这些设施可以让庭院成为服务城市生活的空间。

位置：维也纳，第七社区

时间：1725年修建，1987—2001年功能转变为博物馆区

建筑师：1725年，约翰·伯恩哈德·菲舍尔·冯·埃尔拉赫、约瑟夫·伊曼纽尔·菲舍尔·冯·埃尔拉赫；1987—2001年，奥特纳与奥特纳建造艺术事务所

规模：13 800 m²，主场地长约228 m，宽可达56 m，屋檐高度16～20 m，新博物馆的高度24 m

主要建筑：法院马厩，1713—1725年，由约瑟夫·伊曼纽尔·菲舍尔·冯·埃尔拉赫、约翰·伯恩哈德·菲舍尔·冯·埃尔拉赫设计；路德维希基金会现代艺术博物馆，1987—2001年，由奥特纳建造艺术事务所建造；利奥波德博物馆，1987—2001年，由奥特纳建造艺术事务所建造；维也纳艺术馆，2001年，由奥特纳与奥特纳建造艺术事务所建造

铺装和设施：石灰石路面、树木、绿植、水体、彩色座椅设施

1 : 5000

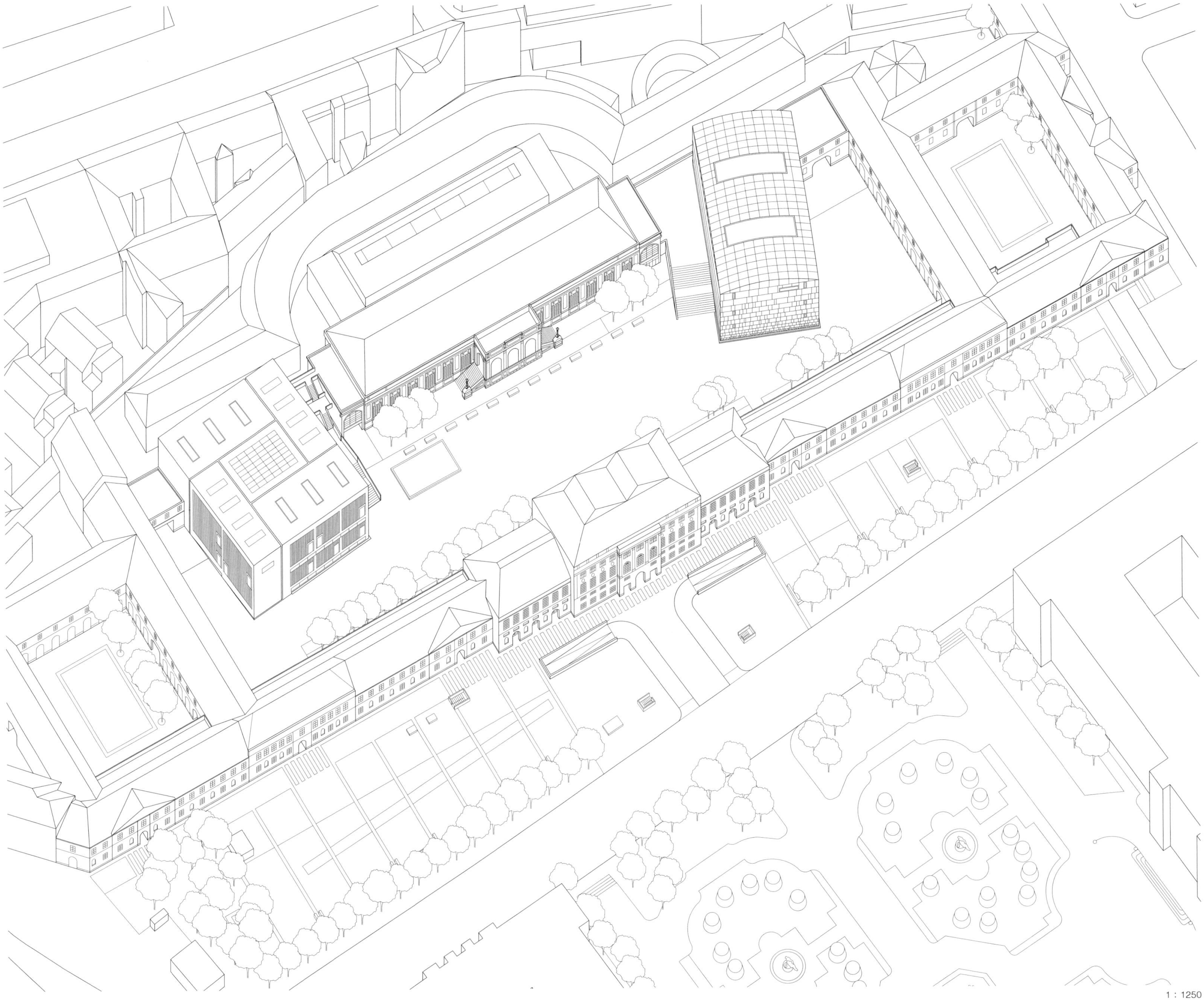

1 : 1250

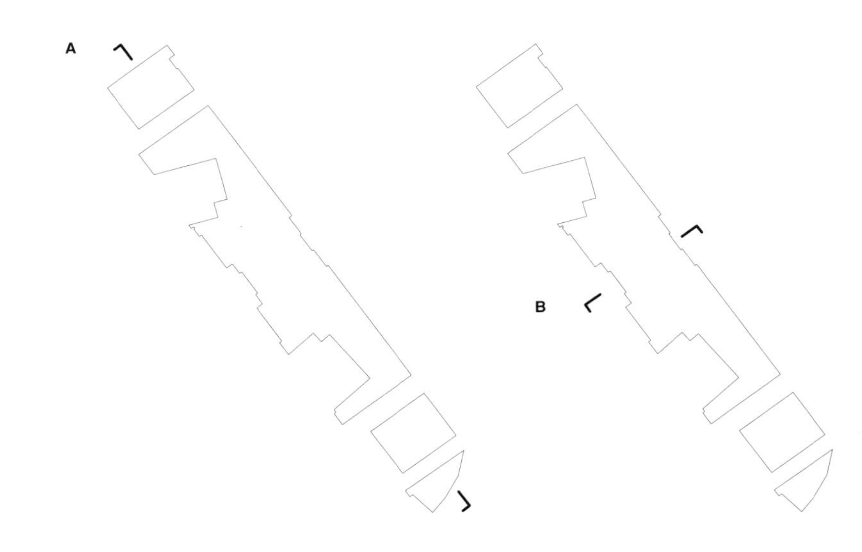

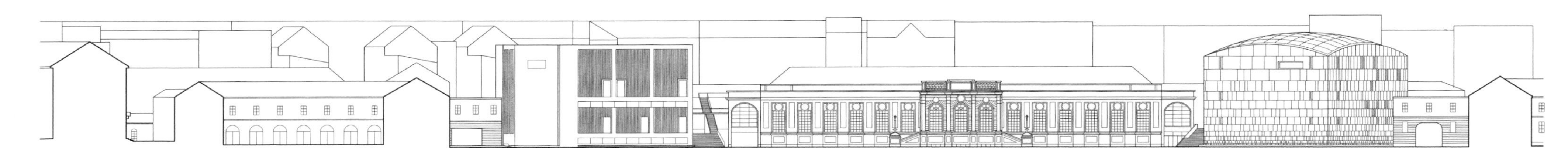

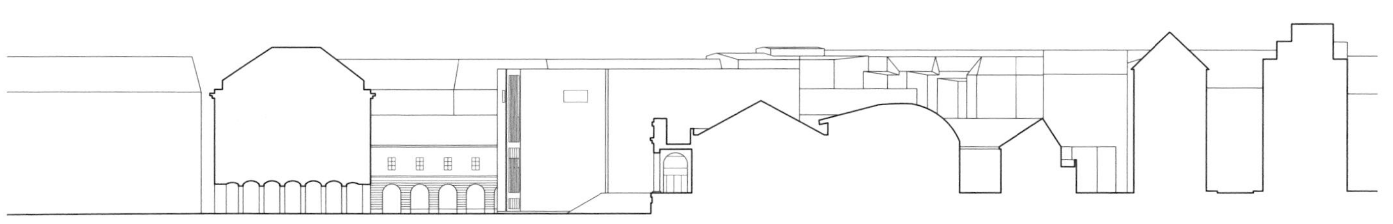

1 : 1250

1 : 1250

新市广场

奥地利，维也纳

新市广场位于史蒂芬大教堂与歌剧院之间，与东部的卡特纳大道平行。尽管地理位置优越、交通便利，却因与其他维也纳广场的对比而黯然失色。因为新市广场作为交通和停车空间来使用，使得人们认为它只是作为服务于其他更受欢迎空间的服务型场地。广场上有6个道路交叉口，除了一条街道，其他所有道路都沿主要的南北轴方向设置。因此，尽管街道比较宽阔，但当人们望向主要轴线的时候，广场会给人一种整体感和凝聚力。周围的各种建筑物加强了这一概念，与广场的最大宽度45 m相比，这些建筑显得相当高。虽然它更像一个宽阔的街道，而不是一个广场，但是这却让人有一种融入其中的感觉。广场中心宽度大于最短边宽度，因此广场呈非常纤细的六边形，而非矩形。喷泉标识出广场的中心，并形成在川流不息的车流之中的一个受欢迎的集会场所。

位置：维也纳，城市中心

时间：约1200年

规模：6 200 m²，长约165 m，宽24～45 m，屋檐高度24 m

主要建筑：嘉布遣会教堂（卡普齐纳教堂），1632年建造；哈斯建筑，1548年建造

地面铺装和设施：混凝土、沥青；女神喷泉，1739年，由格奥尔格·拉法艾尔·多纳设计

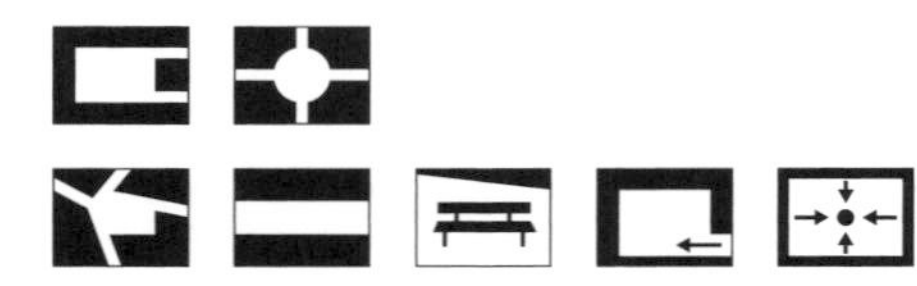

1 : 5000

1 : 1250

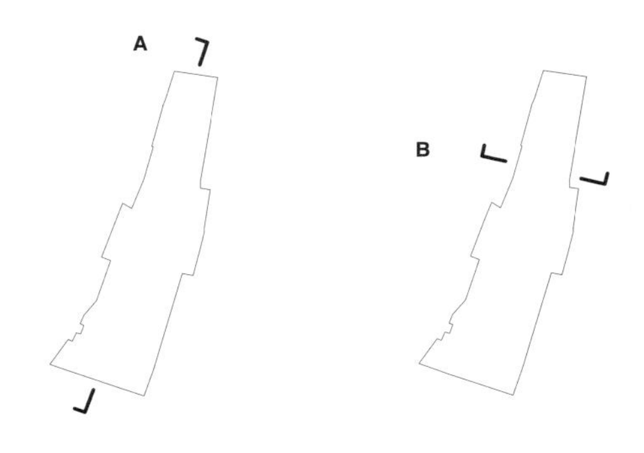

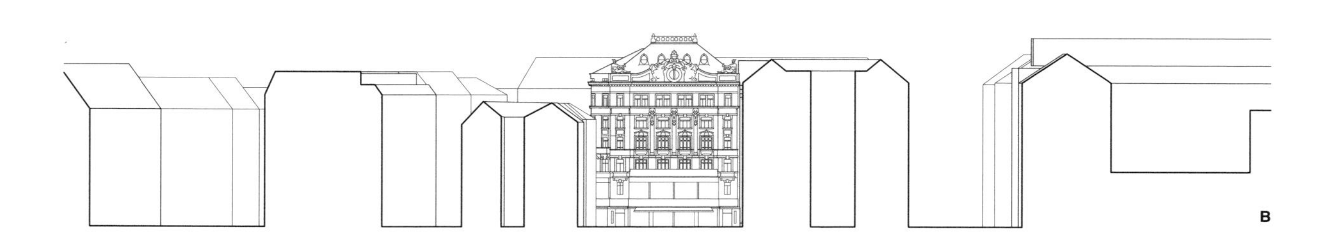

1 : 1250

1 : 1250

城堡广场

波兰，华沙

城堡广场是皇宫城堡开敞的前院，其独特的红色建筑立面斜着插入广场，并且宫殿上方的中心塔（西吉斯蒙德圆柱）也提示这里是进入广场的主入口，并且也是唯一的入口。相比之下，你会发现街道对面有很多咖啡馆、商店之类的小型建筑，还有通往临近老城区街道的入口。城堡朝向倾斜的联排房屋，将广场分成两个三角形。该广场展现更多的是其幽静的庭院特征，但是广场的另一部分通过昔时建有防御工事的桥梁连接了以前的城市，并与南边的街道融为一体。以西吉斯蒙德圆柱为界，这座广场表现出私密庭院和连接体两种特性。当人们在维斯图拉河谷朝防御工事眺望时，可以看到广场上各个空间相互作用并交织在一起。此外，重要的东西轴线步行街，穿过广场地下，并通过自动扶梯连接着广场。

位置： 华沙，老城区

时间： 第一次记载于15世纪；1939—1945年广场和周边建筑被完全破坏；1949年，广场的地下隧道打通；1988年，重新修建

建筑师： 1945—1988年，首都重建办公室（BOS）

规模： 12 000 m²，长约200 m，宽75 m，屋檐高度为13～18 m，皇家宫殿的高度约为57 m

主要建筑： 皇宫城堡（重建），1949—1988年，扬·扎瓦托维奇（首都重建办公室），斯坦尼斯瓦夫·洛伦兹等；圣安娜教堂，从1515年开始建造，新古典主义立面，1788年，由斯坦尼斯·科斯塔·波托基，克里斯蒂安·彼得·艾格纳设计

表面和设施： 花岗岩鹅卵石和花岗岩板、大型乔木；西吉斯蒙德圆柱，1644年，由康斯坦丁·坦卡拉、奥古斯汀·洛奇、克莱门特·莫利设计修建，后又于1949年重建

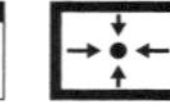

1:5000

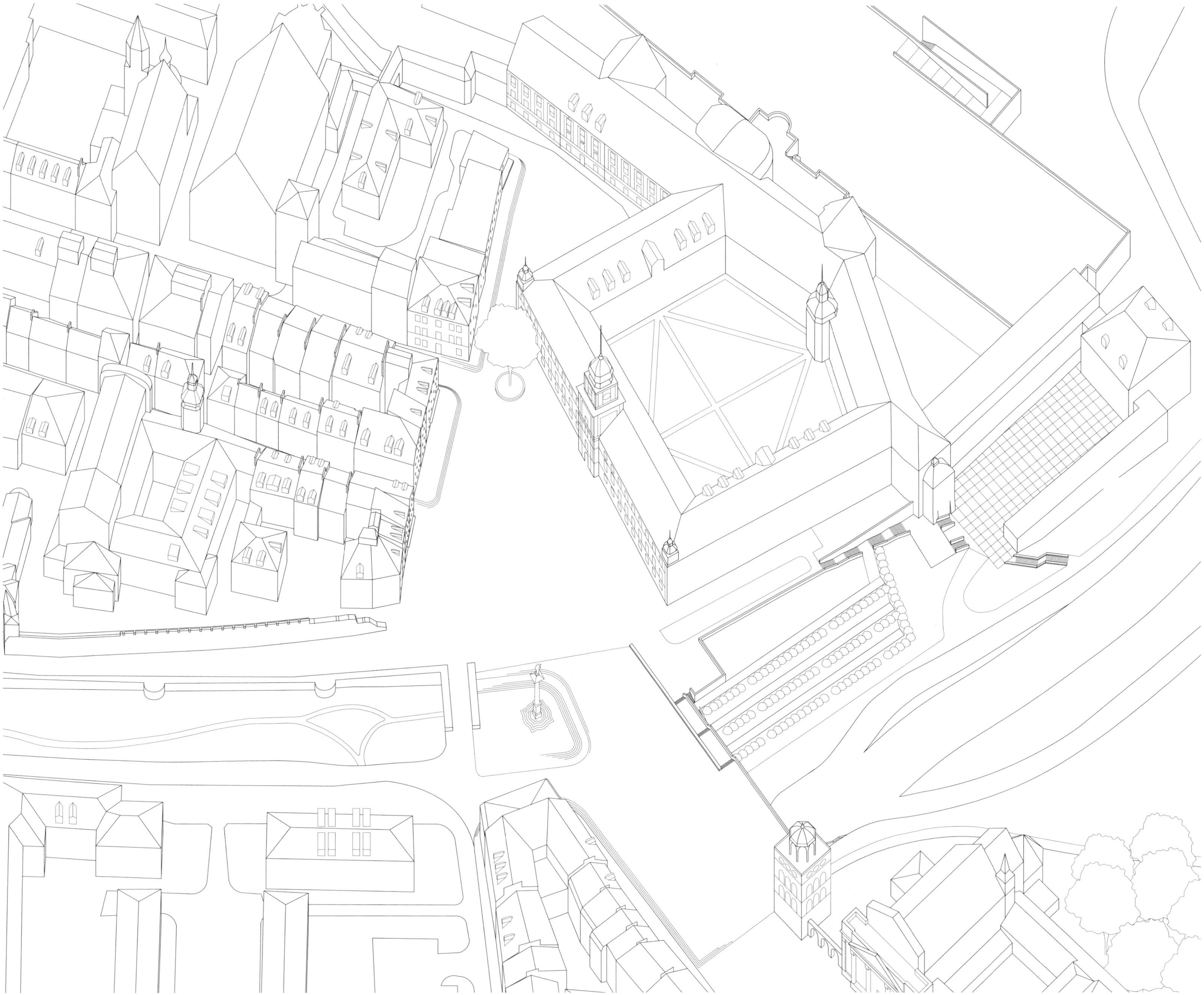

1 : 1250

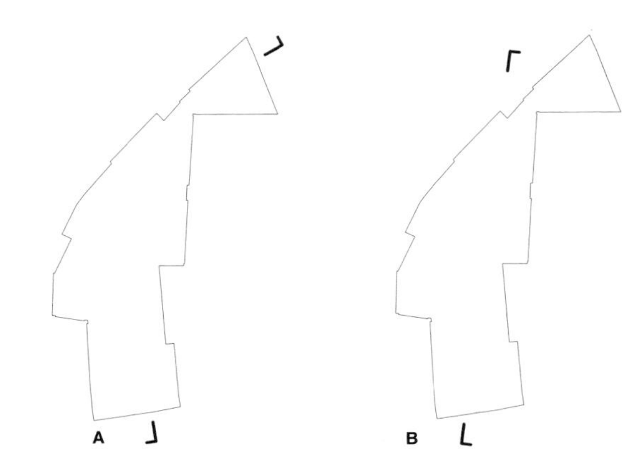

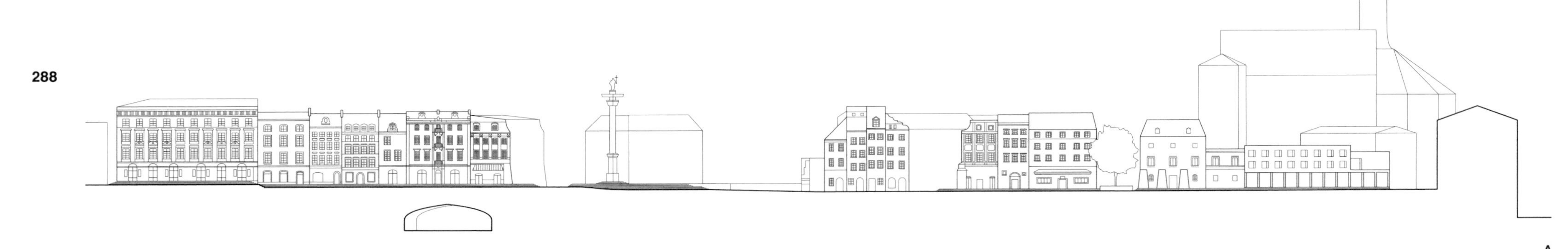

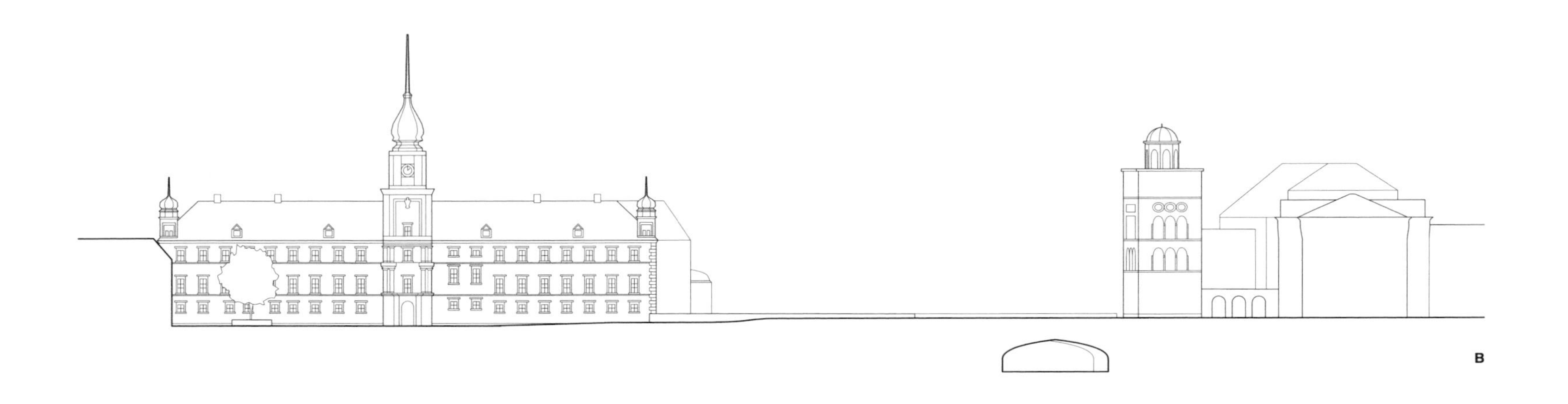

1 : 1250

1 : 1250

上集市广场和下集市广场

德国，乌兹堡

上集市广场（Oberer Markt）和下集市广场（Unterer Markt）之间的图底关系和两广场所围合的红白色圣母礼拜堂之间取得了完美的平衡。两个广场附近还有一个栽植树木的小型附属广场，钟楼是场地上的定位点。上集市广场呈较小的漏斗形，面向东方的后殿，与华美的猎鹰之屋（Haus zum Falken）的洛可可式立面浑然一体，并通过一条狭窄的小路通向其姊妹广场下集市广场。下集市广场也完全由其北面的教堂统领，周边建筑物均以此开放空间为核心。从南部道路进入，穿越广场可到达集市入口，进而到达教堂的侧门。这一行进轨迹以及场地外的吸引物——带有底座的方尖碑及喷泉，形成了广场的空间序列，使其成为开放的空旷场地，同时也是玻璃屋顶覆盖下充满活力的集市。

位置：乌兹堡，老城区，内城

时间：1349年修建，第二次世界大战后重建

规模：9 000 m²，下集市广场长70 ~ 100 m，宽90 m，上集市广场长约65 m，宽22 ~ 43 m，屋檐高度8 ~ 17 m，马里恩教堂高30 m，塔高70 m

主要建筑：马里恩教堂，1377—1479年建造；猎鹰之屋,1751年建造；方尖碑喷泉，1802年，由约翰 · 安德烈亚斯 · 加特纳建造

地面铺装和设施：贝壳状的石灰石以不同的样式排列

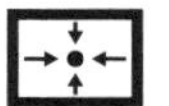

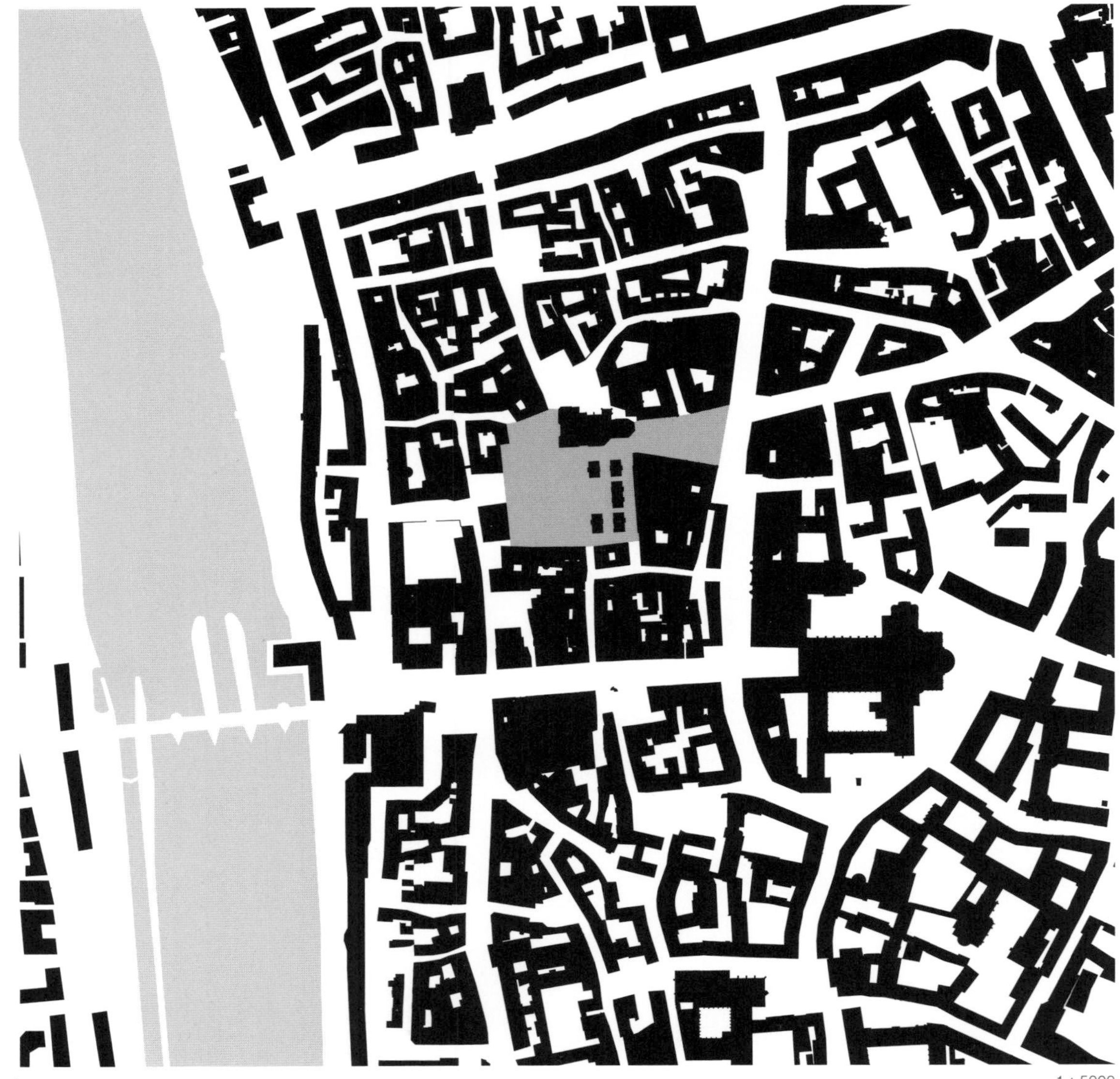

1 : 5000

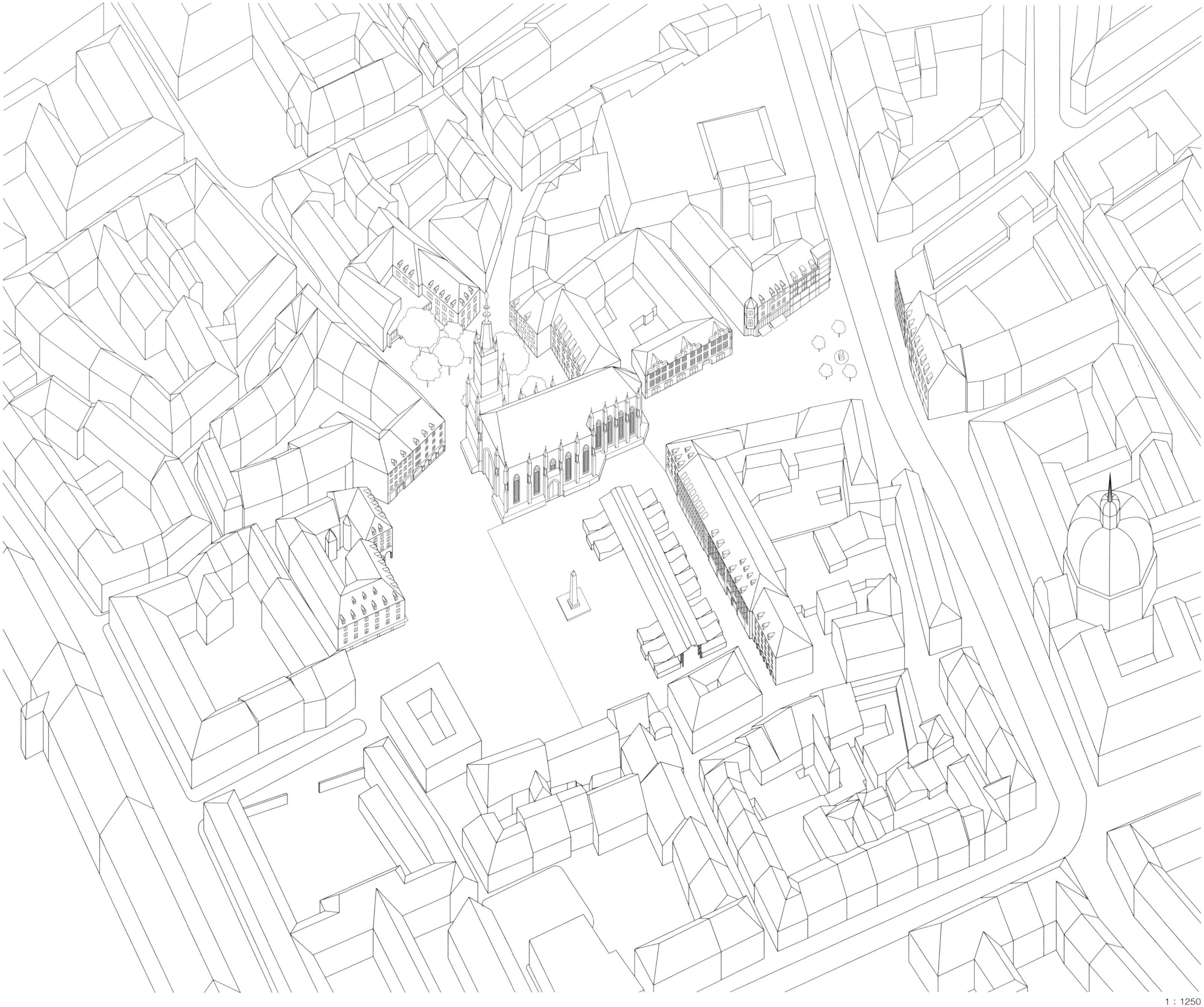

1 : 1250

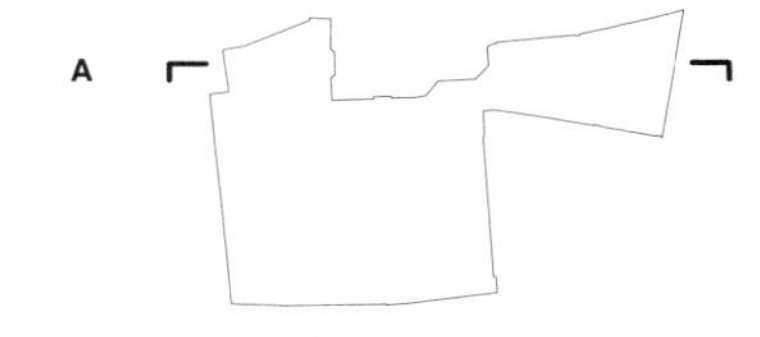

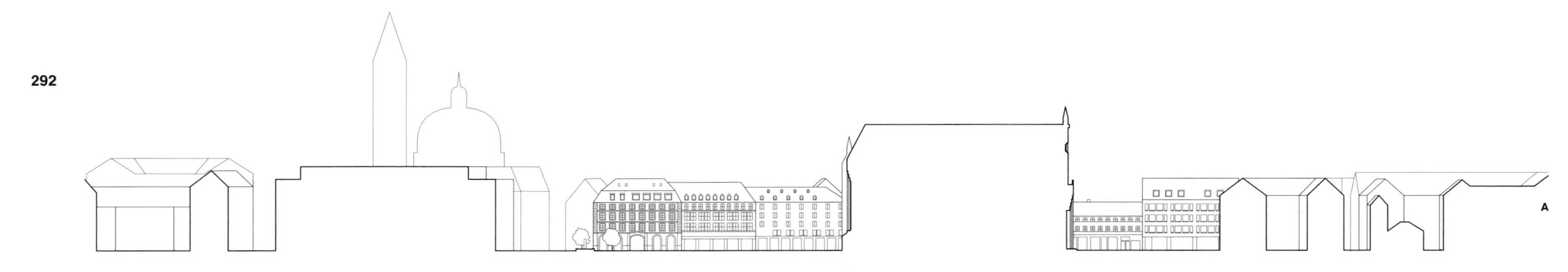

1 : 1250

1 : 1250

主教宫广场

德国，乌兹堡

主教宫占据着广场的主要位置，如今广场被用作停车场，为满足大规模的巴洛克式宫殿的需要而量身定做，在巨大广场的映衬下，巴洛克式宫殿可以毫无隐藏地展现其宏大的规模及精美的形式。广场向主教堂延伸，广场的表面铺装均匀，与建筑相比，广场中无任何结构，只在主广场与皇宫庭院交会处置有一个喷泉，也因此在宏伟的建筑物和广阔的广场之间形成了过渡元素。广场的三边由主教堂围合，喷泉位于庭院的第四条边上。低矮的、不显眼的建筑物位于广场两侧，通过一系列的拱门序列进行延伸，加强了广场的对称性和广阔感。因此，广场的边缘是可渗透的，但是广场的框架随着接近主入口而逐渐封闭，直到它似乎被压缩到皇家庭院之中。相反的，对面的皇宫建筑毫无生气，由于交通分隔的原因，它看起来也并不属于广场的一部分。

位置：乌兹堡，老城区

时间：1719 —1779年

建筑师：见主要建筑部分

规模：26 500 m²，主广场长约195 m，宽约120 m，皇家庭院长56 m，宽48～60 m，屋檐高度为12～22 m

主要建筑：主教宫，1719 —1744年，由巴尔塔扎 · 诺伊曼、约翰 · 马克西米利安 · 冯 · 韦尔施、菲利普 · 克里斯托夫 · 冯、祖 · 厄索尔、罗伯特 · 德 · 科特、安塞尔姆 · 弗朗茨 · 弗雷赫尔 · 冯 · 里特尔 · 格伦斯坦、加布里埃尔 · 日尔曼 · 勃夫、约翰 · 卢卡斯 · 冯 · 希尔德布兰特等人设计修建，1945年部分毁坏，1987年重新修建

地面铺装和设施：鹅卵石铺装；法兰克尼亚喷泉，1824年，由费迪南 · 冯 · 米勒设计修建

1：5000

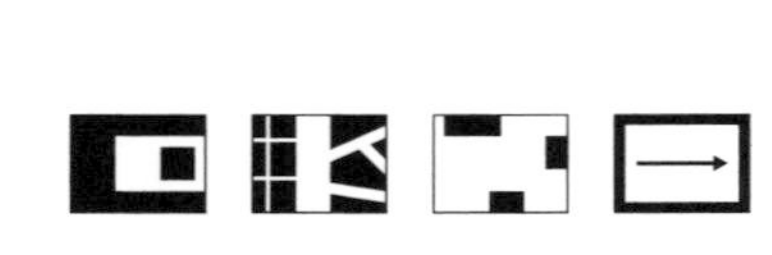

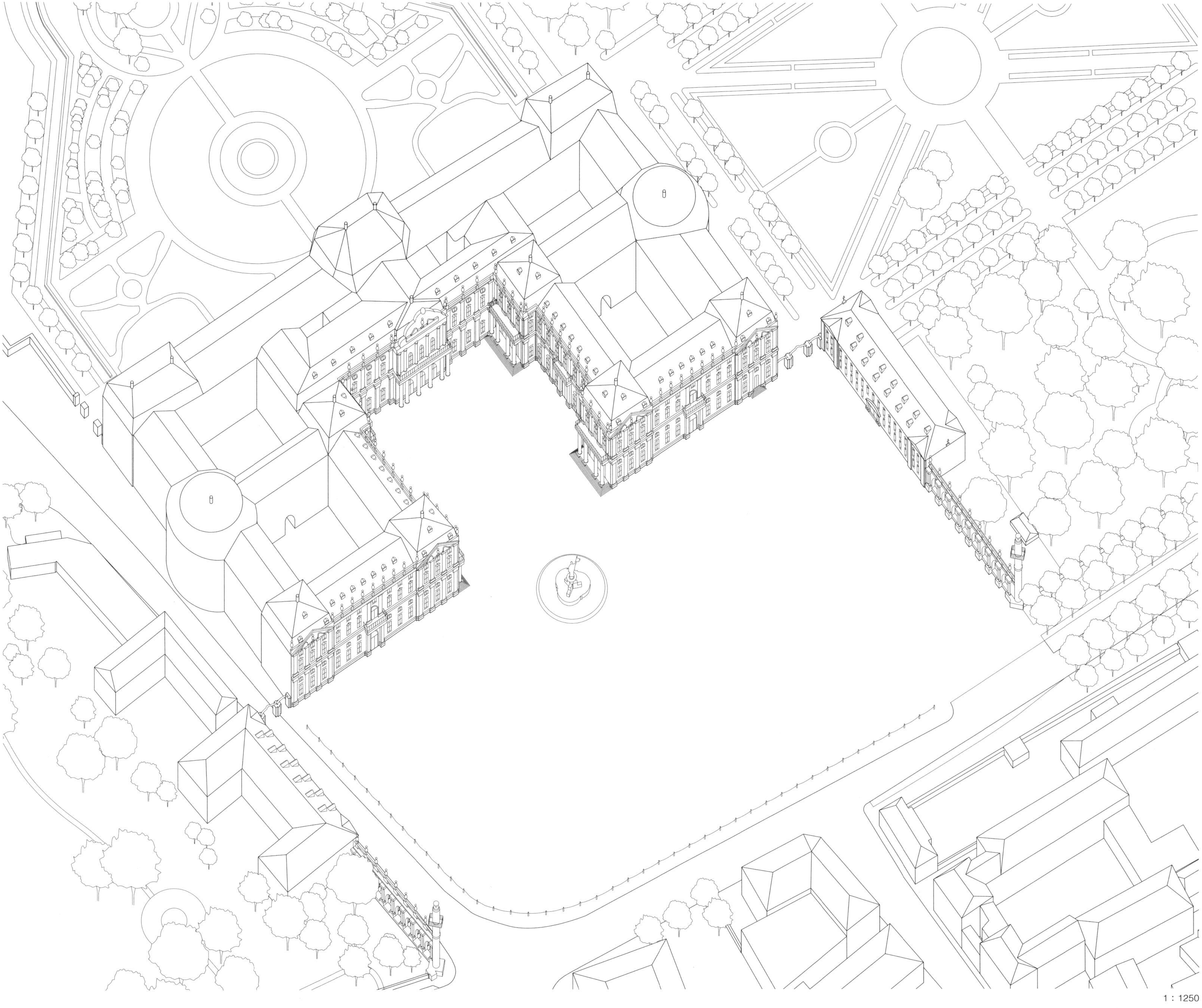

1 : 1250

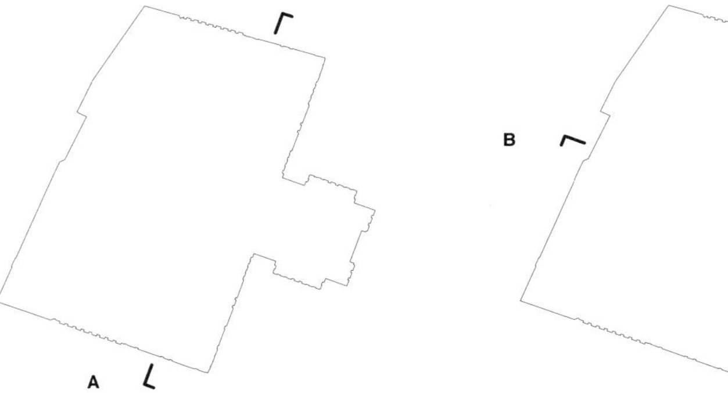
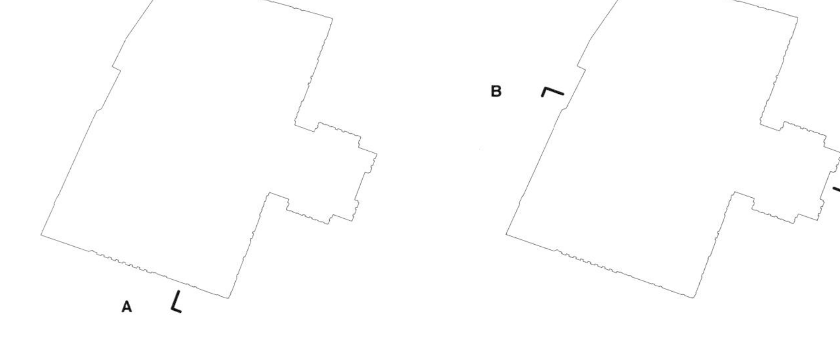

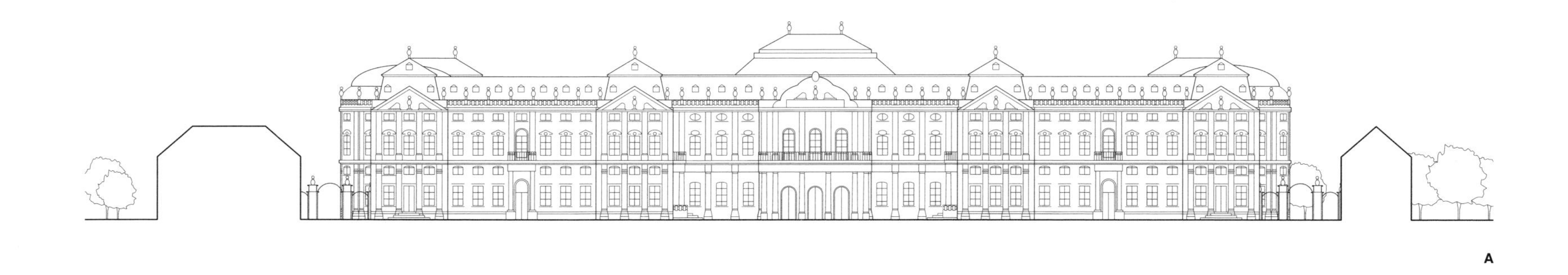

A

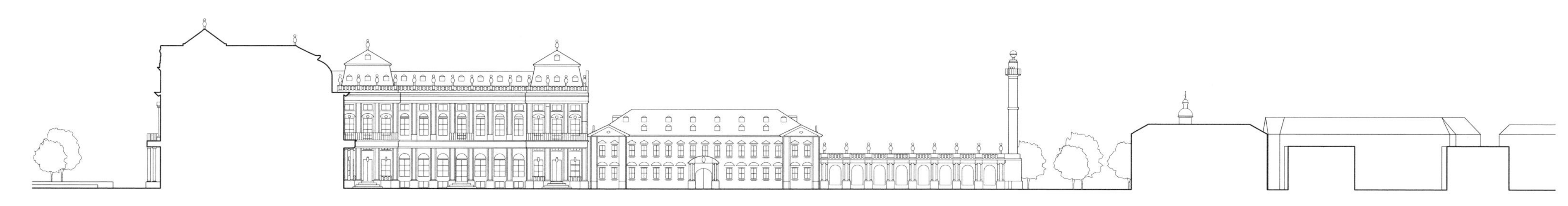

B

1 : 1250

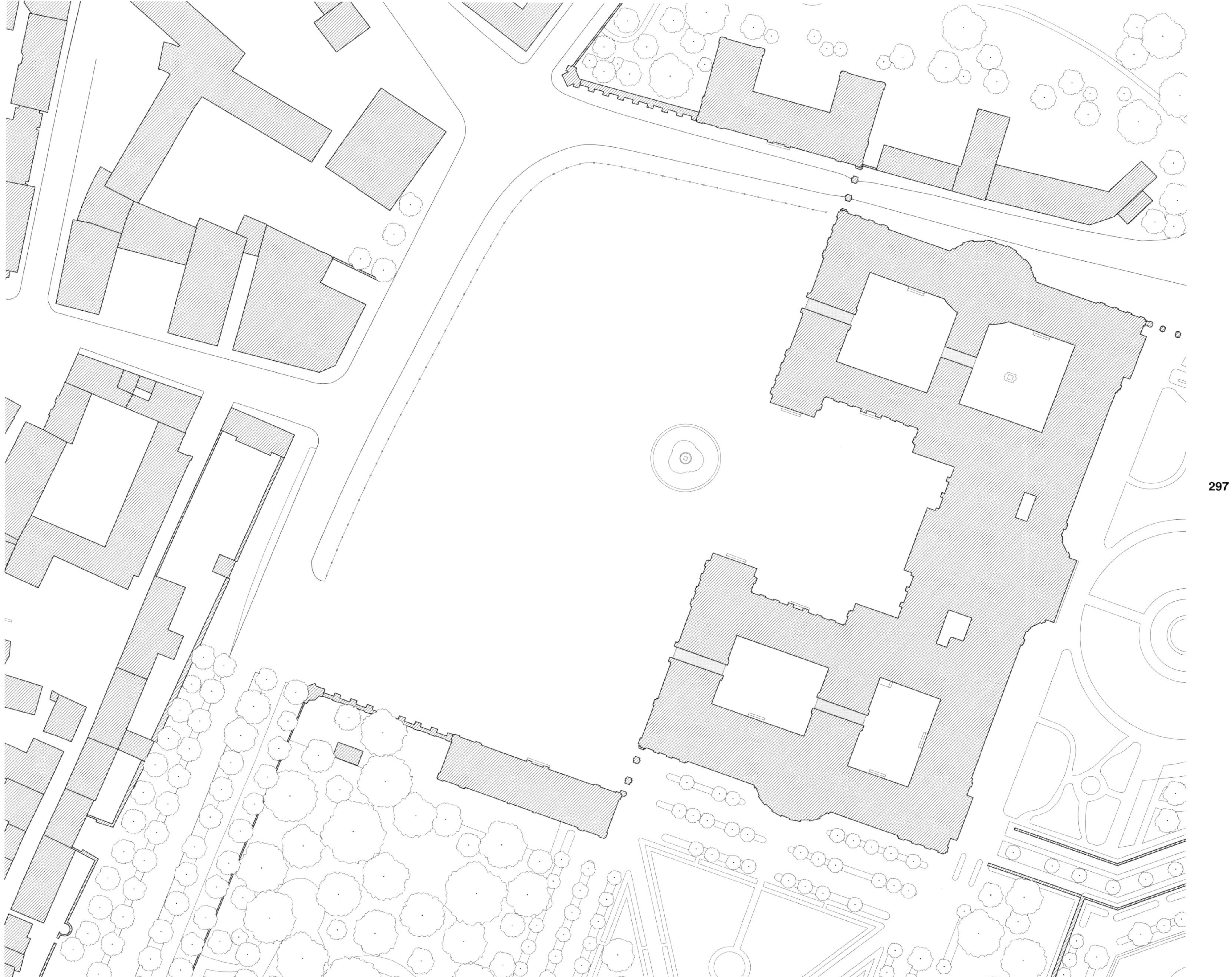
1 : 1250

市政厅桥，葡萄酒广场

瑞士，苏黎世

旧市政厅桥坐落于利马特河上——直接悬在河上——从而使其成为连接老城区的中心区域对岸利马特河畔的桥梁。这座宽阔的如同广场一样的桥，自14世纪以来一直被用作蔬菜市场，也为市政厅旁边开展的官方活动提供了重要场所。市政厅、警察局和Haus zum Schwert，这3栋建筑形成了场地的锚固点以确保其处于合适的位置。在利马特河左岸，该广场与葡萄酒广场合为一体，通过小广场和小巷通向城镇的老城区。如今，市政厅桥和葡萄酒广场都是步行区的一部分，也是非常受欢迎的聚会场所，朝向附近的苏黎世湖开放，提供了可以观赏全景的平台。在一本关于广场的书中，市政大桥作为特殊案例被提及，因为它几乎不能被称作广场。然而，以最简单的方式，却创造出了场地的空间感。

译者注：关于Haus zum Schwert的记述最早见于1406年，这里曾是一家闻名欧洲的旅店，许多文人艺术家都在此留下过足迹，现在是沙夫豪森万国表全新精品店。

位置：苏黎世，老城区

时间：1375年和1420年市政大桥扩建，1602—1605年扩建到目前的宽度，1881年修建铁桥，1967—1973年混凝土施工

建筑师：见主要建筑部分；1881年，路德维格·冯·特梅耶尔；1967—1973年，曼纽尔·泡利

规模：3 500 m²，市政大桥长约54 m，宽47 m（最宽处）；葡萄酒广场长约33 m，宽约30 m，建筑的高度达15 m

主要建筑：市政厅，1694—1698年，由乔瓦尼·玛丽亚·瑟鲁托，约翰内斯·雅各布·科勒（建筑立面）建造

地面铺装和设施：混凝土板、座椅、同一屋顶下的四个零售店和快餐店

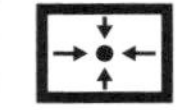

1 : 5000

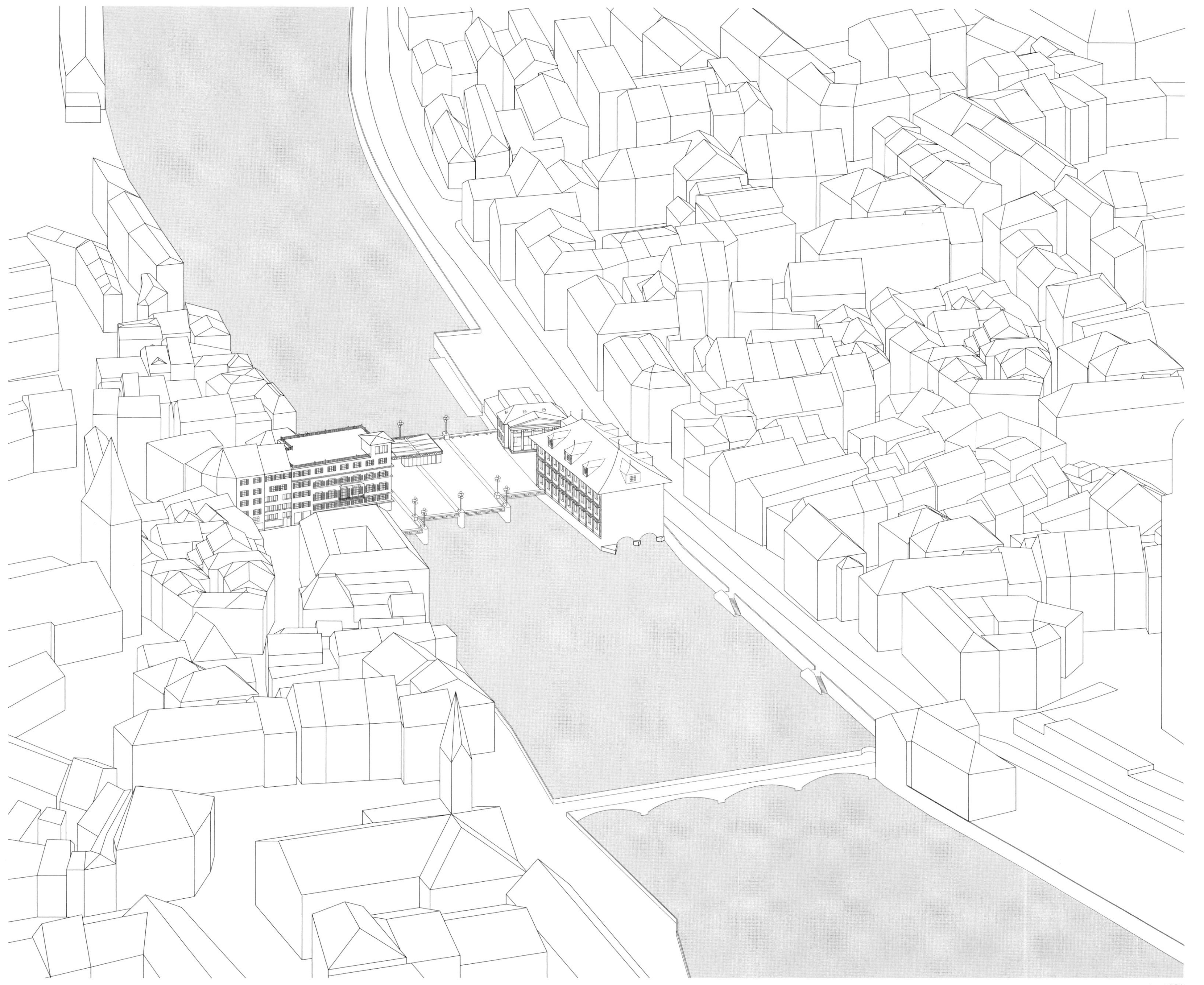

1 : 1250

300

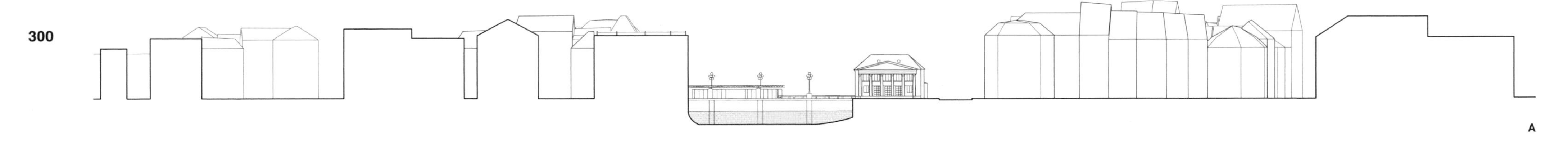

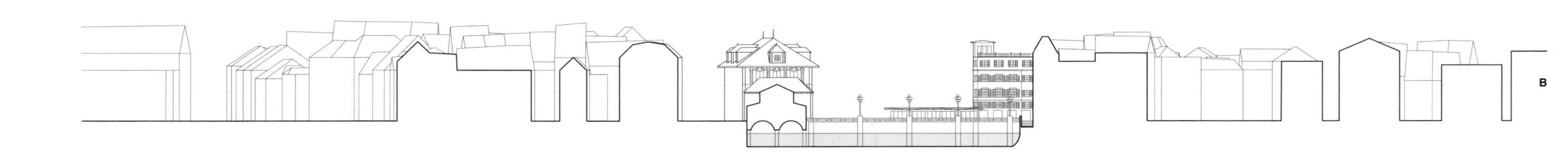

1 : 1250

1 : 1250

参考文献

前言、导论、城市广场的建筑部分

Austin, John L., *How to Do Things with Words* (1955), Cambridge MA 1962.

Bacon, Edmund N., *Design of Cities*, New York 1967.

Baecker, Dirk,"Die Theorieform des Systems,"*Soziale Systeme* 6. H.2, Opladen 2000.

Bahrdt, Hans Paul, *Die moderne Großstadt. Soziologische Überlegungen zum Städtebau*, Reinbek bei Hamburg 1961

Benjamin, Walter, "The Work of Art in the Age of Its Technical Reproducibility"'(1936), in Walter Benjamin, *Selected Writings*, Vol. 3: 1935–1938, Cambridge MA 2006.

Braunfels, Wolfgang, *Urban Design in Western Europe: Regime and Architecture,* 900–1900, Chicago 1988.

Brinckmann, Albert Erich, *Platz und Monument: Untersuchungen zur Geschichte und Ästhetik der Stadtbaukunst in neuerer Zeit*, Berlin 1908.

Brinkmann, Albert Erich, *Baukunst: Die künstlerischen Werte im Werk des Architekten*, Tübingen 1956.

Buchert, Margitta (ed.), *Reflexive Design*, Berlin 2014.

Burkhardt, Robert, "Ein neuer Realismus", *Arch+ 217*, Berlin 2014, pp. 114–21.

Careri, Francesco, *Walkscapes: Walking as an Aesthetic Practice*, Barcelona 2002.

Coubier, Heinz, *Europäische Stadt-Plätze, Genius und Geschichte*, Cologne 1985.

Cullen, Gordon, *Townscape*, London 1975.

Debord, Guy, "Theory of the Dérive", Les Lèvres Nues 9 (1956), reprinted in *Internationale Situationniste* 2 (1958), tr. Ken Knabb.

Dell, Christopher, *Das Urbane*, Berlin 2014.

Deutinger, Theo; Antón, Pedro Rey, "Squares", *MARK* 48 (2014), pp. 44–45.

Eco, Umberto, "Function and Sign: Semiotics of Architecture", *The City and the Sign: An Introduction to Urban Semiotics*, ed. Mark Gottdiener, New York 1986.

Elmgreen & Dragset, *A Space Called Public: Hoffentlich Öffentlich*, Cologne 2013.

Ferraris, Maurizio, "Die Grenzen der Architektur", *Arch+* 217, Berlin 2014, pp. 122–31.

Fischer-Lichte, Erika, *Ästhetik des Performativen*, Frankfurt am Main 2004.

Fischer-Lichte, Erika, *Performativität: Eine Einführung*, Bielefeld 2012.

Fischer-Lichte, Erika, "Performativity and Space", in: Wolfrum, Sophie; Brandis, Nikolai von (eds), *Performative Urbanism, Berlin* 2014.

Franck, Georg; Franck, Dorothea, *Architektonische Qualität*, Munich 2008.

Frey, Dagobert, "Wesensbestimmung der Architektur" (1926), in: *Kunstwissenschaftliche Grundfragen: Prolegomena zu einer Kunstphilosophie*, Darmstadt 1992.

Hahn, Achim, "Das Entwerfen", in *Architekturtheorie*, Vienna 2008, pp. 178–205.

Hempfer, Klaus; Volbers, Jörg (eds), *Theorien des Performativen. Sprache – Wissen – Praxis: Eine kritische Bestandsaufnahme*, Bielefeld 2011.

Hoesli, Bernhard, "Transparente Formorganisation als Mittel des Entwurfes"(1982), in *Transparenz*, ed. Colin Rowe and Robert Slutzky, Zurich 1997, pp. 85–99.

Janson, Alban; Wolfrum, Sophie, "'Kapazität. Spielraum und Prägnanz", *Der Architekt* 5–6 (2006), pp. 50–54.

Janson, Alban; Wolfrum, Sophie, "Leben bedeutet zu Hause zu sein, wo immer man hingeht", in *Die Stadt als Wohnraum*, ed. Jürgen Hasse, Freiburg, Munich 2008.

Janson, Alban; Bürklin, Thorsten, *Auftritte Scenes: Interaction with Architectural Space: The Campi of Venice*, Basel, Berlin, Boston 2002.

Janson, Alban; Tigges, Florian, *Fundamental Concepts of Architecture: The Vocabulary of Spatial Situations*, Basel 2014.

Jenkins, Eric, To Scale: One *Hundred Urban Plans*, London 2008.

Jonas, Wolfgang, "Exploring the Swampy Ground – An Inquiry into the Logic of Design Research", in *Mapping Design Research*, ed. Simon Grand and Wolfgang Jonas, Basel 2012, pp. 11–42.

Jonas, Wolfgang, *Mind the gap! On Knowing and Not-Knowing in Design*, Bremen 2004.

Kostof, Spiro, *The City Assebled*, London 1992.

Lässig, Konrad; Linke, Rolf; Rietdorf, Werner; Wessel, Gerd, *Strassen und Plätze: Beispiele zur Gestaltung städtebaulicher Räume*, Berlin 1968.

Latour, Bruno, "Ein vorsichtiger Prometheus? Design im Zeitalter des Klimawandels" *Arch+*196/197, Berlin 2010, pp. 22–27. Lecture at "Networks of Design", meeting of the Design History Society in Falmouth, Cornwall, UK, 3 Sept. 2008.

Lefèbvre, Henri, *La production de l'espace* (1974), *The Production of Space*, Oxford 1991, tr. Donald Nicholson-Smith.

Lynch, Kevin, *Good City Form*, Cambridge MA 1981.

Mancuso, Franco; Kowalski, Kreysztof (eds), *Squares of Europe, Squares for Europe*, Cracow 2007.

Mareis, Claudia, *Design als Wissenskultur: Interferenzen zwischen Design- und Wissensdiskursen seit* 1960, Bielefeld 2011.

Mersch, Dieter, *Ereignis und Aura, Untersuchungen zu einer Ästhetik des Performativen*, Frankfurt am Main 2002.

Mersch, Dieter, "The Power of the Perfomative", in: Wolfrum, Sophie; Brandis, Nikolai von (eds), *Performative Urbanism*, Berlin 2014

Mumford, Lewis, *The City in History: Its Origins, Its Transformations, and Its Prospects*, New York 1961.

Norberg-Schulz, Christian, *Genius Loci: Towards a Phenomenology of Architecture*, New York 1980.

Olsen, Donald J., *The City as a Work of Art*, Yale 1986.

Platz, Gustav Adolf, *Die Baukunst der Neuesten Zeit*, Berlin 1927.

Plessner, Helmuth, Die Stufen des Organischen und der Mensch (1928), Berlin, New York 1975.

Rasmussen, Steen Eiler, *Towns and Buildings: Described in Drawings and Words*, Liverpool 1951.

Rauda, Wolfgang, *Lebendige städtebauliche Raumbildung*, Stuttgart 1957.

Reichlin, Bruno; Steinmann, Martin, "Zum Problem der innerarchitektonischen Wirklichkeit", *Archithese* 19 (1976), pp. 3–11.

Schütz, Heinz (ed.), "Urban Performance I – Paradigmen", *Kunstforum* 223 (2013), "Urban Performance II – Diskurs", *Kunstforum* 224 (2013).

Sebald, W.G., *Vertigo*, New York 2000.

Sennett, Richard, *The Fall of Public Man*, New York 1974.

Sitte, Camillo, *City Planning According to Artistic Principles* (1889) London, New York 1965.

Webb, Michael, *The City Square*, London 1990.

Wolfrum, Sophie, "Performativer Urbanismus", in: Broszat, Tilmann; Gareis, Sigrid; Nida-Rümelin, Julian and Thoss, Michael M. (eds), *Woodstock of Political Thinking*, Munich 2010, pp. 57–65.

Wolfrum, Sophie; von Brandis, Nikolai (eds), *Performative Urbanism*, Berlin 2014.

Zucker, Paul, *Town and Square: From the Agora to the Village Green* (1959), Cambridge MA 1970.

广场部分

Ajuntament de Barcelona, *Barcelona espacio público*, Barcelona 1992.

Archivo Municipal del Ayuntamiento de Oviedo, *Memoria proyecto no ejecutado febrero 1993 de reforma de la plaza de la Catedral*, Oviedo 1993.

Arens, Detlev, *Flandern, Das flämische Belgien: Die einzigartige Städtelandschaft um Brüssel, Brügge, Gent und Antwerpen*, Cologne 1997.

Arens, Detlev, Prag: *Kunst, Kultur und Geschichte der 'Goldenen Stadt'*, Cologne 1996.

Baumann, Elisabeth; von Roda, Burkhard; Helmberger, Werner, *Residenz Würzburg und Hofgarten. Amtlicher Führer*, Munich 2001.

Berger, Eva, *Historische Gärten Österreichs. Garten- und Parkanlagen von der Renaissance bis um 1930*, vol. 3, Vienna, Cologne, Weimar 2004, pp. 84–86 (Maria-Theresien-Platz).

Berza, László, *Budapest Lexikon*, Budapest 1993.

Beutler, Christian, Reclams *Kunstführer Frankreich Band I – Paris und Versailles*, Stuttgart 1970.

Bevers, Holm, *Das Rathaus von Antwerpen (1561–1565), Architektur und Figurenprogramm*, Hildesheim 1985.

Biller, Josef H.; Rasp, Hans-Peter, *München, Kunst & Kultur*, Munich 2003.

Boeckl, Matthias (ed.), *MuseumsQuartier Vienna*, Vienna 2001.

Bonifazi Geramb, Maria, *Pienza, Studien zur Architektur und Stadtplanung unter Pius II*, Ammersbek 1994.

Bösel, Richard; Benedik, Christian, Kulturkreis Looshaus; Graphische Sammlung Albertina (eds), *Der Michaelerplatz in Wien: Seine städtebauliche und architektonische Entwicklung*, Vienna 1991.

Brandenburger, Dietmar; Kähler, Gert, *Architektour. Bauen in Hamburg seit 1900*, Braunschweig 1988.

Braunfels, Wolfgang, Urba *Design in Western Europe: Regime and Architecture, 900–1900*, Chicago 1988.

Bundesdenkmalamt Wien (ed.), *DEHIO – Handbuch Wien – I. Bezirk Innere Stadt*, Vienna 2003.

Cuesta Rodríguez, María José, *Guía de arquitectura y urbanismo de la ciudad de Oviedo, Colegio Oficial de Arquitectos de Asturias,* Oviedo 1998.

Czeike, Felix, *Historisches Lexikon Wien. 6 Bände*, Kremayr und Scheriau, Vienna 1992–2004.

De Lillo, Juan, *Oviedo: Crónica de un siglo*, Oviedo 1997.

Deuchler, Florens, *Reclams Kunstführer Schweiz und Liechtenstein*, Stuttgart 1968.

Dreher, Alfons, *Geschichte der Reichsstadt Ravensburg und ihrer Landschaft von den Anfängen bis zur Mediatisierung 1802*, Ravensburg 1972.

Ewerbeck, Franz, *Die Renaissance in Belgien und Holland*, Leipzig 1891.

Fleischmann, Peter, *Nürnberg im 15. Jahrhundert*, Munich 2012.

Foscari, Giulia, *Elements of Venice*, Zurich 2014.

Frati, V.; Gianfranceschi, I.; Robecchi, F., *La Loggia di Brescia e la sua Piazza*, Brescia 1995.

Grundmann, Stefan, *Architekturführer Rom*, Stuttgart, London 1997.

Hees, Horst van, *Reclams Kunstführer Spanien, Band 2 – Andalusien*, Stuttgart 1992.

Holzberger, Rudi, *Ravensburg, Ansichten und Profile*, Ravensburg 1987.

Hubala, Eric, *Reclams Kunstführer, Italien II, 1 – Venedig*, Stuttgart 1974.

Huse, Norbert, *Kleine Kunstgeschichte Münchens*, Munich 1992.

Ineichen, Hannes (ed.), *Manuel Pauli, Bauten und Projekte 1956–1983, Stadtarchitekt von Luzern 1983–1995*, Zurich 2001.

Janson, Alban; Bürklin, Thorsten, *Auftritte Scenes: Interaction with Architectural Space: The Campi of Venice*, Basel, Berlin, Boston 2002.

Kauffmann, Georg, *Reclams Kunstführer Italien. Band III, 1 – Florenz und Fiesole*, Stuttgart 1962.

Klinger, Johannes, *Die Architektur der Inn-Salzach-Städte*, Wasserburg 2006.

Lampl, Sixtus; Braasch, Otto, *Oberpfalz: Ensembles, Baudenkmäler, archäologische Geländedenkmäler*, Oldenburg 1986.

Lemoine, Bertrand; Neumeister-Taroni, B.; Tschumper, K., *Birkhäuser Architekturführer Frankreich, 20. Jahrhundert*, Basel, Berlin, Boston 2000.

Löffler, Fritz, *Der Zwinger zu Dresden*, Dresden 1988.

Lutz, Alfred, *Ravensburg. Porträt einer ehemaligen Freien Reichsstadt*, Biberach 1991

Maier-Solgk, Frank; Greuter, Andreas, *Europäische Stadtplätze, Mittelpunkte urbanen Lebens*, Munich 2004.

Nanclares, Fernando, *Proyecto de remodelación Plaza de Alfonso II el Casto y calles adyacentes*, Oviedo 1993.

Nielebock, Henry, *Berlin und sein Plätze*, Potsdam 1996.

Noehles-Doerk, Gisela, *Reclams Kunstführer, Spanien 1 – Madrid und Zentralspanien (Salamanca)*, Stuttgart 1986.

Norberg-Schulz, Christian, *Genius Loci. Landschaft, Lebensraum, Baukunst*, Stuttgart 1982.

Paschke, H., 'Das Domstift zu Bamberg in seinen Bauwe dungen' in *Studien zur Bamberger Geschichte und Topographie*, Bd. 47, Bamberg 1972.

Pichlau, Thomas; Melgari, Serena, *Springers Architekturführer 20. Jahrhundert Frankreich: Band 1: Norden*, Berlin 1999.

Pieper, Jan, *Pienza – Der Entwurf einer humanistischen Weltsicht*, Fellbach 1997.

Poderos, Jean, *Centre Georges Pompidou, Paris*, Munich 2003.

Posener, Julius, 'Auf dem Weg zu einer bürgerlichen Architektur', *Arch+* 69/70, Berlin 1983, pp. 12–19.

Ranseder, Christine; Sakl-Oberthaler, Sylvia; et al., *Michaele platz, Die archäologischen Ausgrabungen*, Vienna 2011.

Reitzenstein, Alexander von; Brunner, Herbert, *Reclams Kunstführer Deutschland, Bd. I, 1: Bayern Süd: Oberbayern, Niederbayern, Schwaben*, Stuttgart 1983.

Reitzenstein, Alexander von; Brunner, Herbert, *Reclams Kunstführer Deutschland, Bd. I,2: Bayern Nord, Franken Oberpfalz*, Stuttgart 1983.

Schmid, Alois, *Regensburg: Reichsstadt, Fürstbischof, Reichsstifte, Herzoghof*, Munich 1995.

Schmid, Peter, *Geschichte der Stadt Regensburg*, Regenburg 2000.

Schomann, Heinz, *Reclams Kunstführer Italien, Band 1 – Lombardei*, Stuttgart 1981.

Schuster, Max Eberhard, *Innstädte und ihre alpenländische Bauweise*, Munich 1951.

Szwankowski, E., Ulice i place Warszawy, *Warszawa: Panstwowe Wydawnictwo Naukowe*, Warsaw 1963.

Tigler, Peter; et al., *Reclams Kunstführer, Italien II,2 – Udine*, Stuttgart 1981.

Tönnesmann, Andreas, *Pienza, Städtebau und Humanismus*, Munich 1990.

Wundram, Manfred (ed.), *Reclams Kunstführer Italien, Bd. V – Rom und Latium*, Stuttgart 1981.

Zarebska, T., *Place Warszawy, Biblioteka Opieki nad Zabytkami*, Warsaw 1994.

图书在版编目（CIP）数据

广场：尺度 设计 空间 /（德）苏菲·沃尔夫鲁姆编；胡一可，李晶，杨柳译. -- 南京：江苏凤凰科学技术出版社，2020.8
ISBN 978-7-5713-1158-2

Ⅰ. ①广… Ⅱ. ①苏… ②胡… ③李… ④杨… Ⅲ. ①城市空间－空间规划－对比研究－欧洲 Ⅳ. ①TU984.5

中国版本图书馆 CIP 数据核字（2020）第 090946 号

江苏省版权局著作权合同登记 图字：10-2017-702号

广场：尺度 设计 空间

编　　者	[德] 苏菲·沃尔夫鲁姆
译　　者	胡一可　李　晶　杨　柳
项目策划	凤凰空间／杨　琦
责任编辑	赵　研　刘屹立
特约编辑	杨　琦
出版发行	江苏凤凰科学技术出版社
出版社地址	南京市湖南路 1 号 A 楼，邮编：210009
出版社网址	http://www.pspress.cn
总　经　销	天津凤凰空间文化传媒有限公司
总经销网址	http://www.ifengspace.cn
印　　刷	广州市番禺艺彩印刷联合有限公司
开　　本	787 mm×1 092 mm　1/8
印　　张	38
字　　数	150 000
版　　次	2020 年 8 月第 1 版
印　　次	2020 年 8 月第 1 次印刷
标准书号	ISBN 978-7-5713-1158-2
定　　价	328.00 元

图书如有印装质量问题，可随时向销售部调换（电话：022-87893668）。